Lina Ahmed AbuHamra

Uma investigação sobre a aplicação da Modelação da Informação da Construção (BIM)

Lina Ahmed AbuHamra

Uma investigação sobre a aplicação da Modelação da Informação da Construção (BIM)

na indústria da Arquitetura, Engenharia e Construção (AEC) na Faixa de Gaza

ScienciaScripts

Imprint
Any brand names and product names mentioned in this book are subject to trademark, brand or patent protection and are trademarks or registered trademarks of their respective holders. The use of brand names, product names, common names, trade names, product descriptions etc. even without a particular marking in this work is in no way to be construed to mean that such names may be regarded as unrestricted in respect of trademark and brand protection legislation and could thus be used by anyone.

Cover image: www.ingimage.com

This book is a translation from the original published under ISBN 978-3-330-34686-4.

Publisher:
Sciencia Scripts
is a trademark of
Dodo Books Indian Ocean Ltd. and OmniScriptum S.R.L publishing group

120 High Road, East Finchley, London, N2 9ED, United Kingdom
Str. Armeneasca 28/1, office 1, Chisinau MD-2012, Republic of Moldova, Europe
Printed at: see last page
ISBN: 978-620-7-85030-3

"Todas as coisas são difíceis antes de serem fáceis"

Thomas Fuller (1608 -1661)

Índice

Dedicação

Em primeiro lugar, esta investigação é carinhosamente dedicada ao meu querido pai, o engenheiro Ahmed Ata AbuHamra, e à minha querida mãe, a Sra. Rasmia Ali Qatrawi, que têm sido a minha constante fonte de inspiração. Deram-me a orientação e a disciplina necessárias para enfrentar qualquer dificuldade da vida com entusiasmo e determinação. Sem as suas orações, amor, encorajamento e apoio, este trabalho não teria sido possível. O seu amor constante tem-me sustentado ao longo da minha vida.

E, sem dúvida, dedico esta tese às minhas queridas irmãs, irmãos, melhores amigos verdadeiros na faixa de Gaza, na Palestina e noutros lugares do mundo, bem como a todas as pessoas especiais que me apoiaram durante todo o processo de realização deste trabalho. O seu amor e encorajamento tiveram um impacto significativo ao darem-me a força para concluir este trabalho.

Também dedico o meu trabalho a mim próprio, porque continuei a tentar aprender coisas novas, bem como a procurar a fidelidade e o rigor na realização da minha tese.

Lina Ahmed Ata AbuHamra

Agradecimentos

Em primeiro lugar, estou grato a ALLAH, o Todo-Poderoso, por todas as bênçãos nesta vida e por me ter dado o poder e a capacidade necessários para atingir este objetivo. Todos os agradecimentos e louvores são devidos a ALLAH "Alhamdulillah".

Dr. Adnan Ali Enshassi, Professor Catedrático de Engenharia e Gestão da Construção e meu supervisor de investigação, pela sua orientação paciente, encorajamento entusiástico e críticas úteis a este trabalho de investigação. Orgulho-me de ser um dos seus alunos e de ter tido a oportunidade de estar sob a sua supervisão.

Gostaria também de expressar a minha sincera gratidão ao Dr. Husameddin Mohammed Dawoud, Professor Assistente na Faculdade de Engenharia Aplicada e Planeamento Urbano da Universidade da Palestina, em Gaza. Os seus valiosos e construtivos conselhos e assistência durante o planeamento e desenvolvimento da metodologia deste trabalho de investigação, bem como o seu contínuo encorajamento, são inestimáveis. Agradeço-lhe a sua disponibilidade para me dedicar grande parte do seu tempo de forma tão generosa.

O conselho que me foi dado pelo Dr. Khalid Abdel-Raouf Al-Hallaq, Professor Assistente de Engenharia Civil/Gestão da Construção na Universidade Islâmica de Gaza, foi de grande ajuda para eliminar a confusão no início da investigação em alguns aspectos fundamentais que identificaram a orientação do estudo. Aprecio a sua disponibilidade para me apoiar e facilitar muitas questões.

Aproveito esta oportunidade para exprimir a minha mais sincera gratidão ao Dr. Javed Intekhab, doutorado em Fitoquímica, professor no Departamento de Química do Swami Vivekananda P.G College, Índia, por me ter fornecido todas as referências necessárias para aceder à presente investigação. Deixo registados os meus sinceros agradecimentos por me ter encorajado e pelos seus conselhos honestos e valiosos, de acordo com a sua vasta experiência.

Gostaria de enviar os meus sinceros agradecimentos ao Dr. Davide Polimeno, Mestre em Arqueologia Clássica, Assistente Externo da Direção de Antiguidades da Apúlia (Itália) e membro do EXARC (UE-Países Baixos). Estou-lhe extremamente grato e em dívida pela partilha de conhecimentos e orientações valiosas, bem como pelo seu incentivo.

Gostaria também de expressar os meus agradecimentos especiais a Syed Muzammil Ali, Mestre em Engenharia Eléctrica, e a Tayyab Zafar, Mestre em Engenharia Mecatrónica, do Paquistão, por me terem fornecido muitas das referências necessárias e úteis para esta investigação.

Um agradecimento especial deve ser dado ao Departamento de Engenharia Arquitetónica da Universidade Islâmica de Gaza, em particular a cada um deles: Prof. Nader J. El-Namara, Dr. Suhair M. Ammar, Dr. Omar S. Asfour, e Dr. Sanaa Y. Saleh, pelo seu acolhimento e ajuda na arbitragem do questionário. No mesmo contexto, um agradecimento especial a Haroun Mousa Bhar, MSc em Estatística, pela sua ajuda na arbitragem estatística do questionário.
Estou particularmente grato pela assistência prestada por Malek M. Abuwarda, MSc em Engenharia Estrutural, Instrutor Técnico no GTC-UNRWA em Gaza, ao partilhar os seus valiosos conhecimentos sobre Building Information Modeling (BIM) e Revit. Estou também grato a todos os que participaram na resposta ao questionário e a todas as organizações que colaboraram comigo.

Quero agradecer a Abdul-Rahman Ayyash, MSc em Engenharia Civil, pela sua ajuda na compreensão do teste de análise fatorial. Os meus sinceros agradecimentos estendem-se também a todos os meus amigos e colegas pelo apoio e incentivo que me deram.

Por último, mas não menos importante, não há palavras para descrever o quanto estou grato ao meu querido pai, o engenheiro Ahmed Ata AbuHamra, e à minha querida mãe, a Sra. Rasmia Ali Qatrawi, pelo seu incentivo, apoio e atenção sem fim ao longo de todos os meus estudos na universidade e, especialmente, durante a redação deste trabalho de investigação. Também devo agradecer profundamente às minhas queridas irmãs e irmãos por tudo.

Obrigado,

Lina Ahmed Ata AbuHamra

Resumo

Objetivo: A Modelação da Informação da Construção (BIM) tem vindo a merecer recentemente uma atenção generalizada na indústria da Arquitetura, Engenharia e Construção (AEC). O BIM tem sido sugerido por vários profissionais e investigadores como a solução universal para resolver as ineficiências no sector da AEC. Em numerosos casos de diferentes países, foram registados potenciais benefícios e vantagens competitivas. No entanto, apesar dos benefícios e das potencialidades das tecnologias BIM, estas não são aplicadas no sector da AEC na Faixa de Gaza, na Palestina, tal como em muitas outras regiões do mundo. Por conseguinte, o objetivo desta investigação foi desenvolver um entendimento claro sobre o BIM para identificar os diferentes factores que fornecem informações úteis para considerar a adoção da tecnologia BIM pelos profissionais da indústria AEC na Faixa de Gaza. Para tal, foram atingidos cinco objectivos principais: avaliar o nível de sensibilização para o BIM por parte dos profissionais da indústria de AEC na Faixa de Gaza, identificar as funções e os benefícios do BIM que convenceriam os profissionais a adotar o BIM na indústria de AEC na Faixa de Gaza, determinar os obstáculos à adoção do BIM e estudar algumas hipóteses para ajudar a alcançar uma implementação bem sucedida do fluxo de trabalho baseado no BIM.

Conceção/metodologia/abordagem: Foi utilizado um inquérito quantitativo na investigação. Foram utilizados três passos principais para chegar à alteração final do questionário: (1) Validade facial através da apresentação do questionário a 12 peritos nos domínios da indústria AEC e das estatísticas (da cidade de Gaza e de fora da Palestina), (2) pré-teste do questionário em duas fases com 12 pessoas que representavam o grupo-alvo, que envolvia os profissionais (arquitectos, engenheiros civis, engenheiros mecânicos, engenheiros electrotécnicos e qualquer outro profissional com especialização relacionada), Engenheiros civis, engenheiros mecânicos, engenheiros electrotécnicos e quaisquer outros profissionais com especializações afins) da indústria AEC na faixa de Gaza, na Palestina, e (3) foi realizado um estudo-piloto através da distribuição de 40 cópias do questionário aos inquiridos do grupo-alvo e da sua análise para testar a validade e a fiabilidade estatísticas. Após o estudo-piloto, o questionário foi adotado e distribuído a toda a amostra (amostra de conveniência) do grupo-alvo. Foram distribuídas 275 cópias do questionário, tendo sido recebidas 270 cópias dos inquiridos, com uma taxa de resposta de 97,8%. Para obter resultados significativos, os dados recolhidos foram analisados utilizando as técnicas de análise de dados quantitativos (que incluem o índice de importância relativa, a análise fatorial, a análise da correlação de Pearson e outras) através do Statistical Package for Social Science (SPSS) IBM versão 22.

Conclusões: Os resultados do estudo indicaram que o nível de sensibilização para o BIM por parte dos profissionais do sector da AEC na Faixa de Gaza é muito baixo. Os resultados indicaram que as funções BIM são significativamente necessárias e importantes para os profissionais do sector da AEC na Faixa de Gaza, assim como os benefícios BIM são significativamente valiosos para eles. A função BIM que obteve a melhor classificação de acordo com a totalidade dos inquiridos é a *interoperabilidade e a tradução da informação*. Além disso, a análise de factores agrupou as funções BIM em três componentes. O principal fator é a *gestão e utilização de dados no planeamento, operação e manutenção*. No que diz respeito aos benefícios do BIM, o benefício BIM que obteve a melhor classificação de acordo com a totalidade dos inquiridos é *Melhorar a colaboração da equipa de projeto (engenheiros de arquitetura, estruturas, mecânica e eletricidade)*. Os resultados obtidos a partir da análise fatorial agruparam os benefícios do BIM em quatro componentes, sendo o fator principal o *Controlo dos custos de toda a vida útil e dos dados ambientais*. Por outro lado, os resultados do estudo demonstraram que as barreiras BIM afectam grandemente a adoção do BIM na indústria AEC na Faixa de Gaza. O principal obstáculo à adoção do BIM no sector da AEC na Faixa de Gaza, do ponto de vista dos inquiridos, é a *falta de sensibilização para o BIM por* *parte das partes interessadas. A falta de interesse pelo BIM* foi o principal fator dos obstáculos ao BIM entre quatro factores, de acordo com a análise fatorial. Por último, a análise de correlação de Pearson confirmou que existe uma relação negativa entre os obstáculos BIM e entre cada um dos níveis de sensibilização para o BIM e a importância das funções BIM, bem como o valor dos benefícios BIM. A análise de correlação de Pearson também afirmou que existe uma relação positiva entre o nível de consciencialização do BIM e entre a importância das funções do BIM e o valor dos benefícios do BIM.

Implicações teóricas e práticas da investigação: São necessários estudos mais específicos e práticos para compreender em profundidade todos os tópicos relacionados com o BIM. Entretanto, é necessário aumentar o nível de sensibilização e o interesse pelo BIM na Faixa de Gaza, na Palestina, através da educação e da formação por parte das instituições académicas e universidades, bem como de quaisquer organismos que formem arquitectos e engenheiros. As organizações de AEC devem ser pacientes com o processo de aprendizagem do BIM e devem agir positivamente no sentido da mudança necessária para a adoção bem sucedida do BIM. Os organismos governamentais devem também adotar medidas progressivas para aplicar o BIM no sector da AEC, elaborando um roteiro de implementação simplificado para as organizações, que deve ser seguido gradualmente, com referências legais claras.

Originalidade/valor: Este estudo contribuirá para o atual corpo de conhecimentos sobre o BIM em todo o mundo. É o primeiro estudo que contribui significativamente para considerar o BIM na Faixa de Gaza, na Palestina, e investiga a aplicação do BIM nas empresas de AEC para resolver todos os seus graves problemas. Este estudo pode fornecer uma documentação de referência para a situação do BIM na Faixa de Gaza. Pode ser utilizado como um guia comparativo para o desenvolvimento futuro e para alargar a compreensão, a fim de aumentar o conhecimento do BIM e criar um ambiente de trabalho criativo.

Palavras-chave: Indústria da arquitetura, engenharia e construção (AEC), modelação da informação da construção (BIM), cultura organizacional, nível de sensibilização para o BIM, funções do BIM, benefícios do BIM, barreiras ao BIM, Faixa de Gaza, Palestina, teste de análise fatorial

ملخص البحث

الغرض: حققت نمذجة معلومات المباني (BIM) في الآونة الأخيرة اهتماماً واسع النطاق في صناعة التصميم وتشييد البناء (AEC)، حيث تم اقتراح BIM من قبل العديد من المهنيين والباحثين كعلاج شامل للتغلب على أوجه القصور في صناعة AEC. بالإضافة إلى أنه تم رصد العديد من الإمكانيات و الفوائد القيمة لتكنولوجيا BIM في العديد من المناطق المختلفة في العالم. ولكن وبالرغم من ذلك، إلا أنه لم يتم تطبيق هذه التكنولوجيا في قطاع غزة في فلسطين، تماماً كما هو الحال في العديد من المناطق الأخرى في العالم. وبناء على ذلك، كان الغرض من هذا البحث: بلورة مفهوم واضح عن تكنولوجيا BIM للتعرف على العوامل المختلفة التي توفر معلومات مفيدة للنظر في اعتماده لتلبية المطالب الحالية لصناعة التصميم وتشييد البناء. وقد تم ذلك من خلال تحقيق عدة أهداف رئيسية من خلال تقييم مستوى المعرفة بتكنولوجيا BIM من قبل المهنيين العاملين في صناعة AEC في قطاع غزة، بالإضافة لتحديد أهم الوظائف التي يقوم بها BIM، وفوائده الأكثر قيمة والتي من شأنها أن تقنع المهنيين لاعتماده وتطبيقه. كما تم تحديد العوائق التي تحول دون اعتماد BIM للتغلب عليها. وأخيراً، تم دراسة بعض الفرضيات للمساعدة في الوصول إلى اعتماد BIM بنجاح.

منهجية البحث: تم اختيار البحث الكمي وذلك بإستخدام الإستبانة التي تم تصميمها بالإستناد على الدراسات السابقة. وقد تم إستخدام ثلاث خطوات رئيسية للوصول إلى الشكل الأخير من الإستبانة، حيث كانت كالتالي: (1) اختبار الصلاحية من خلال تقديم الإستبانة إلى 12 خبيراً في مجال صناعة التصميم وتشييد البناء ومجال الإحصاء (من مدينة غزة وكذلك من خارج فلسطين). (2) اختبار الإستبانة على مرحلتين مع 12 شخص ممن يمثلون الفئة المستهدفة، والتي تشمل المهنيين في صناعة AEC في قطاع غزة في فلسطين وهم: (المهندسون المعماريون، مهندسو المدني، والكهرباء، والميكانيك، بالإضافة للمهندسين من أصحاب التخصصات الأخرى ذات الصلة). (3) وقد أجريت دراسة تجريبية عن طريق توزيع وتحليل 40 نسخة من الإستبانة للفئة المستهدفة لإجراء اختبار الصلاحية الإحصائي بالإضافة لاختبار الثبات. وبعد نجاح الدراسة التجريبية، تم إعتماد الإستبانة وتوزيعها على العينة كاملة (العينة الملائمة) من الفئة المستهدفة. وقد تم جمع 270 إستبانة كعدد إجمالي من أصل 275 استبانة، لتكون بذلك نسبة الإستجابة = 97.8 %. وأخيراً، تم تحليل البيانات كمياً لإستنباط نتائج ذات مغزى وذلك بإستخدام برنامج SPSS (إصدار IBM 22).

النتائج: أشارت نتائج الدراسة إلى أن مستوى المعرفة بتكنولوجيا BIM منخفض جداً من قبل المهنيين في صناعة AEC في قطاع غزة. في حين أشارت النتائج إلى الأهمية والحاجة الكبيرة لوظائف BIM، والقيمة الكبيرة للفوائد الناتجة من تطبيق BIM. وقد تبين أن وظيفة BIM الأكثر أهمية وفقا للمستجيبين، هي: قابلية التشغيل البيني ونقل المعلومات بين المستخدمين بشكل سلس. بالإضافة إلى أنه تم تجميع وظائف BIM إلى ثلاثة عوامل باستخدام إختبار التحليل العاملي بهدف تقليص وتجميع البنود/ المتغيرات. وكان العامل الرئيسي في وظائف BIM هو: إدارة البيانات واستخدامها في التخطيط ، والتشغيل، والصيانة. أما بالنسبة لفوائد BIM، فكانت الفائدة الأكثر قيمة من وجهة نظر المستجيبين هي: تعزيز التعاون بين أعضاء فريق التصميم. وقد تم إستخراج أربعة عوامل رئيسية لفوائد BIM بإستخدام التحليل العاملي، وكان العامل الرئيسي هو: التحكم في تكاليف المبنى خلال دورة حياته والتحكم في البيانات البيئية الخاصة بالمبنى. من ناحية أخرى، أظهرت نتائج الدراسة، وجود حواجز تعرقل بشكل كبير تطبيق BIM. وكان العائق الرئيسي لتطبيق BIM هو: عدم المعرفة بتكنولوجيا BIM من قبل الجهات المعنية. كما تم إستخراج أربعة عوامل رئيسية لعوائق تطبيق BIM بإستخدام التحليل العاملي، وقد كان العامل الرئيسي هو: عدم وجود إهتمام بتكنولوجيا BIM. وأخيراً، ومن خلال تحليل الارتباط بيرسون، تبين أن هناك علاقة سلبية بين حواجز تطبيق BIM، وبين كلا من مستوى المعرفة بتكنولوجيا BIM، وأهمية

وظائفه، وكذلك قيمة فوائده. بالإضافة إلى وجود علاقة إيجابية بين مستوى المعرفة بتكنولوجيا BIM، وبين كلاً من أهمية وظائف BIM، وقيمة فوائده.

الآثار النظرية والعملية للبحث: توجد حاجة ماسة للمزيد من البحوث المستقبلية للعمل على زيادة الفهم لجميع المواضيع المتعلقة بتكنولوجيا BIM، بحيث تكون محددة بشكل أكبر، بالإضافة لإجراء البحوث التطبيقية في مجال ال BIM. من ناحية أخرى، توجد ضرورة ملحة لزيادة الاهتمام والمعرفة بتكنولوجيا BIM في قطاع غزة في فلسطين من خلال التعليم والتدريب من قبل المؤسسات الأكاديمية والجامعات، فضلاً عن الهيئات التي تقوم بتدريب المهندسين. كذلك، يجب على المؤسسات والشركات العاملة في مجال AEC أن تتصرف بشكل إيجابي نحو التغيير اللازم لنجاح اعتماد BIM. كما يجب على الجهات الحكومية دعم تطبيق BIM من خلال اتخاذ خطوات تدريجية وفعالة كعمل خارطة طريق لتطبيق BIM بشكل تدريجي، مع ضرورة توفير المعايير القانونية اللازمة لذلك وبشكل واضح.

قيمة البحث: يعد هذا البحث إضافة للدراسات الموجودة عن تكنولوجيا BIM حول العالم. كما تعد هذه الدراسة هي الأولى من نوعها التي ستساهم بشكل كبير للنظر في تكنولوجيا BIM في قطاع غزة في فلسطين، والتحقيق في تطبيق BIM في الشركات والمؤسسات في صناعة AEC في قطاع غزة لمعالجة جميع المشاكل الصعبة التي تواجهها أثناء العمل. علاوة على ذلك، يمكن إستخدام هذه الدراسة كقاعدة أساسية للبحوث المستقبلية بهدف توسيع المدارك لزيادة المعرفة بتكنولوجيا BIM من أجل إيجاد بيئة أكثر إبداعاً وتطوراً في العمل الهندسي في مجال التصميم والبناء.

Lista de abreviaturas

Abbreviation	The interpretation of the abbreviation
AEC	Architecture, Engineering, and Construction
MEP	Mechanical, Electrical and Plumbing
BIM	Building Information Model/ Modeling/ Management
BIM(M)	Building Information Modeling and Management
CAD	Computer Aided Design
D	Dimensional
2D	Two dimensions: x, y
3D	Three-dimensional: x, y, z (the height, length, and width)
4D	Four-dimensional; 3D model connected to a time line (fourth dimension)
5D	Five-dimensional; 4D model connected to cost estimations (fifth dimension)
6D	Six-dimensional; 6D model which is 5D plus site (sixth dimension)
7D	Seven-dimensional; 7D model: BIM for life cycle facility management (seventh dimension)
nD	A term that covers any other information
GIS	Geographic Information System
CM	Construction Management
QS	Quantity Surveyors
RFI	Requests For Information
ILM	Infrastructure Lifecycle Management
ICT	Information and Communications Technology
CBIMKM	Construction BIM-based Knowledge Management
OSHA	(in the US) Occupational Safety and Health Administration
USC	University of Southern California
IT	Information Technology
FM	Facilities Management
CSCM	Construction Supply Chain Management
UK	The United Kingdom
USA	The United States of America
US	The United States
UAE	The United Arab Emirates
SPSS	Statistical Package for the Social Sciences
Cα	Cronbach's coefficient alpha
RII	Relative Importance Index
EFA	Exploratory Factor Analysis
CFA	Confirmatory Factor Analysis
PCA	Principal Component Analysis
r	Pearson product-moment correlation coefficient, or "Pearson's correlation coefficient"
N	Sample size
DF	Degree of Freedom

Capítulo 1

Capítulo 1: Introdução

Este capítulo tem como objetivo dar uma visão geral introdutória do estudo que foi realizado. A declaração do problema foi apresentada de acordo com os desafios enfrentados pela indústria da Arquitetura, Engenharia e Construção (AEC) na Faixa de Gaza, na Palestina, e o estudo foi também justificado. Este capítulo também incluiu o objetivo, os objectivos, as principais questões de investigação, as hipóteses, as delimitações do estudo, a conceção da investigação e a contribuição da investigação para o conhecimento, bem como o esboço da tese.

1.1 Antecedentes

Os participantes no processo de construção são constantemente desafiados a entregar projectos bem-sucedidos, apesar dos orçamentos apertados, da mão de obra limitada, dos prazos acelerados, bem como dos problemas relacionados com a questão do desperdício, que ocorre devido à natureza fragmentada da indústria da Arquitetura, Engenharia e Construção (AEC) (RCS, 2014; Man and Machine, 2014).

A indústria da AEC há muito que procura adotar técnicas para diminuir o custo dos projectos, aumentar a produtividade e a qualidade, reduzir o tempo de entrega dos projectos e eliminar o desperdício (Azhar *et al.*, 2008b). Uma dessas técnicas é a Modelação da Informação da Construção (BIM). Azhar *et al.* (2008a) afirmam que o BIM tem vindo a merecer uma atenção generalizada no sector da AEC. Tradicionalmente, o projeto arquitetónico, a análise estrutural e a gestão da construção são três etapas separadas com objectivos distintos nas actividades de engenharia da construção. Com a prevalência das tecnologias da informação na indústria da construção, a combinação das actividades de conceção e construção pode ser conseguida através da integração do BIM e da tecnologia quadridimensional (4D) (Zhenzhong *et al.*, 2008).

O BIM é um desenvolvimento inevitável do CAD 3D (Malleson, 2013). O BIM representa o desenvolvimento e a utilização de um modelo n-dimensional (n-D) gerado por computador para simular o projeto, a construção e o funcionamento dessa instalação. É o processo e a prática do projeto e da construção virtuais ao longo do seu ciclo de vida (AGC, 2005; Lorch, 2012).

Hergunsel (2011) afirmou que o BIM está a tornar-se um processo de colaboração estabelecido e mais conhecido na indústria da construção. O envolvimento da indústria da construção com o BIM tem sido principalmente como uma plataforma comum para a troca de informações entre uma multiplicidade de profissionais, fornecedores e construtores. Trata-se de uma plataforma para partilhar conhecimentos e comunicar entre os participantes no projeto. Isto melhora e acelera o diálogo entre os vários membros da equipa (Lorch, 2012).

Devido às diferentes percepções, antecedentes e experiências dos investigadores e profissionais do sector da AEC, estes podem definir o BIM de diferentes formas (Khosrowshahi e Arayici, 2012). Por exemplo, Gu e London (2010) afirmaram que o BIM é uma abordagem baseada nas tecnologias da informação (TI) que envolve a aplicação e a manutenção de uma representação digital integral de todas as informações sobre a construção em diferentes fases do ciclo de vida do projeto, sob a forma de um repositório de dados. Por outro lado, Eastman *et al.* (2008) salientaram que o BIM não é apenas uma ferramenta, mas também um processo que permite que os membros da equipa de projeto tenham uma capacidade sem precedentes de colaborar ao longo de um projeto, desde a conceção inicial até à ocupação. Stebbins (2009) concordou que o BIM é um processo e não uma peça de software. Identificou claramente o BIM como uma decisão empresarial e de gestão. A implementação do BIM está fortemente relacionada com a gestão aspectos das práticas profissionais para diferentes estilos de trabalho e culturas (citado em Ahmad *et al*., 2012).

O BIM tem uma vasta gama de aplicações que atravessam os processos de conceção, construção e exploração (Baldwin, 2012). O BIM é importante para desenvolver o processo de conceção, gerindo as alterações ao projeto. É eficiente na verificação e atualização de todas as vistas (planos, secções e alçados) quando ocorrem quaisquer alterações (CRC construction innovation, 2007). O BIM promete melhorias exponenciais na qualidade e eficiência da construção (Ashcraft, 2008). Em geral, o BIM está a transformar a forma como os arquitectos, engenheiros, empreiteiros e outros profissionais da construção trabalham atualmente na indústria (Mandhar e Mandhar, 2013). A principal vantagem do BIM é a sua representação geométrica exacta das partes de um edifício num ambiente de dados integrado (CRC Construction Innovation, 2007). A utilização do BIM pode aumentar o valor de um edifício, reduzir a duração do projeto, fornecer estimativas de custos fiáveis, produzir instalações prontas para o mercado e otimizar a gestão e a manutenção das instalações (Eastman *et al.* ,2011).

Por outro lado, a concretização dos benefícios do BIM depende de uma implementação adequada do BIM a nível organizacional e da sua integração a nível do sector (Khosrowshahi e Arayici, 2012). Estudos anteriores mostraram que existem vários problemas na implementação do BIM na indústria da AEC, que é muito fragmentada, e que isso está relacionado com muitas barreiras diferentes que impedem a adoção efectiva do BIM (Lindblad, 2013; Mandhar e Mandhar, 2013). Em geral, as barreiras à adoção do BIM na indústria da AEC podem ser barreiras de conhecimento, barreiras técnicas, barreiras de processo, barreiras de gestão, barreiras legais, barreiras culturais, bem como barreiras à educação e formação (Fischer e Kunz, 2004; Becerik-Gerber *et al*., 2011; Both e Kindsvater, 2012; Khosrowshahi e Arayici, 2012; Lof e Kojadinovic, 2012).

1.2 Declaração do problema e justificação da investigação

A indústria AEC é a indústria mais importante na Faixa de Gaza, na Palestina, devido à necessidade urgente de reconstrução após as frequentes guerras sofridas pela Faixa de Gaza, especialmente a recente guerra no verão de 2014. Entretanto, a indústria AEC, por sua vez, sofre de muitos problemas complexos, mesmo que as questões políticas pendentes tenham sido resolvidas. Estes problemas dificultam a realização dos processos de construção e reconstrução.

Por exemplo, os projectos de construção na Faixa de Gaza sofrem de muitos problemas complexos devido à natureza fragmentada da indústria da AEC e à falta de partilha de conhecimentos, bem como à falta de comunicação entre os diferentes profissionais e partes interessadas. Estes problemas podem ser observados entre os membros das equipas de conceção, ou mesmo entre consultores e empreiteiros. Além disso, o aumento dos custos dos projectos de construção continua a ser o maior problema que a indústria da construção enfrenta atualmente na Faixa de Gaza. Há ainda outros factores que afectam direta e negativamente a indústria da AEC, como os atrasos, o desperdício, a falta de interesse na manutenção dos edifícios e outras questões que influenciam a qualidade dos projectos de construção. Por conseguinte, é necessário saber como ultrapassar estes problemas.

Por outro lado, o BIM tem vindo a ganhar recentemente uma atenção generalizada na indústria AEC, e a sua utilização está a crescer nesta indústria. A utilização do BIM vai além da fase de planeamento e conceção do projeto. É também importante durante a fase de construção e nas fases de pós-construção e de gestão das instalações (Azhar *et al*., 2008a; Eastman *et al.*, 2008; Eastman *et al.*, 2011; Hardin, 2009). Promete melhorias exponenciais na qualidade e eficiência da construção (Ashcraft, 2008). O BIM é o processo de colaboração na indústria AEC, sendo uma plataforma de partilha de conhecimentos e de comunicação entre uma multiplicidade de profissionais, fornecedores e construtores. Esta colaboração melhora e acelera o diálogo entre os vários membros da equipa (Hergunsel, 2011; Lorch, 2012). Assim, o BIM pode ser a espinha dorsal da informação de toda a indústria AEC, aumentando assim o valor dos processos de fluxo de trabalho. O BIM controla a precisão das estimativas do projeto em termos de tempo e custo (Nassar, 2010). Ao implementar o BIM: o risco é reduzido, a conceção é mantida, a qualidade é controlada, a colaboração entre as partes interessadas é melhorada e as ferramentas analíticas superiores são mais acessíveis (CRC for Construction Innovation, 2007). Um número crescente de estudos de caso em todo o mundo tem demonstrado os benefícios do BIM para os utilizadores que utilizaram um modelo de construção para aplicar a tecnologia BIM.

Apesar disso, o BIM não foi adotado pelas empresas de AEC na Faixa de Gaza, tal como em muitas outras regiões do mundo. Este facto leva à necessidade de investigação para identificar como as empresas de AEC na Faixa de Gaza podem adotar e implementar o BIM nas suas práticas e projectos para terem a capacidade de resolver todos os problemas desafiantes na indústria de AEC. Isto pode ser conseguido através de uma melhor compreensão do conceito BIM a partir da revisão da literatura. Adicionalmente, e através de um inquérito de campo, pode ser obtido avaliando o nível de consciencialização do BIM por parte dos profissionais da indústria AEC na Faixa de Gaza e identificando as funções e os benefícios do BIM que convenceriam os profissionais a adotar o BIM na indústria AEC na Faixa de Gaza. Este estudo é importante para investigar as barreiras BIM que se colocam à adoção do BIM na indústria AEC na Faixa de Gaza.

1.3 Objetivo, objectivos, questões e hipóteses da investigação

O objetivo da investigação é desenvolver uma compreensão clara do BIM para identificar os diferentes factores que fornecem informações úteis para considerar a adoção da tecnologia BIM em projectos por profissionais da indústria AEC na Faixa de Gaza. Para atingir este objetivo, foram delineados cinco objectivos principais, como se segue:

Objectivos da investigação

1. Avaliar o nível de consciencialização do BIM por parte dos profissionais da indústria AEC na Faixa de Gaza.
2. Identificar as principais funções BIM que convenceriam os profissionais a adotar o BIM na indústria AEC na Faixa de Gaza.
3. Identificar os principais benefícios do BIM que convenceriam os profissionais a adotar o BIM na indústria AEC na Faixa de Gaza.
4. Investigar e classificar as principais barreiras BIM que se colocam à implementação do BIM no sector da AEC na Faixa de Gaza.
5. Estudar algumas hipóteses que possam ajudar a encontrar soluções para a adoção do BIM na indústria da AEC na Faixa de Gaza.

Questões-chave de investigação

RQ 1: Qual é o nível de consciencialização do BIM por parte dos profissionais do sector da AEC na Faixa de Gaza?

RQ 2: As funções do BIM são importantes do ponto de vista dos profissionais (de acordo com a necessidade dessas funções) no sector da AEC na Faixa de Gaza?

RQ 3: Os benefícios do BIM são valiosos do ponto de vista dos profissionais (de acordo com a necessidade destas funções) no sector da AEC na Faixa de Gaza?

RQ 4: As barreiras BIM estão a afetar a adoção do BIM na indústria AEC na Faixa de Gaza?

RQ 5: Qual é o efeito do nível de consciencialização do BIM pelos profissionais na redução das barreiras BIM no sector da AEC na Faixa de Gaza?

RQ 6: Qual é o efeito da importância das funções BIM na redução das barreiras BIM na indústria AEC na Faixa de Gaza?

RQ 7: Qual é o efeito do valor dos benefícios do BIM na redução das barreiras do BIM no sector da AEC na Faixa de Gaza?

RQ 8: Qual é o efeito do nível de consciencialização do BIM pelos profissionais no aumento da importância das funções BIM na indústria AEC na Faixa de Gaza?

RQ 9: Qual é o efeito do nível de consciencialização do BIM pelos profissionais no aumento do valor dos benefícios do BIM no sector da AEC na Faixa de Gaza?

RQ 10: Existem diferenças nas respostas dos inquiridos em função dos dados demográficos dos inquiridos?

Hipóteses de investigação

De acordo com a Figura (1.1), o estudo contém cinco hipóteses:

H1: Existe uma relação inversa, estatisticamente significativa a um nível < 0,05, entre o nível de sensibilização dos profissionais para o BIM e as barreiras BIM no sector da AEC na Faixa de Gaza.

H2: Existe uma relação inversa, estatisticamente significativa a um nível < 0,05, entre a importância das funções BIM e as barreiras BIM no sector da AEC na Faixa de Gaza.

H3: Existe uma relação inversa, estatisticamente significativa a um nível < 0,05, entre o valor dos benefícios do BIM e as barreiras do BIM no sector da AEC na Faixa de Gaza.

H4: Existe uma relação positiva, estatisticamente significativa a um nível < 0,05, entre o nível de sensibilização dos profissionais para o BIM e o valor dos benefícios do BIM no sector da AEC na Faixa de Gaza.

H5: Existe uma relação positiva, estatisticamente significativa a um nível < 0,05, entre o nível de sensibilização dos profissionais para o BIM e a importância das funções BIM no sector da AEC na Faixa de Gaza.

H6: Existem diferenças estatisticamente significativas atribuídas aos dados demográficos dos inquiridos e ao seu modo de trabalho ao nível de < 0,05 entre as médias das suas opiniões sobre o tema da aplicação do BIM na indústria AEC na Faixa de Gaza.

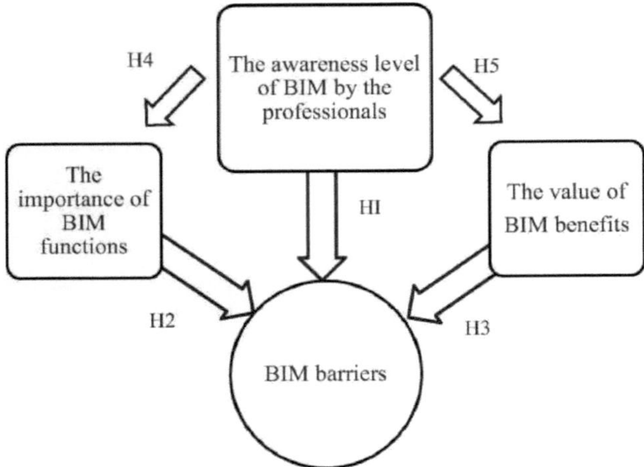

Figura (1.1): Modelo de hipóteses (Fonte: O investigador, 2015)

1.4 Delimitações do estudo

O estudo abrange os seguintes aspectos centrais:

Y *Conhecimento:* o estudo centra-se na adoção do BIM na indústria AEC na Faixa de Gaza, na Palestina. Visava apenas desenvolver uma compreensão clara sobre o BIM para identificar os factores fundamentais (o nível de sensibilização para o BIM, a importância das funções do BIM, o valor dos benefícios do BIM e as barreiras do BIM) que ajudam a considerar a adoção da tecnologia BIM em projectos pelos profissionais da indústria AEC. Para o efeito, foi realizada uma revisão intensiva da literatura para analisar os estudos anteriores realizados neste domínio e que abordavam estes factores.

Y *Abordagem e instrumento:* a abordagem de investigação foi um inquérito quantitativo para medir os objectivos (inquérito descritivo e inquérito analítico). A técnica de investigação foi um questionário. O questionário visou, em primeiro lugar, responder aos objectivos da investigação, cobrir as questões centrais do estudo e recolher todos os dados necessários que possam apoiar os resultados e a discussão, bem como ajudar a formular recomendações.

Y *Geográfico:* o estudo abrange apenas o sector AEC na Faixa de Gaza, na Palestina. A Faixa de Gaza é constituída por cinco províncias: a província do Norte, a província de Gaza, a província do Meio, a província de Khan-Younis e a província de Rafah.

População e amostra: a população abrangida pela investigação inclui profissionais da indústria AEC (arquitectos, engenheiros civis, engenheiros mecânicos, engenheiros electrotécnicos e qualquer outro profissional com uma especialização relacionada). Foram devolvidos 270 dos 275 exemplares do questionário pelos inquiridos. Os inquiridos foram seleccionados devido à sua acessibilidade conveniente e à proximidade do investigador. A dimensão da amostra foi escolhida para fornecer informações adequadas sobre a fiabilidade e um certo grau de validade.

J *Tempo:* O inquérito por questionário (distribuição e recolha) foi realizado em 2015 (janeiro). Foi terminado num período não superior a duas semanas, para remediar o atraso que ocorreu durante a preparação da investigação. Este atraso deveu-se às circunstâncias difíceis durante e após a recente guerra no verão de 2014.

1.5 Conceção da investigação

Para cumprir os objectivos da investigação, foram realizadas as seguintes tarefas:

- J Foi iniciado para identificar o problema, definir o problema, estabelecer o objetivo, os objectivos, as hipóteses e as principais questões de investigação, e desenvolver um plano/estratégia de investigação, decidindo a abordagem de investigação e a técnica de investigação.
- J Foi efectuada uma revisão intensiva da literatura para analisar os estudos anteriores realizados neste domínio. Foi efectuada através da leitura e da tomada de notas de diferentes fontes.
- J Com base nas extensas revisões da literatura, foi concebido um questionário.
- J A validade facial foi realizada por peritos nos domínios da indústria da AEC e da estatística para verificar se o questionário deste estudo parece ser válido ou não.
- J O pré-teste do questionário foi efectuado em duas fases para garantir que o questionário fornece os dados correctos e para assegurar a qualidade dos dados recolhidos. Cada fase do pré-teste foi testada com seis profissionais do sector da AEC na Faixa de Gaza.
- J Foi realizado um estudo-piloto através da distribuição de 40 cópias do questionário aos inquiridos do grupo-alvo, a fim de medir a validade estatística e a fiabilidade do questionário.
- J Após o estudo-piloto, o questionário foi adotado e distribuído a toda a amostra.
- J Os dados recolhidos foram analisados quantitativamente pelo Statistical Package for Social Science (SPSS) IBM versão (22).
- J Os resultados foram concluídos e foram obtidas representações gráficas e tabelas adequadas para compreender e analisar os resultados.
- J Foram sugeridas recomendações através da conclusão da investigação.

1.6 Contribuição para o conhecimento

A investigação contribuirá para o conhecimento existente sobre a tecnologia BIM em todo o mundo. É o primeiro estudo que contribui significativamente para considerar o BIM na Faixa de Gaza, na Palestina, e investiga a aplicação do BIM nas empresas de AEC para resolver todos os seus graves problemas. Além disso, este estudo abrangente pode fornecer uma documentação de referência para a situação do BIM na Palestina, especialmente na Faixa de Gaza. Pode ser utilizado como um guia comparativo para o desenvolvimento futuro e para alargar a compreensão, a fim de aumentar o conhecimento do BIM e criar um ambiente de trabalho criativo.

1.7 Estrutura da tese

A investigação está dividida em cinco capítulos para criar um bom fluxo de informação. O esquema da tese é o seguinte:

Capítulo 1: Introdução

Este capítulo explica os antecedentes da investigação. Fornece a introdução para orientar o leitor para o tema da investigação. O enunciado do problema e a justificação do estudo, o objetivo da investigação, os objectivos, as questões, as hipóteses, as delimitações da investigação, a conceção da investigação, as limitações da investigação e a contribuição da investigação para o conhecimento, bem como o esboço da tese, estão incluídos neste capítulo.

Capítulo 2: Revisão da literatura

Este capítulo aborda o BIM, com especial destaque para o conceito, as características do BIM, os tipos de BIM, o nível de consciencialização e a utilização. Além disso, os possíveis benefícios da adoção do BIM na indústria da AEC em termos de conceção, construção, operações e manutenção de um bem. Por último, este capítulo apresenta os diferentes obstáculos e desafios à aplicação do BIM no sector da AEC.

Capítulo 3: Metodologia da investigação

Este capítulo apresenta a conceção pormenorizada da investigação e o método. O capítulo explica também a técnica utilizada na análise e as questões relacionadas com a recolha de dados.

Capítulo 4: Resultados e discussões

Os resultados são apresentados e discutidos no capítulo quatro. Após a análise dos resultados, estes são apresentados, discutidos e relacionados com os estudos anteriores no presente capítulo.

Capítulo 5: Conclusões e recomendações

De acordo com os resultados finais, as recomendações e a conclusão da investigação são discutidas no capítulo cinco.

Referências

Apêndices

Capítulo 2

Capítulo 2: Revisão da literatura

A revisão da literatura tem como objetivo estabelecer uma compreensão teórica do conceito de Modelação da Informação da Construção (BIM) e das barreiras que limitam a sua adoção. Foi utilizada em duas fases: em primeiro lugar, para assegurar ao investigador a compreensão do conhecimento prévio sobre o assunto e, em segundo lugar, para ser utilizada em comparação com os dados empíricos. As áreas de interesse para a revisão da literatura são: BIM como um conceito (definições, o nível de consciência do BIM, e funções BIM), benefícios do BIM, e barreiras à adoção do BIM. As fontes foram principalmente revistas de investigação académica referenciadas, conferências referenciadas, dissertações/ teses, relatórios/ artigos ocasionais/ livros brancos, publicações governamentais e livros.

2.1 Compreensão do conceito BIM

O BIM tem vindo a ser utilizado internacionalmente há vários anos e a sua utilização continua a crescer. É um dos desenvolvimentos mais promissores na indústria da Arquitetura, Engenharia e Construção (AEC) e tem potencial para se tornar a espinha dorsal da informação de toda uma nova indústria AEC (Eastman *et al.* ,2011; Cheng e Ma, 2013; Stanley e Thurnell, 2014). O BIM está a desenvolver-se continuamente enquanto conceito, uma vez que os limites das suas capacidades continuam a expandir-se à medida que se registam avanços tecnológicos (Joannides *et al.*, 2012). O BIM é agora considerado a última palavra em termos de entrega de projectos na indústria AEC (Azhar *et al.*, 2008a). Está a motivar uma mudança extraordinária na forma como a indústria da construção funciona. Esta mudança fundamental envolve a utilização de software de modelação digital para conceber, construir e gerir projectos de forma mais eficaz (Nassar, 2010).

2.1.1 BIM: Definição e características

Em primeiro lugar, é importante notar que o acrónimo BIM pode ser utilizado para designar um (1) produto (*building information model, ou* seja, um conjunto de dados estruturados que descreve um edifício para simulação, automação e apresentação); (2) um processo ou atividade de construção (*building information modeling*, ou seja, o ato de criar um modelo de informação de construção, como pensar, criar, programar e organizar); e (3) um sistema (*building information management*, ou seja, as estruturas empresariais de trabalho e comunicação que aumentam a qualidade e a eficiência, como compartilhamento, preservação, consulta ao modelo, organização e manutenção) (NBIMS-US, 2007; Ahmad *et al.*, 2012; Estado de Ohio, 2010).

O RIBA (2012) salientou que BIM deveria ser a abreviatura de "gestão da informação da construção" e que o termo BIM(M) alude a "modelação e gestão da informação da construção". Por outro lado, é preciso saber que não existe uma definição exacta de BIM; pelo contrário, há muitas formas de interpretar o que é o BIM. Khosrowshahi e Arayici (2012) concordaram com Eastman *et al.* (2011) e Hardin (2009) que o BIM é definido por vários peritos e organizações de forma diferente devido às suas percepções, antecedentes e experiências. Definiram-no com base na forma específica como trabalham com o BIM (Abbasnejad e Moud, 2013).

O BIM pode ser definido como o desenvolvimento e a utilização de um modelo de software informático para simular a construção e o funcionamento de uma instalação. O modelo de informação do edifício resultante é uma representação digital das características físicas e funcionais de uma instalação, a partir da qual são criadas vistas adequadas às necessidades dos vários utilizadores. Serve como um recurso de conhecimento partilhado para informações sobre uma instalação, constituindo uma base fiável para decisões, bem como apoia a colaboração entre diferentes partes interessadas em diferentes fases do ciclo de vida (AGC, 2005; Smith, 2007; GSA, 2007; Estado de Ohio, 2010; NBIMS-US, 2012). Gu e London (2010) tiveram a mesma opinião

onde afirmam que o BIM é uma abordagem baseada nas tecnologias da informação (TI) que envolve a aplicação e a manutenção de uma representação digital integral de todas as informações sobre a construção para as diferentes fases do ciclo de vida do projeto, sob a forma de um repositório de dados.

Dzambazova *et al.* (2009) definiram o BIM de uma forma diferente, que é a gestão da informação ao longo de todo o ciclo de vida de um processo de conceção, desde o projeto concetual inicial até à administração da construção, passando pelas instalações. Para alguns, o BIM é apenas uma forma de modelação tridimensional (3D) computável (Ellis, 2006). Eastman, no Manual BIM, considerou o BIM mais como uma atividade humana, ou seja, a modelação, em vez de o ver como uma abordagem orientada para objectos ou como um software específico (Eastman *et al.* ,2011).

Smith *et al.* (2004) consideraram o BIM como um processo integrador, impulsionado por imagens digitalizadas computáveis em 3D e ligado a serviços de informação sobre custos de construção baseados na Internet. Howard e Bjork (2008) sublinharam este facto, afirmando que o BIM é a capacidade de transferir informações digitalmente ao longo do processo de construção. Laiserin (2007) participou no mesmo ponto de vista, onde Laiserin (2007) (citado em Schade *et al.*, 2011) definiu o BIM como um processo de apoio à comunicação (partilha de dados), colaboração (atuação sobre dados partilhados), simulação (utilização de dados para previsão) e otimização (utilização de feedback para melhorar o projeto, a documentação e a entrega).

De outro ponto de vista, Azhar (2011) concordou com Yan e Damin (2008) e definiu o BIM como uma nova e poderosa tecnologia, que tem todas as funções de desenho 3D assistido por computador (CAD) e constrói digitalmente um modelo virtual exato de um edifício. O BIM também foi identificado pela Causeway (2011) como um componente essencial para alcançar a mudança de patamar desejada, transformando o processo de informação ao longo do ciclo de vida do ambiente construído.

O BIM pode ser definido com uma definição mais abrangente. Por exemplo, o BIM pode ser definido como o processo de utilização de tecnologias da informação para a partilha, modelação, avaliação, colaboração e gestão de um modelo de construção virtual no âmbito do ciclo de vida de um edifício (Ahmad *et al.*, 2012). Hardin (2009) concordou com Smith e Tardiff (2009) e afirmou que o BIM é uma tecnologia CAD revolucionária e um processo de construção que transformou a forma como os edifícios são projectados, analisados, construídos e geridos. O modelo BIM associa todos os componentes de um edifício como objectos incorporados com informações que acompanham o seu fabrico, custo, entrega, métodos de instalação, custos de mão de obra e manutenção (Smith e Tardiff, 2009).

A Building Smart (2010) definiu o BIM como um conjunto de informações estruturadas de forma a que os dados possam ser partilhados. O BIM é um modelo digital de um edifício no qual são armazenadas informações sobre um projeto. Pode ser 3D; quadridimensional (4D) (integrando o tempo); ou mesmo quadridimensional (5D) (incluindo o custo); e até (nD) (um termo que abrange qualquer outra informação). Eastman *et al.* (2011) consideraram o BIM como uma tecnologia que constrói digitalmente um ou mais modelos virtuais precisos de um edifício para apoiar o projeto ao longo das suas fases, permitindo uma melhor análise e controlo do que os processos manuais. Estes modelos gerados por computador contêm a geometria exacta e os dados necessários para apoiar as actividades de construção, fabrico e aquisição através das quais o edifício é realizado. Por outras palavras, o BIM, quer se trate de modelação da informação da construção ou de gestão da informação da construção, é uma tecnologia que melhorou a forma como as estruturas são concebidas e construídas. Por conseguinte, para efeitos da presente investigação, o BIM pode ser definido através de uma combinação de várias definições, sendo visto como um processo gerido de utilização da tecnologia da informação para recolha, exploração e partilha de informações sobre um projeto. No seu cerne está um modelo gerado por computador que contém todos os dados textuais, gráficos e tabulares sobre o projeto, a construção e o funcionamento da instalação. É utilizado para modelação, simulação, construção e avaliação. Apoia a colaboração, o funcionamento de uma instalação e a gestão de um modelo virtual de edifício no âmbito do ciclo de vida de um edifício (AGC, 2005; Smith, 2007; GSA, 2007; State ofOhio, 2010; NBIMS-US, 2012; Ahmad *et al.*, 2012).

Características do BIM

Ahmad *et al.*, (2012) identificaram sete palavras-chave em 15 definições diferentes de BIM. Essas palavras-chave apareceram pelo menos três vezes em todas as 15 definições diferentes de BIM. As palavras-chave eram as seguintes: (a) Informação; (b) Gestão; (c) Modelagem; (d) Processo; (e) Tecnologia; (f) Análise; e (g) Colaboração. As palavras-chave: "Informação"; "Modelação"; e "Processo" apareceram mais do que qualquer outra caraterística do BIM entre as sete palavras-chave.

A tabela (2.1) foi tabulada identificando as mesmas sete palavras-chave anteriores de Ahmad *et al.* (2012), além de uma oitava caraterística que é: "Simulação", que apareceu em algumas definições de BIM, conforme apresentado anteriormente. O número total das definições (que foram apresentadas acima) é 16. As palavras-chave apareceram pelo menos três vezes em todas as últimas 16 definições diferentes de BIM.

Tabela (2.1): Características BIM

Características / BIM	Informações	Gestão	Modelação	Simulação	Processo	Tecnologia	Análise	Colaboração
NBIMS-US (2007)	V	V	V	V	V			V
Estado do Ohio (2010)	V	V	V	V	V			V
AGC (2005)	V			V				V
Smith (2007)	V			V				V
GSA (2007)	V			V				V
Estado do Ohio (2010)	V			V				V
NBIMS-US (2012)	V			V				V
Gu e Londres (2010)	V					V		V
Dzambazova *et al.* (2008)		V						
Ellis (2006)			V					
Smith *et al.* (2004)	V		V		V			
Howard e Bjork (2008)	V				V			
Laiserin (2007) (citado em Schade *et al.* ,2011)				V	V			V
Azhar (2011)			V	V		V		
Yan e Damin (2008)			V	V		V		
Passadiço (2011)	V				V			V
Ahmad *et al.* (2012)	V	V	V	V	V	V		V
Hardin (2009)	V	V			V	V	V	
Smith e Tardiff (2009)	V	V			V	V	V	
Construção inteligente (2010)	V	V	V					V

Eastman *et al.* (2011)	V	V	V	V	V	V	V	
Weygant (2011)	V	V	V		V	V		V

2.1.2 Tipos de BIM

Foram desenvolvidos muitos novos termos, conceitos e aplicações BIM, tais como 4D, 5D, 6D e 7D. O (D) no termo 3D BIM significa "dimensional" e tem muitos objectivos diferentes para o sector da construção. Wang (2011) explicou os tipos de BIM da seguinte forma:

- 3D: tridimensional significa a altura, o comprimento e a largura.
- 4D: 3D mais tempo para o planeamento da construção e a programação do projeto.
- 5D: 4D mais estimativa de custos.
- 6D: 5D mais sítio. Para tal, seria necessária a integração do sistema de informação geográfica (SIG) e do BIM. Com a integração do SIG, todos os elementos do modelo do estaleiro teriam a informação exacta da localização e da elevação (X, Y, Z), tal como se encontram no mundo real da construção.
- 7D: BIM para a gestão do ciclo de vida das instalações.

Os recentes avanços no BIM disseminaram a utilização de informação CAD nD multidimensional no sector da construção (Eastman *et al.*, 2008; Jung e Joo, 2011). Para além das propriedades paramétricas do BIM 3D, a tecnologia também tem capacidades 4D e 5D. Os recentes avanços no software permitiram que os empreiteiros acrescentassem os parâmetros de custo e de programação aos modelos para facilitar os estudos de engenharia de valor, as estimativas e os cálculos de quantidades e até mesmo simular o faseamento do projeto (Holness, 2006).

2.1.3 O nível de sensibilização para o BIM

De acordo com muitos estudos relacionados com o BIM, existe uma procura premente de melhores conhecimentos e compreensão do BIM em todo o sector da AEC. A falta de conhecimentos sobre o BIM conduziu a uma lenta adoção desta tecnologia e a uma gestão ineficaz da sua adoção (Mitchell e Lambert, 2013; NBS, 2013).

De um modo geral, muitos estudos, como os de Arayici *et al.* (2009); Khosrowshahi e Arayici (2012); Elmualim e Gilder (2013); e Aibinu e Venkatesh (2014), concluíram que existe uma falta de sensibilização para o BIM e para os seus benefícios no sector da construção. Constataram igualmente que existe uma falta de sensibilização para o valor comercial do BIM numa perspetiva financeira. Mais precisamente, existe uma grande falta de compreensão do BIM (os conceitos fundamentais do BIM) e das suas aplicações práticas ao longo da vida dos projectos. Há também uma falta de competências técnicas que os profissionais precisam de ter para utilizar o software BIM, bem como uma falta de conhecimento de como implementar o software BIM para ser útil nos processos de construção.

Em Hong Kong, Tse *et al.* (2005) revelaram, através de uma investigação, que os benefícios do BIM eram frequentemente mal compreendidos ou desconhecidos. Gu *et al.* (2008) e NBS (2012) afirmaram que o BIM é bastante incompreendido em todos os sectores. Apenas 54% das práticas de arquitetura estão atualmente cientes do BIM (NBS, 2013). No sul da Austrália, Newton e Chileshe (2012) descobriram, através do seu estudo, que uma proporção significativa dos inquiridos tem pouca ou nenhuma compreensão do conceito de BIM, e a utilização foi considerada muito baixa. A mesma conclusão foi demonstrada por Mitchell e Lambert (2013), que afirmaram que as pessoas na Austrália sofrem de uma falta de conhecimento sobre o BIM e as suas capacidades distintivas no domínio da indústria da construção. Lof e Kojadinovic (2012) afirmaram que existe uma falta de orientações sobre como utilizar e alinhar o BIM na fase de produção dos projectos de construção na Suécia. Kassem *et al.* (2012) descobriram, através do seu estudo no Reino Unido, que existe uma falta geral de conhecimento e compreensão do que é o BIM. O estudo de Thurairajah e Goucher (2013) no Reino Unido concordou com o de Kassem *et al.* (2012), mas também concluiu que os consultores de custos no Reino Unido estão cientes do BIM.

Pelo contrário, houve uma exceção num estudo realizado na Irlanda por Crowley (2013). Este estudo estava diretamente relacionado com a sensibilização para o BIM e a sua utilização por parte dos avaliadores de quantidades (QS). Os resultados do questionário revelaram que 73 % da amostra (105 respostas) apenas tinham conhecimento do BIM sem o utilizar; 24 % tinham conhecimento do BIM e utilizavam-no no desempenho das suas funções e apenas 3 % não tinham conhecimento do BIM.

2.1.4 Como é utilizado o BIM?

No seu nível mais básico, o BIM proporciona uma visualização tridimensional aos proprietários. Também é utilizado como uma ferramenta de marketing para potenciais clientes e os projectistas podem utilizar esta tecnologia para demonstrar ideias de design (Azhar *et al.*, 2008a). Weygant (2011) considerou o BIM como uma ferramenta que é utilizada para a análise de modelos, deteção de conflitos, seleção de produtos e concetualização de todo o projeto. Eastman *et al.* (2008) descreveram as diferentes utilizações do BIM na construção da seguinte forma:

A. Modelo 3D

1. *Percursos em modelo* para que os projectistas e os empreiteiros identifiquem e resolvam os problemas com a ajuda do modelo antes de se deslocarem ao local.
2. *Deteção de conflitos;* o BIM permitiu identificar potenciais problemas numa fase precoce do projeto e resolvê-los antes do início da construção.
3. *A visualização do projeto* constitui uma ferramenta de marketing muito útil e bem sucedida, ao fazer uma simulação simples do calendário do edifício, que pode mostrar ao proprietário como será o edifício à medida que a construção avança.
4. *Modelos de maquetas virtuais;* em projectos de grandes dimensões, a modelação BIM permite a realização de maquetas virtuais para que o proprietário possa compreender melhor e tomar decisões.
5. *A pré-fabricação* pode ser mais utilizada com o BIM. Como resultado, mais trabalhos de construção podem ser realizados fora do local, de forma económica, em condições de fábrica controladas e depois instalados de forma eficiente.

B. Tempo 4D

1. *Planeamento e gestão da construção;* as ferramentas BIM podem ser utilizadas para melhorar o planeamento e a monitorização das precauções de saúde e segurança necessárias no local à medida que o projeto avança.
2. *Visualização do calendário;* ao observar a visualização do calendário, os membros do projeto poderão tomar decisões com base em múltiplas fontes de informação exacta em tempo real.

C. Custo 5D

1. *Orçamentos de quantidades;* o modelo BIM inclui informações que permitem ao empreiteiro gerar com precisão e rapidez uma série de informações essenciais de orçamentação, tais como materiais, quantidades e custos, estimativas de dimensão e área. À medida que são efectuadas alterações, a informação de estimativa ajusta-se automaticamente, permitindo uma maior produtividade do empreiteiro.
2. *Estimativa de custos em tempo real;* Num modelo BIM, podem ser adicionados dados

de custos a cada objeto, permitindo que o modelo calcule automaticamente uma estimativa aproximada dos custos dos materiais. Isto permite aos projectistas efetuar uma engenharia de valor.

D. Gestão de instalações 6D (FM)

1. *Gestão do ciclo de vida;* o modelo BIM criado pelo projetista e atualizado ao longo da fase de construção terá a capacidade de se tornar um modelo "as built", que também pode ser entregue ao proprietário.
2. *Captação de dados;* os sensores podem fornecer feedback e registar dados relevantes para a fase de funcionamento de um edifício, permitindo que o BIM seja utilizado para modelar e avaliar a eficiência energética, monitorizar os custos do ciclo de vida de um edifício e otimizar a sua eficiência em termos de custos.

Da mesma forma, Ashcraft (2008) apresentou a forma como o BIM está a ser utilizado da seguinte forma: (1) entrada de dados única, múltiplas utilizações; (2) precisão do projeto; (3) bases de projeto consistentes; (4) modelação 3D; (5) identificação e resolução de conflitos; (6) estimativas e orçamentos; (7) desenho de loja e de fabrico; (8) visualização de soluções e opções alternativas; (9) otimização energética; (10) revisões de construtibilidade e simulações 4D; (11) controlo de custos e erros de fabrico; (12) gestão de instalações; e (13) simulações funcionais.

Becerik-Gerber *et al.* (2011) avaliaram o estado atual da implementação do BIM na gestão de instalações (FM), as potenciais aplicações e o nível de interesse na utilização do BIM através de entrevistas presenciais realizadas com o apoio do grupo de FM da Universidade do Sul da Califórnia (USC), bem como através de um inquérito online. Becerik-Gerber *et al.* (2011) reconheceram as áreas de aplicação do FM que podem ser implementadas pelo BIM e que podem ser benéficas da seguinte forma (1) localização de componentes do edifício; (2) facilitação do acesso a dados em tempo real; (3) visualização e marketing; (4) verificação da capacidade de manutenção, em que estes estudos de capacidade de manutenção podem abordar as seguintes áreas: acessibilidade, sustentabilidade dos materiais e manutenção preventiva; (5) criação e atualização de activos digitais; (6) gestão de espaços; (7) planeamento e estudos de viabilidade para construção não capital; (8) gestão de emergências; (9) controlo e monitorização da energia; e (10) formação e desenvolvimento de pessoal.

Além disso, Ku e Taiebat (2011) investigaram, através de um inquérito em linha, as empresas de construção nacionais e regionais dos EUA, a fim de obterem informações de base sobre o nível atual de implementação do BIM e as capacidades das empresas de construção. Ku e Taiebat (2011) descobriram que as empresas utilizam o BIM nas seguintes áreas de domínio da gestão da construção: (1) construtibilidade e visualização (os aspectos mais utilizados do BIM em todas as empresas), em que as tarefas de construtibilidade incluíam a deteção de conflitos para a coordenação comercial; (2) planeamento do local; (3) gestão da informação da base de dados; (4) estimativa baseada em modelos; (5) controlo de custos; e (6) programação 4D.

O guia de planeamento da execução BIM da Universidade Estatal da Pensilvânia definiu vinte e cinco funções BIM distintas. Se nos debruçarmos sobre as áreas especializadas do BIM, poder-se-á argumentar que existem muito mais. A Building SMART International tem atualmente mais de cem actividades BIM definidas como manuais de fornecimento de informações individuais. Independentemente da forma como são definidas, as funções BIM podem ser agrupadas em cinco categorias, como mostra a Tabela (2.2) (Baldwin, 2012).

Tabela (2.2): Exemplos de funções BIM; (Fonte: Baldwin, 2012)

Categoria	Exemplos de funções BIM
Conceção	modelação de condições existentes, programação espacial, criação de modelos, coordenação de projectos

Análise	análise estrutural, análise energética, análise de iluminação, auditoria de modelos, verificação de códigos
Construção	utilização do sítio, sequenciação da construção 4D, estimativa de custos 5D, fabrico digital, BIM-to-filed
Funcionamento	gestão de activos e de espaços, programação da manutenção, expansão das instalações
Gestão de dados	plataformas de colaboração, gestão de alterações, comunicação e acompanhamento de problemas, gestão de metadados, ligação de bases de dados, interoperabilidade e intercâmbio de ficheiros.

Gray *et al.* (2013) relataram, através de um inquérito eletrónico, padrões de utilização do BIM na Austrália e a nível internacional (Coreia, China, Indonésia, Reino Unido (RU), Canadá, Brasil, Índia e Estados Unidos da América (EUA). Estes padrões incluíam utilizadores disciplinares; fases do ciclo de vida do projeto; integração tecnológica, incluindo compatibilidade de software; e questões organizacionais, como recursos humanos e interoperabilidade. A lista de utilizações do BIM incluía: (1) visualização do projeto; (2) assistência ao projeto e revisão da construtibilidade; (3) planeamento e utilização do local; (4) programação e sequenciação (4D); (5) estimativa de custos (5D); (6) integração de modelos de subcontratantes e fornecedores; (7) coordenação de sistemas; (8) layout e trabalho de campo; (9) pré-fabricação; e (10) operações e manutenção (incluindo registos as-built).

Por outro lado, na Coreia, Lee *et al.* (2014) resumiram as tarefas que se enquadram no sector da construção e que podem utilizar o BIM da seguinte forma: (1) visualização 3D (Arquitetónico/ Estrutural/ Mecânico, Elétrico e de Canalização (MEP)); (2) deteção de conflitos; (3) estudos de viabilidade; (4) levantamento e estimativa de quantidades com base em modelos; (5) gestão 4D de planeamento visual; (6) análise ambiental ou certificação LEED (eficiência energética/ luz solar/ análise de emissões de CO2); (7) criação de desenhos e gestão do calendário para a instalação de vergalhões/esquadrias de aço/paredes de cortina; (8) revisão visual da construtibilidade (planeamento de operações de elevação de materiais/instalação de recursos temporários); (9) coordenação visual e geoespacial para a construção de formas atípicas; e (10) criação de um modelo as-built para a gestão de instalações.

Com base no que precede, pode dizer-se que o BIM tem um vasto leque de aplicações: transversal ao processo de conceção, construção e exploração. É muitas vezes impraticável que um único utilizador do BIM tenha conhecimentos especializados em todas as áreas; no entanto, é importante estar ciente das áreas de aplicação e, assim, ser capaz de selecionar as funções BIM mais aplicáveis à sua própria atividade (Baldwin, 2012). O BIM está a transformar a forma como os arquitectos, engenheiros, empreiteiros e outros profissionais da construção civil utilizam o BIM atualmente (Mandhar e Mandhar, 2013). A Tabela (2.3) resumiu as funções BIM de acordo com os itens que foram apresentados acima.

Tabela (2.3): Resumo das funções do BIM.

Não	Função BIM	Autores
	A. Conceção	
1	Modelação 3D	Ashcraft (2008); Eastman *et al.* (2008); Baldwin (2012)
2	Modelo 3D para walkthroughs/visualização para projectistas (*Arquitetura/ Estrutura/ MEP*)	Ashcraft (2008); Eastman *et al.* (2008); Becerik-Gerber *et al.* (2011); Ku e Taiebat (2011); Gray *et al.* (2013); Lee *et al.* (2014)
3	Simulações funcionais	Ashcraft (2008)
4	Modelos virtuais de maquetas em grandes projectos	Eastman *et al.* (2008)

5	Programação espacial/ Coordenação visual e geoespacial para a construção de formas atípicas	Baldwin (2012); Lee *et al.* (2014)
6	Criar e atualizar activos digitais	Becerik-Gerber *et al.* (2011); Baldwin (2012)
7	Assistência à conceção	Gray *et al.* (2013)
8	Bases de conceção coerentes	Ashcraft (2008)
9	Estudos de viabilidade/estudos de viabilidade para construção não capital	Becerik-Gerber *et al.* (2011);Lee *et al.* (2014)
	B. Análise	
10	Análise estrutural	Baldwin (2012)
11	Análise da iluminação	Baldwin (2012); Lee *et al.* (2014)
12	Análise ambiental ou certificação LEED (*análise da eficiência energética/ insolação/ emissões de CO2*)	Baldwin (2012); Lee *et al.* (2014)
13	Auditoria de modelos	Baldwin (2012)
14	Controlo do código	Baldwin (2012)

Tabela (2.3): Resumo das funções do BIM.

Não	Função BIM	Autores
	C. Construção	
15	Visualização de modelos 3D para empreiteiros	Eastman *et al.* (2008)
16	Revisões de construtibilidade visualizadas (*planeamento de operações de elevação de materiais/instalação de recursos temporários*)	Ashcraft (2008); Eastman *et al.* (2008); Ku e Taiebat (2011); Gray *et al.* (2013); Lee *et al.* (2014)
17	Pré-fabricação	Eastman *et al.* (2008); Gray *et al.* (2013)
18	Programação e sequenciação 4D (*simulações 4D*)	Eastman *et al.* (2008); Ku e Taiebat (2011); Baldwin (2012); Gray *et al.* (2013); Lee *et al.* (2014)
19	Estimativa de custos 5D	Eastman *et al.* (2008); Baldwin (2012); Gray *et al.* (2013)
20	Planeamento e utilização do local/ Disposição e trabalho de campo	Ku e Taiebat (2011); Baldwin (2012); Gray *et al.* (2013)
21	Planeamento e acompanhamento das precauções sanitárias e de segurança necessárias no local	Eastman *et al.* (2008)
22	Controlo dos custos de fabrico e dos erros	Ashcraft (2008); Ku e Taiebat (2011)
23	Estimativas de quantidades baseadas em modelos, tais como materiais, quantidades e custos, estimativas de dimensões e áreas	Ashcraft (2008); Eastman *et al.* (2008); Ku e Taiebat (2011); Lee *et al.* (2014)
24	Deteção de conflitos/identificação e resolução de conflitos	Ashcraft (2008); Ku e Taiebat (2011); Lee *et al.* (2014)
25	Desenhos de fabrico e de oficina	Ashcraft (2008); Lee *et al.* (2014)
26	Integração de subcontratantes e modelos de fornecedores	Gray *et al.* (2013)
	D. Funcionamento	
27	Criação de um modelo "as-built" para a gestão das instalações/do ciclo de vida	Ashcraft (2008); Eastman *et al.* (2008); Lee *et al.* (2014)
28	Localização do componente do edifício	Becerik-Gerber *et al.* (2011)
29	Ferramenta de marketing	Becerik-Gerber *et al.* (2011)
30	Gestão de activos e de espaços	Becerik-Gerber *et al.* (2011); Baldwin (2012)
31	Expansão das instalações	Baldwin (2012)
32	Gestão de emergências	Becerik-Gerber *et al.* (2011)

33	Controlo da facilidade de manutenção (*acessibilidade, sustentabilidade dos materiais e manutenção preventiva*)/ Programação da manutenção	Becerik-Gerber *et al.* (2011); Baldwin (2012); Gray *et al.* (2013)
34	Controlo e monitorização da eficiência energética	Ashcraft (2008); Eastman *et al.* (2008); Becerik-Gerber *et al.* (2011)
35	Monitorizar os custos do ciclo de vida de um edifício e otimizar a sua eficiência de custos	Eastman *et al.* (2008)
36	Coordenação de sistemas	Gray *et al.* (2013)
37	Formação e desenvolvimento do pessoal	Becerik-Gerber *et al.* (2011)
	E. Gestão de dados	
38	Introdução única de dados - múltiplas utilizações	Ashcraft (2008)
39	Recolha de dados; comunicação e acompanhamento de problemas	Eastman *et al.* (2008); Baldwin (2012)
40	Gestão da informação da base de dados	Ku e Taiebat (2011); Baldwin (2012)
41	Gerir metadados	Baldwin (2012)
42	Interoperabilidade e intercâmbio de ficheiros	Baldwin (2012); Gray *et al.* (2013)
43	Facilitar o acesso aos dados em tempo real	Becerik-Gerber *et al.* (2011)
44	Plataformas de colaboração	Baldwin (2012)
45	Gestão da mudança	CRC inovação na construção (2007); Baldwin (2012)

2.2 Impacto do BIM na indústria de FM

O BIM reflecte a atual transformação acentuada na indústria AEC e no sector FM, oferecendo uma série de benefícios, desde o aumento da eficiência, precisão, velocidade, coordenação, consistência, análise energética, redução dos custos do projeto, etc., a várias partes interessadas, desde proprietários a arquitectos, engenheiros, empreiteiros e outros profissionais do ambiente construído (Mandhar e Mandhar, 2013). O BIM tem benefícios de grande alcance no sector AEC/FM, apoiando e melhorando as práticas comerciais em comparação com as práticas tradicionais baseadas em papel ou em CAD bidimensional (2D) (Eastman *et al.*, 2011). O BIM é cada vez mais necessário para gerir processos complexos de comunicação e partilha de informações em projectos de construção colaborativos. O BIM serve todas as partes interessadas (por exemplo: projetista, empreiteiro, proprietário e gestor de instalações), na conceção, construção, previsão e orçamentação (Weygant, 2011). Um número crescente de empresas de conceção, engenharia e construção tem tentado adotar o BIM para melhorar os seus serviços e produtos (Sebastian e Berlo, 2010; Aibinu e Venkatesh, 2013).

A adoção do BIM pela comunidade de desenvolvimento indica uma aceitação da sua utilização e o reconhecimento do seu potencial para melhorar a integração entre as decisões de aquisição e as questões operacionais reais (Lorch, 2012). O BIM inclui quadros de colaboração e tecnologias para a integração de informações orientadas para o processo e para o objeto ao longo do ciclo de vida do edifício num modelo multidimensional (Sebastian e Berlo, 2010). A utilização do BIM requer a colaboração entre as partes contratantes, tais como proprietários, arquitectos, engenheiros, empreiteiros e gestores de instalações (Eastman *et al.* ,2011).

A utilização do BIM pode aumentar o valor de um edifício, reduzir a duração do projeto, fornecer estimativas de custos fiáveis, produzir instalações prontas para o mercado e otimizar a gestão e a manutenção das instalações (Eastman *et al.*, 2011). Sarno (2012) explorou com mais pormenor a forma como várias actividades, agrupadas sob o termo "gestão do ciclo de vida do projeto", podem ser coerentemente associadas ao BIM. Ao integrar o BIM com soluções de gestão de projectos de construção e de gestão do ciclo de vida das infra-estruturas (ILM), as partes interessadas no projeto podem obter novas eficiências ao longo de todo o ciclo de vida do projeto. Além disso, o modelo BIM ajuda os proprietários a obter mais controlo e mais poupanças através da utilização do BIM na conceção e construção dos projectos (Eastman *et al.*, 2011).

Para a indústria da AEC, o BIM tem sido um dos desenvolvimentos mais promissores dos nossos tempos, uma vez que permite a criação de um modelo virtual exato com geometria precisa e outras informações relevantes que ajudam a modelar todo o ciclo de vida de um edifício (Eastman *et al.*, 2011). Os BIM contêm um modelo de informação rico (detalhes geométricos, topológicos e semânticos) relacionado com o ciclo de vida de uma instalação e permitem uma melhor comunicação, coordenação, análise e controlo de qualidade (McGraw-Hill Construction, 2008). A cor do BIM é o verde, pois a sua utilização correcta reduzirá o tempo do projeto e, consequentemente, a utilização de energia, bem como os custos. O BIM reduzirá o desperdício de materiais durante a construção e a gestão do edifício e, eventualmente, ajudará numa demolição sustentável. A modelação energética também pode minimizar a utilização de energia ao longo da vida de um edifício (Kolpakov, 2012). Os modelos BIM permitem um conjunto de actividades de colaboração anteriormente inimaginável; revisão integrada e interdisciplinar do projeto, coordenação de vários modelos e deteção de conflitos, e integração em tempo real com outras disciplinas especializadas para estimativa de custos, gestão da construção, etc. (Karlshoj, 2012).

2.2.1 Possíveis benefícios da adoção do BIM na indústria de FM

Os benefícios do BIM têm sido objeto de vários estudos de investigação. O principal benefício do BIM é a sua representação geométrica exacta das partes de um edifício num ambiente de dados integrado (CRC Construction Innovation, 2007). Barlish e Sullivan (2012) forneceram um modelo de cálculo de estrutura para determinar o valor do BIM. O modelo desenvolvido é aplicado através de três estudos de caso num ambiente industrial de grande dimensão, onde são avaliados projectos semelhantes, alguns implementando o BIM e outros com abordagens tradicionais, não BIM. Foram consideradas as métricas de custo ou investimento e as métricas de benefício ou retorno. As métricas de retorno foram: pedidos de informação (RFIs); ordens de alteração; e melhorias de duração. As métricas de investimento foram: custos de projeto e construção. As conclusões indicaram que existe um elevado potencial para a concretização dos benefícios do BIM. Os retornos e investimentos reais variam de acordo com cada projeto.

Do seu ponto de vista, Azhar *et al.* (2008a) e Azhar *et al.* (2008b) representam os benefícios do BIM da seguinte forma:

1. *Processos mais rápidos e mais eficazes*: a informação é mais facilmente partilhada; pode ser valorizada e reutilizada.
2. *Melhor conceção*: as propostas de construção podem ser analisadas com rigor; as simulações podem ser efectuadas rapidamente e o desempenho pode ser aferido; permitindo soluções melhoradas e inovadoras.
3. *Custos durante todo o ciclo de vida e dados ambientais controlados*: o desempenho ambiental é mais previsível; os custos do ciclo de vida são mais bem compreendidos.
4. *Melhor qualidade de produção*: a produção de documentação é flexível e explora a automatização.
5. *Montagem automatizada*: os dados digitais dos produtos podem ser explorados em processos a jusante e utilizados para o fabrico/montagem de sistemas estruturais.
6. *Melhor serviço ao cliente*: as propostas são melhor compreendidas através de uma visualização exacta.
7. *Dados do ciclo de vida*: os requisitos, a conceção, a construção e as informações operacionais podem ser utilizados na gestão das instalações.

O Allen Consulting Group (2010) destacou os potenciais benefícios a obter com a adoção da tecnologia BIM. Estes incluem os seguintes: (a) melhoria da partilha de informações; (b) aumento da produtividade através da poupança de tempo e de custos; (c) melhoria da qualidade; (d) aumento da sustentabilidade; (e) apoio à tomada de decisões; e (f) melhorias no mercado de trabalho.

Os levantamentos de quantidades de materiais rápidos e simples representam um método eficiente de controlo e equilíbrio e reduzem frequentemente o tempo de licitação (Holness, 2006). A perceção dos utilizadores do BIM relativamente aos benefícios das funcionalidades do BIM para os Quantity Surveyors (QS), (também designados por consultores de custos ou engenheiros de custos), foi investigada na Austrália por Aibinu e Venkatesh (2013). Os dados foram recolhidos a partir de um inquérito baseado na Web a 180 empresas de SQ, com 40 respostas, e de duas entrevistas aprofundadas. As conclusões do estudo mostraram que: (1) a poupança de tempo é o benefício percebido mais importante, indicado por 80% dos inquiridos. Reduz o trabalho intensivo de levantamento de quantidades e aumenta a capacidade de identificar e aconselhar a equipa de projeto sobre os elementos que excedem o objetivo de custo. Outros benefícios enumerados são (2) o aumento da visualização (indicado por 40% dos inquiridos) e (3) o aumento da produtividade (indicado por 20% dos inquiridos).

Do mesmo modo, e com base em entrevistas estruturadas com os avaliadores de quantidades em Auckland, Stanley e Thurnell (2014) concluíram que o 5D BIM oferece vantagens em relação às formas tradicionais de levantamento de quantidades, aumentando a eficiência, melhorando a visualização dos pormenores de construção e identificando mais cedo os riscos. Mais concretamente, Stanley e Thurnell (2014) salientaram que os benefícios do 5D BIM para a quantificação podem resumir-se a: (1) aumentar a visualização; (2) aumentar a colaboração em projectos, uma vez que as pessoas precisam de trabalhar em conjunto para tornar os modelos eficazes; (3) melhorar a qualidade do projeto e a qualidade dos dados BIM; (4) facilitar a concetualização do projeto; (5) aumentar a capacidade de análise; (6) melhorar a eficiência dos takeoffs durante a fase de estimativa orçamental; (7) melhorar a eficiência do planeamento de custos durante a fase de plano de custos detalhado; (8) melhorar a identificação de riscos para estar disponível numa fase anterior; (9) aumentar a capacidade de resolver pedidos de informação (RFIs) em tempo real; e (10) melhorar a estimativa e as opções de projeto.

Khosrowshahi e Arayici (2012), num inquérito por questionário aos principais empreiteiros do Reino Unido e em entrevistas a organizações de alto nível na Finlândia, com o objetivo de determinar os problemas que podem ser ultrapassados com a implementação do BIM, reconheceram os oito benefícios seguintes: (1) reduzir o erro, o retrabalho e o desperdício para uma melhor sustentabilidade do projeto e da construção; (2) melhorar a gestão do risco; (3) eliminar o desperdício do processo; (4) melhorar a construção e o projeto enxutos; (5) melhorar a gestão dos activos ao longo de todo o ciclo de vida, melhor gestão das instalações/gestão dos activos; (6) capacidade de lidar melhor com as alterações introduzidas pelo cliente no projeto e com as implicações do ciclo de vida destas; (7) obter apoio da cadeia de abastecimento na produção de documentação e no conjunto de competências da cadeia de abastecimento; e (8) valorização da utilização da tecnologia pela gestão da construção.

Newton e Chileshe (2012) realizaram um estudo para atingir dois objectivos relacionados com a sensibilização e os benefícios do BIM entre as partes interessadas da indústria da construção do Sul da Austrália. Foi realizado um estudo de campo com uma amostra selecionada aleatoriamente de vinte e nove organizações de construção. Foram utilizadas dez das vantagens do BIM e os dados das respostas foram recolhidos através de questionários estruturados. No que diz respeito à sensibilização e à utilização, os resultados indicaram que uma proporção significativa dos inquiridos tem pouca ou nenhuma compreensão do conceito de BIM e que a utilização é muito baixa. Os benefícios resumiram-se a (a) maior facilidade de construção; (b) melhor visualização; (c) maior produtividade; e (d) redução de conflitos como os benefícios mais bem classificados associados à adoção do BIM.

2.2.2 Benefícios do BIM durante a conceção, construção, instalações e operações, e manutenção de um projeto de construção

Esta secção de exploração dos estudos anteriores, relacionados com o BIM, analisa os vários benefícios da utilização do BIM e mostra o quanto as várias partes interessadas podem ganhar ao irem além da tradicional abordagem CAD 2D ao longo das diferentes fases de construção (pré-construção, conceção, fabrico e construção, e pós-construção como operação e manutenção). Eastman, no Manual BIM, descreveu o BIM como uma forma inovadora de pré-construção; conceção; construção; e pós-construção de um projeto de construção em comparação com a forma tradicional de desenho (Eastman *et al.*, 2008; 2011). A Tabela (2.4) resume os benefícios do BIM de acordo com Eastman *et al.* (2008; 2011).

Tabela (2.4): Benefícios do BIM durante a pré-construção; conceção; construção; e pós-construção de um projeto de construção; (Eastman et al., 2008; 2011)

Benefícios do BIM
A. Benefícios da pré-construção para o proprietário
1. Benefícios para o conceito, a viabilidade e o projeto
2. Aumento do desempenho e da qualidade dos edifícios
3. Melhoria da colaboração através da entrega integrada de projectos
B.Benefícios da conceção"
1. Visualizações mais precoces e mais exactas da conceção
2. Correcções automáticas de baixo nível quando são feitas alterações à conceção

Tabela (2.4): Benefícios do BIM durante a pré-construção; conceção; construção; e pós-construção de um projeto de construção; (Eastman et al., 2008; 2011)

Benefícios do BIM
3. Criação de desenhos 2D exactos e coerentes em qualquer fase do projeto
4. A colaboração precoce de várias disciplinas de conceção
5. Fácil verificação da coerência com a intenção do projeto
6. Extração de estimativas de custos durante a fase de conceção
7. Melhoria da eficiência energética e da sustentabilidade
C. Vantagens da construção e do fabrico
1. Utilização do modelo de projeto como base para componentes fabricados
2. Reação rápida a alterações de conceção
3. Descoberta de erros e omissões de projeto antes da construção
4. Sincronização do planeamento da conceção e da construção
5. Melhor aplicação das técnicas de construção limpa
6. Sincronização da aquisição com a conceção e a construção
D. Benefícios pós-construção
1. Melhoria da entrada em funcionamento e da transferência de informações sobre as instalações
2. Melhor gestão e funcionamento das instalações
3. Integração com os sistemas de exploração e gestão das instalações

2.2.2.1 Benefícios do BIM relacionados com a fase de conceção de um projeto

O sector da construção está a ser amplamente criticado como um sector fragmentado. Há cada vez mais apelos para que o sector mude e utilize tecnologias que permitam integrar processos de conceção, construção e em toda a cadeia de abastecimento. De acordo com isso, Elmualim e Gilder (2013) realizaram um inquérito por questionário para averiguar a mudança no sector da construção no que diz respeito à gestão da conceção, à inovação e à aplicação do BIM como vias de ponta para a colaboração. O inquérito por questionário foi distribuído e respondido por inquiridos no Reino Unido, tendo outros inquiridos representado a Europa, os EUA, a Índia, o Gana, a China, a Rússia, a África do Sul, a Austrália, o Canadá, a Malásia e os Emirados Árabes Unidos (EAU). Os inquiridos pertenciam a uma série de designações da indústria da construção, tais como gestores de construção, projectistas, engenheiros, coordenadores de projeto, gestores de projeto, arquitectos, tecnólogos de arquitetura e agrimensores. Como resultado, a maioria dos inquiridos concordou que a equipa de projeto era responsável pela gestão do projeto na sua organização e que as tecnologias BIM proporcionam uma nova mudança de paradigma na forma como os edifícios são concebidos, construídos e mantidos. Esta mudança de paradigma exige que se repense o currículo para a formação colectiva dos profissionais da construção.

Com o BIM, as eficiências ao longo do processo de projeto estão a tornar-se mais claras. O maior ganho individual parece ser a simples coordenação de componentes utilizando software de deteção de conflitos combinado com uma construção virtual, o que significa que os erros são identificados antes de o trabalho começar no local. O BIM também exigirá uma maior atenção à seleção de componentes na fase inicial (Lorimer, 2011). O cliente pode obter um melhor âmbito e natureza do projeto e da construção com a visualização BIM (Ahmad *et al.*, 2012). Tradicionalmente, os levantamentos de quantidades e a estimativa de custos ocorrem tardiamente nas fases de projeto. A utilização do BIM permite que estas estimativas ocorram numa fase inicial e sejam continuamente actualizadas à medida que são feitas alterações ao modelo (Ashcraft, 2008).

As diferentes partes interessadas podem encontrar benefícios na utilização do BIM. O modelo desenvolvido com recurso ao BIM ajuda os proprietários a visualizar a organização espacial do edifício, bem como a compreender a sequência das actividades de construção e a duração do projeto (Eastman *et al.*, 2011). Os arquitectos beneficiam da capacidade do BIM de criar representações em 3D, modelos graficamente precisos e conjuntos de documentos de construção. A utilização do BIM evita atrasos dispendiosos devido a desenhos inexactos. Os arquitectos podem utilizar os modelos "as-built" se necessitarem de trabalhar na renovação, adição ou alteração de um edifício. O BIM também é benéfico para a conceção e a instalação de serviços de MEP em qualquer sistema de projeto de construção, bem como para a sua coordenação com outros sistemas de construção. A adoção do BIM pode também ajudar os Engenheiros Civis a analisar e comparar rapidamente várias alternativas de projeto (Holness, 2006).

As decisões tomadas no início do processo de conceção têm um impacto significativo no desempenho do ciclo de vida de um edifício e, com o aumento do custo da energia e as crescentes preocupações ambientais, a procura de edifícios sustentáveis com um impacto ambiental mínimo está a aumentar (Schade *et al.*, 2011; Azhar e Brown, 2009). Nesse sentido, Schade *et al.* (2011) propuseram um quadro de tomada de decisões utilizando um processo de conceção baseado no desempenho na fase inicial de conceção. Este quadro foi desenvolvido para ajudar os decisores a tomar decisões informadas sobre o desempenho do ciclo de vida de um edifício. As vantagens desta conceção baseada no BIM incluem o facto de informações como a geometria, a estrutura, o material, a instalação e a utilização funcional do edifício serem armazenadas no modelo BIM. Este projeto baseado em BIM reduz o tempo e o custo da análise do desempenho energético do edifício. Em relação à poupança de energia, Park *et al.* (2012) na Coreia procuraram construir um sistema baseado em BIM que pode avaliar o desempenho energético dos edifícios.

Nos últimos anos, verifica-se uma tendência global para o desenvolvimento sustentável no sector da AEC (Cheng e Ma, 2013). O cruzamento entre a sustentabilidade e o BIM é significativo. Ambas procuram reduzir o desperdício, otimizar o desempenho dos edifícios e promover a construção enxuta e integrar práticas. Consequentemente, existe uma enorme vantagem na integração de processos ecológicos e BIM, no entanto, como ambos os domínios são amplos (abrangendo desde a conceção até à operação); complexos (envolvendo praticamente todas as disciplinas do processo de construção); e em contínuo desenvolvimento, esta não é uma tarefa fácil (Kolpakov, 2012). A combinação de estratégias de conceção sustentável e da tecnologia BIM tem o potencial de alterar as práticas de conceção tradicionais e de produzir uma conceção de instalações de elevado desempenho (Azhar e Brown, 2009). Um desses esforços no campus de Columbia da Universidade da Carolina do Sul resultou numa poupança de aproximadamente 900 000 dólares nos dez anos seguintes, com os custos energéticos actuais (Gleeson, 2008) (citado em Azhar e Brown, 2009).

Krygiel *et al.* (2008) indicaram que o BIM pode ajudar nos seguintes aspectos da conceção sustentável: (1) orientação do edifício (para selecionar a melhor orientação do edifício que resulte em custos mínimos de energia); (2) massa do edifício (para analisar a forma do edifício e otimizar a envolvente do edifício); (3) análise da luz do dia, recolha de água (para reduzir as necessidades de água num edifício); (4) modelação energética (para reduzir as necessidades de energia e analisar as opções de energias renováveis, como a energia solar); e (5) materiais sustentáveis (para reduzir as necessidades de materiais e utilizar materiais reciclados).

No mesmo contexto, Azhar e Brown (2009), através do seu estudo, procuraram atingir vários objectivos. Um deles era determinar o estado atual e os benefícios das análises de sustentabilidade baseadas em BIM. Os dados necessários foram recolhidos através de um (1) inquérito por questionário, que foi distribuído através de um serviço baseado na Web; (2) um estudo de caso; e (3) entrevistas semi-estruturadas. Azhar e Brown (2009) descobriram que as análises mais comuns eram: (1) análise energética; (2) iluminação natural; (3) análise solar; (4) análise da orientação do edifício; (5) análise da massa; e (6) análise do local.

Por outro lado, uma das características mais importantes do BIM para os projectistas é a possibilidade de integração com o SIG. Abukhater (2013) resumiu os benefícios dessa integração da seguinte forma: (1) gerenciar fluxos de trabalho de planejamento e projeto de ponta a ponta; (2) gerar, visualizar e avaliar alternativas de planejamento no contexto do mundo real; e (3) realizar análises what-if integrando dados 2D e 3D. No seu artigo, Irizarry *et al.* (2013) apresentaram um sistema BIM-GIS integrado para visualizar o processo da cadeia de abastecimento e o estado atual dos materiais através da cadeia de abastecimento (manifestando visualmente o fluxo de materiais, a disponibilidade de recursos e o "mapa" das respectivas cadeias de abastecimento). O BIM tem a capacidade de fornecer com precisão um levantamento detalhado numa fase inicial do processo de aquisição, e o SIG suporta a vasta gama de análises espaciais utilizadas na perspetiva logística (armazenamento e transporte) da gestão da cadeia de abastecimento da construção (CSCM).

2.2.2.2 Benefícios do BIM durante a fase de construção

Embora tenha sido dada muita atenção à utilização do BIM pelo projetista, os empreiteiros também estão a utilizar o BIM para apoiar várias funções de gestão da construção (CM) (Nepal *et al.*, 2012). Ahmad *et al.* (2012) afirmaram que o BIM é mais utilizado (maior percentagem de utilização) na fase de construção do que na fase de projeto; talvez o BIM seja eficaz na obtenção de qualidade e eficiência na gestão da construção. Farnsworth *et al.* (2014) enfatizaram que o BIM se tornou parte integrante dos processos de construção comercial nos últimos anos. Através de um inquérito telefónico aos participantes, que lhes colocava uma série de questões sobre a utilização do BIM nas suas empresas, Farnsworth *et al.* (2014) exploraram as vantagens e os efeitos da utilização do BIM na construção comercial em cada um dos diferentes níveis de funcionários. As principais vantagens da utilização do BIM foram as seguintes: (1) melhorar a comunicação; (2) programação mais precisa; (3) melhorar a coordenação; (4) melhorar a visualização; (5) deteção de conflitos; (6) estimativa de custos mais precisa; e (7) realização de levantamentos de quantidades com precisão.

Relativamente aos efeitos da utilização do BIM, as empresas referiram um impacto positivo na rentabilidade, no tempo de construção e no marketing. De acordo com um inquérito realizado pela McGraw-Hill Construction em 2009, o BIM permite um processo transparente, legítimo e colaborativo, diferenciando os concorrentes, diminuindo a duração e o custo do projeto e aumentando a produtividade e o retorno do investimento. Setenta e três por cento dos utilizadores consideraram que o BIM teve um impacto positivo na produtividade das suas empresas. Quanto mais experiente for o utilizador, mais valioso é o processo BIM porque a empresa pode utilizar eficazmente todos os benefícios do BIM (McGraw-Hill Construction, 2009). Para além disso, Weygant (2011); Succar (2009); Hardin (2009); Eastman *et al.* (2008, 2011); concordaram que a modelação 4D e 5D ajuda os clientes e os empreiteiros a tomar decisões informadas, através da estimativa, coordenação e programação do processo de construção.

Além disso, Holness (2006) explicou que a utilização da deteção de conflitos através do BIM ajuda a resolver os conflitos na fase inicial do projeto, ou seja, antes do início da construção. Como resultado, as ordens de alteração devidas a erros de projeto são praticamente evitadas. Um calendário das actividades de construção pode ser preparado e visualizado com precisão utilizando o BIM. Uma vez que o modelo desenvolvido com recurso ao BIM está atualizado e limita os erros devidos a falhas de comunicação entre arquitectos, engenheiros e construtores, a estimativa de custos é também mais precisa. Nassar (2010) examinou o efeito que o BIM pode ter na precisão das estimativas de projectos em termos de tempo e custo. Foi adoptada uma abordagem analítica para quantificar o potencial aumento da precisão. Os resultados provaram que o BIM aumentaria a precisão e a exatidão do aspeto quantitativo da estimativa e poderia muito bem ter também impacto na precisão e exatidão do aspeto da produtividade.

O envolvimento do sector da construção com o BIM tem-se centrado principalmente na sua utilização como plataforma comum para o intercâmbio de informações entre uma multiplicidade de profissionais, fornecedores e construtores. Este envolvimento envolve normalmente um modelo partilhado para um projeto proposto com contributos de vários membros da equipa. Este modelo BIM melhora e acelera o diálogo entre os vários membros da equipa (Lorch, 2012). Lin (2014), no seu artigo, abordou a aplicação da gestão do conhecimento na fase de construção de projectos de construção e prepôs um sistema de gestão do conhecimento baseado em BIM para a construção (CBIMKM) para empreiteiros gerais. O CBIMKM é aplicado em estudos de caso seleccionados de um projeto de construção em Taiwan para demonstrar a eficácia da partilha de conhecimentos no ambiente 3D. Ao aplicar a abordagem BIM, todos os participantes num projeto podem partilhar e reutilizar conhecimentos explícitos e tácitos através do mapa de conhecimentos 3D baseado em CAD.

De acordo com um relatório realizado em 2009 pela McGraw-Hill Construction, 80% dos empreiteiros no Reino Unido acreditavam que a gestão sustentável dos resíduos se tornaria uma prática importante até 2014; um aumento de 19% em relação a cinco anos atrás (McGraw-Hill Research and Analytics, 2009). Cheng e Ma (2013) desenvolveram um sistema de estimativa de resíduos com base na tecnologia BIM. Este sistema pode não só servir como uma ferramenta de estimativa de resíduos antes da demolição ou renovação, mas também como uma ferramenta para calcular a taxa de eliminação de resíduos e as necessidades de camiões de recolha.

Além disso, a crescente implementação do BIM na indústria AEC/FM está a mudar a forma como a segurança pode ser abordada. Perde-se muito tempo e recursos económicos quando os trabalhadores são feridos nos locais de trabalho (Zhang *et al.*, 2013). Zhang e Hu (2011), no seu estudo, propuseram uma nova abordagem para a análise dos conflitos e da segurança durante a construção através da integração da simulação da construção, da gestão da construção

4D e da análise da segurança. É apresentada por um modelo de informação estrutural 4D, que combina as vantagens da tecnologia 4D e do BIM e fornece uma representação exacta do procedimento de construção, bem como qualquer alteração do plano de construção. Além disso, todas as actividades de construção estão envolvidas no modelo de informação proposto, apoiando assim a análise de segurança estrutural dinâmica 4D.

Mais tarde, Qi *et al.* (2013) efectuaram uma investigação para explorar a forma como a tecnologia BIM pode ser utilizada para melhorar a segurança dos trabalhadores da construção. Foram desenvolvidas utilizando as plataformas de software BIM server e Solibri model checker, respetivamente. Esta investigação contribuiu para o acervo de conhecimentos através do desenvolvimento destas ferramentas de aplicação que podem ser utilizadas para verificar automaticamente os riscos de queda nos modelos de informação da construção e para fornecer alternativas de conceção aos utilizadores. Podem ser utilizadas por arquitectos/engenheiros durante o processo de conceção ou por construtores antes de iniciarem os trabalhos de construção. Além disso, Zhang *et al.* (2013) definiram um quadro para um sistema de verificação baseado em regras para o planeamento e a simulação da segurança, integrando o BIM e a segurança. Foi desenvolvido com base nas regras de proteção contra quedas da Administração de Segurança e Saúde no Trabalho (OSHA) e noutras melhores práticas de construção em matéria de segurança e saúde. O verificador automático de modelos de regras de segurança mostrou uma excelente capacidade de aplicação prática na modelação de edifícios e no planeamento de tarefas de trabalho relacionadas com a proteção contra quedas.

2.2.2.3 Benefícios do BIM durante as instalações, operações e manutenção de um projeto de construção

O BIM é também utilizado na gestão de instalações existentes, através da modelação completa e da ligação da estrutura ao modelo virtual. Desta forma, o consumo de energia e as falhas operacionais podem ser detectados a partir do modelo para fins de gestão. A Sydney-Opera House é atualmente gerida utilizando um modelo BIM para FM (Ahmad *et al.*, 2012). O BIM é promissor na criação de valor para proprietários e organizações de gestão de instalações, onde a informação recolhida através de um processo BIM e armazenada numa base de dados compatível com o BIM pode ser benéfica para uma variedade de práticas de FM. Existe um interesse crescente na utilização do BIM na gestão de instalações para uma gestão coordenada, consistente e computável da informação/conhecimento sobre edifícios, desde o projeto e construção até às fases de manutenção e operação do ciclo de vida de um edifício (Becerik-Gerber *et al.*, 2011). O BIFM (2012) relatou alguns pontos de vista de alguns dos especialistas no domínio da construção sobre os benefícios do BIM para a gestão de instalações. Todos eles concordaram que ter a informação do edifício através do modelo BIM para efetuar mudanças e alterações é algo que seria muito útil para um gestor de instalações. Facilitaria a estratégia de manutenção, melhoraria a colaboração e pouparia tempo e custos.

As vantagens do BIM no sector da construção incluem o apoio a elementos gráficos e um ambiente de gestão de dados. O BIM não só fornece informações relacionadas com a quantidade, o custo, o calendário e o inventário de materiais para ajudar a tomar decisões rápidas, mas também permite a análise de dados que tem em consideração a estrutura e o ambiente específicos (Choi, 2010; Lee *et al.*, 2009; Lee *et al.*, 2007; Smart Market Report, 2012) (citado em Lee *et al.*, 2014). As aplicações BIM estão a ser rapidamente adoptadas pela indústria da construção para reduzir custos, tempo e melhorar a qualidade, bem como a sustentabilidade ambiental (Ku e Taiebat, 2011). O BIM resulta num processo de entrega de projectos mais rápido e mais rentável, e em edifícios de maior qualidade que funcionam a custos reduzidos (Eastman *et al.*, 2011). A Tabela (2.5) resumiu os benefícios do BIM de acordo com os itens que foram apresentados acima.

Tabela (2.5): Resumo dos benefícios do BIM

Não	Benefícios do BIM	Autores
	A. Benefícios do BIM relacionados com a fase de conceção de um projeto	
1	O conceito torna-se mais claro e a concetualização do projeto torna-se mais fácil para o proprietário	Eastman *et al.* (2008, 2011); Stanley e Thurnell (2014)
2	Visualizações mais rápidas e mais exactas de um projeto para o proprietário, para uma melhor compreensão das propostas	Azhar *et al.* (2008a); Azhar *et al.* (2008b); Eastman *et al.* (2008, 2011); Ahmad *et al.* (2012); Newton e Chileshe (2012); Stanley e Thurnell (2014)
3	Apoiar a tomada de decisões relativas à conceção	Allen Consulting Group (2010)
4	Melhorar os estudos de viabilidade	Eastman *et al.* (2008, 2011)
5	Melhorar as simulações (*efectuadas rapidamente*)	Azhar *et al.* (2008a); Azhar *et al.* (2008b)
6	Melhorar a qualidade do projeto e verificar facilmente a coerência com o objetivo do projeto, o que evita atrasos dispendiosos	Eastman *et al.* (2008, 2011); Holness (2006)
7	Melhorar a conceção e a instalação de serviços MEP em qualquer sistema de projeto de construção, bem como a sua coordenação com outros sistemas de construção	Holness (2006)
8	Aumentar a capacidade de análise das propostas de construção	Azhar *et al.* (2008a); Azhar *et al.* (2008b); Stanley e Thurnell (2014)
9	Melhorar a conceção optimizada	Khosrowshahi e Arayici (2012)
10	Melhorar a sustentabilidade: (*reduzir os resíduos; utilizar materiais reciclados; otimizar o desempenho e a qualidade dos edifícios; promover a construção racional e as práticas integradas*)	Eastman *et al.* (2008, 2011); Krygiel *et al.* (2008); (Gleeson, 2008) (citado em Azhar, 2009); Khosrowshahi e Arayici (2012); Park *et al.* (2012); Kolpakov (2012)
11	Melhorar a eficiência energética e a análise da sustentabilidade, tais como: análise energética; iluminação diurna; análise solar; análise da orientação do edifício; análise da massa (*para analisar a forma do edifício e otimizar a sua envolvente*); recolha de água; e análise do local	Eastman *et al.* (2008, 2011); Krygiel *et al.* (2008); Azhar e Brown (2009); Allen Consulting Group (2010)
12	Reduzir o tempo e o custo da análise do desempenho energético do edifício devido à informação do edifício armazenada nos modelos BIM, como a geometria do edifício, a estrutura, os materiais, a instalação e a utilização funcional	Gleeson (2008) (citado em Azhar e Brown, 2009); Schade *et al.* (2011)
13	Melhorar o desempenho do arquiteto e do engenheiro civil; permitir soluções melhoradas e inovadoras e utilizar os modelos "as-built" para a renovação, adição ou alteração de um edifício	Azhar *et al.* (2008a); Azhar *et al.* (2008b); Allen Consulting Group (2010); Lorimer (2011); Holness (2006)
14	Integração entre BIM e GIS para gerir fluxos de trabalho de planeamento e conceção de ponta a ponta; visualização e avaliação de alternativas de planeamento no contexto do mundo real; realização de análises hipotéticas integrando dados 2D e 3D; e apoio a uma vasta gama de análises espaciais	Abukhater (2013); Irizarry *et al.* (2013)
15	Melhorar a colaboração precoce de várias disciplinas de conceção utilizando a entrega integrada de projectos	Eastman *et al.* (2008, 2011)
16	Poupe tempo e custos de conceção	Barlish e Sullivan (2012); Aibinu e Venkatesh (2013)

17	Melhorar a identificação de erros antes do início do trabalho no local, onde as correcções podem ser definidas automaticamente quando são feitas alterações ao projeto e coordenar componentes utilizando simplesmente software de deteção de conflitos com uma construção virtual	Eastman *et al.* (2008, 2011); Lorimer (2011)
18	Prestar mais atenção à seleção dos componentes de construção logo na fase inicial	Lorimer (2011)
19	Orçamentos de quantidades e estimativas de custos anteriores durante as fases de conceção, com atualização contínua à medida que são feitas alterações ao modelo	Ashcraft (2008); Eastman *et al.* (2008, 2011)
	B. Benefícios do BIM durante a fase de construção e fabrico	
20	Melhorar a compreensão da sequência das actividades de construção e da duração do projeto	Eastman *et al.* (2011)
21	Melhorar a visualização dos pormenores de construção	Aibinu e Venkatesh (2013); Farnsworth *et al.* (2014)
22	Melhorar a sincronização do planeamento da conceção e da construção	Eastman *et al.* (2008, 2011)
23	Melhorar a sincronização das aquisições com a conceção e a construção	Eastman *et al.* (2008, 2011)
24	Melhorar o processo da cadeia de abastecimento	Khosrowshahi e Arayici (2012)
25	Melhorar a capacidade de construção	Newton e Chileshe (2012)
26	Melhorar os componentes pré-fabricados	Eastman *et al.* (2008, 2011)
27	Melhorar a identificação dos riscos (*gestão dos riscos*) para estar disponível numa fase anterior à construção	Eastman *et al.* (2008, 2011); Khosrowshahi e Arayici (2012); Stanley e Thurnell (2014)
28	Melhorar a segurança	Zhang *et al.* (2013)
29	Melhorar a qualidade e a eficiência da gestão da construção	Ahmad *et al.* (2012); Khosrowshahi e Arayici (2012)
30	Melhorar a qualidade do projeto e a qualidade dos dados digitais BIM	Azhar *et al.* (2008a); Azhar *et al.* (2008b); Stanley e Thurnell (2014)
31	Aumentar a capacidade de resolver pedidos de informação (RFIs) em tempo real	Barlish e Sullivan (2012); Stanley e Thurnell (2014)
32	Melhorar a capacidade dos empreiteiros para tomarem decisões informadas, através da estimativa, coordenação e programação do processo de construção	Hardin (2009); Succar (2009); Eastman *et al.* (2008, 2011); Weygant (2011)
33	Reduzir a duração do projeto e o custo da construção	McGraw-Hill Construction (2009); Eastman *et al.* (2011); Barlish e Sullivan (2012); Barlish e Sullivan (2012)
34	Aumentar a produtividade através da poupança de tempo e de custos	McGraw-Hill Construction (2009); Allen Consulting Group (2010); Nassar (2010); Newton e Chileshe (2012); Aibinu e Venkatesh (2013)
35	Programação mais precisa	Holness (2006); Farnsworth *et al.* (2014)
36	Estimativa de custos mais exacta	Holness (2006); Farnsworth *et al.* (2014); Stanley e Thurnell (2014)
37	Melhor aplicação das técnicas de construção limpa	Eastman *et al.* (2008, 2011); Khosrowshahi e Arayici (2012)
38	Reduzir erros, retrabalho e desperdício para uma melhor sustentabilidade da construção	Khosrowshahi e Arayici (2012)
39	Melhorar o cálculo da eliminação de resíduos antes da demolição ou renovação	Khosrowshahi e Arayici (2012); Kolpakov (2012); Cheng e Ma (2013)

40	Melhorar a comunicação (*intercâmbio de informações entre as partes interessadas*)	Lin (2012); Lorch (2012); Farnsworth *et al.* (2014)
41	Melhorar a coordenação e reforçar a colaboração em projectos, uma vez que as pessoas precisam de trabalhar em conjunto com transparência e legitimidade para criar modelos eficazes	McGraw-Hill Construction (2009); Lorch (2012); Farnsworth *et al.* (2014); Stanley e Thurnell (2014)
42	Melhorar o mercado de trabalho	Allen Consulting Group (2010); Aibinu e Venkatesh (2013)
43	Melhorar a eficiência dos levantamentos de quantidades durante a fase de estimativa orçamental	Nassar (2010); Farnsworth *et al.* (2014); Stanley e Thurnell (2014)
44	Reação rápida às alterações de conceção (*melhoria das ordens de alteração*)	Eastman *et al.* (2008, 2011); Barlish e Sullivan (2012)
45	Deteção de conflitos (reduzir os conflitos)	Holness (2006); Newton e Chileshe (2012); Farnsworth *et al.* (2014)
C. Benefícios do BIM durante as instalações, operações e manutenção de um projeto de construção		
46	Melhorar o controlo dos dados ambientais durante todo o ciclo de vida e fazer uma representação geométrica precisa das partes de um edifício num ambiente de dados integrado	CRC Construction Innovation (2007); Azhar *et al.* (2008a); Azhar *et al.* (2008b)
47	A informação/conhecimento do ciclo de vida de um edifício (*conceção, construção, manutenção e funcionamento*) pode ser partilhada mais facilmente	Azhar *et al.* (2008a); Azhar *et al.* (2008b); Eastman *et al.* (2008, 2011); Allen Consulting Group (2010); Becerik-Gerber *et al.* (2011)
48	Melhorar a colaboração	BIFM (2012)
49	Melhorar a qualidade de todo o ciclo de vida do ativo/ FM através da modelação completa e da ligação da estrutura ao modelo virtual	Azhar *et al.* (2008a); Azhar *et al.* (2008b); Eastman *et al.* (2008, 2011); Becerik-Gerber *et al.* (2011); Ahmad *et al.* (2012); BIFM (2012); Ku e Taiebat (2011); Khosrowshahi e Arayici (2012);
50	Reduzir o tempo e o custo das operações de gestão financeira	Eastman *et al.* (2011); Ku e Taiebat (2011); BIFM (2012)
51	Apoiar os decisores na tomada de decisões rápidas e informadas sobre o desempenho do ciclo de vida de um edifício, em que o BIM fornece informações relacionadas com a quantidade, o custo, o calendário e o inventário de materiais	Schade *et al.* (2011); Lee *et al.* (2007); Lee *et al.* (2009); Choi (2010); Smart Market Report (2012) (citado em Lee *et al.*, 2014)
52	Reforçar a sustentabilidade ambiental	Ku e Taiebat (2011)
53	Facilitar a estratégia de manutenção do edifício	Becerik-Gerber *et al.* (2011); BIFM (2012)
54	Melhorar o controlo dos custos durante todo o ciclo de vida	CRC Construction Innovation (2007); Azhar *et al.* (2008a); Azhar *et al.* (2008b)
Não	Benefícios do BIM	Autores
55	Melhorar a gestão das situações de emergência	Becerik-Gerber *et al.* (2011)

2.3 Adoção lenta do BIM na indústria da construção

A adoção do BIM é muito mais lenta do que o previsto (Fischer e Kunz, 2004). Embora os potenciais benefícios estejam bem documentados (tanto em termos de melhoria da produtividade, como de muitos outros benefícios potenciais), a adoção da nova tecnologia BIM continua a ser lenta na indústria AEC em diferentes países (Bernstein e Pittman, 2004; Azhar *et al.*, 2008b; Gu e London, 2010). Por exemplo, a implementação do método BIM na Alemanha ainda está numa fase muito inicial. Em comparação com os EUA e os países nórdicos europeus, o sector da AEC alemão ainda não interioriza as potencialidades do método e da tecnologia BIM (Both & Kindsvater, 2012). Além disso, Sebastian (2011) descobriu, através da sua investigação, que a implementação do BIM em projectos de construção de hospitais nos Países Baixos ainda é limitada devido a certas barreiras comerciais e legais, bem como ao facto de a colaboração integrada ainda não ter sido incorporada nas estratégias imobiliárias das instituições de saúde.

Para que o BIM seja adotado com êxito para melhorar a produtividade, é necessário alterar os processos de trabalho tradicionais (Kiviniemi, 2013) (citado em Lindblad, 2013). Para todos os intervenientes em todas as fases da construção, há várias questões que têm de ser abordadas ou corrigidas para se conseguir uma implementação sem problemas. Assim, podem ser obtidos benefícios do BIM (Gokstorp, 2012). Devido à natureza fragmentada da indústria AEC, as mudanças não podem ser adoptadas por um único interveniente. Devem afetar todos os actores envolvidos (Kiviniemi, 2013) (citado em Lindblad, 2013).

2.3.1 Barreiras e desafios à implementação do BIM no sector da construção

Existem vários problemas quando se implementa o BIM na indústria AEC, que é muito fragmentada, e isto está relacionado com muitas barreiras diferentes que impedem a adoção efectiva do BIM (Lindblad, 2013; Mandhar e Mandhar, 2013). Algumas destas barreiras são bastante simples de remover, enquanto outras podem ser consideradas impossíveis de mitigar (Gokstorp, 2012). Foram realizados muitos estudos para identificar estas barreiras à adoção do BIM na indústria da construção em diferentes países. Os resultados de alguns estudos serão apresentados de seguida.

Yan e Damian (2008) afirmaram, de acordo com os resultados de um questionário, que as barreiras à implementação do BIM no Reino Unido e nos EUA são as seguintes (1) as pessoas recusam-se a aprender e pensam que a atual tecnologia de conceção é suficiente para conceberem os projectos; (2) as pessoas pensam que o BIM não é adequado para os projectos; (3) cerca de 40% dos inquiridos dos EUA e cerca de 20% dos inquiridos do Reino Unido acreditam que o BIM desperdiça tempo e recursos humanos, e as suas empresas têm de afetar muito tempo e recursos humanos ao processo de formação; para além de (4) o custo dos direitos de autor e da formação.

Howard e Bjork (2008) enviaram e-mails em 2006 com perguntas relacionadas com o BIM a arquitectos, engenheiros, empreiteiros e especialistas em TI na Dinamarca, Hong Kong, Holanda, Noruega, Suécia, Reino Unido e EUA. Howard e Bjork (2008) encontraram muitos obstáculos à implementação do BIM nas respostas dos inquiridos. Os obstáculos foram os seguintes: (1) a necessidade de formação; (2) a necessidade de partilhar informação; (3) a falta de normas; e (4) a ausência de questões legais para implementar o BIM.

Do mesmo modo, Arayici *et al.* (2009) investigaram, através de um inquérito no Reino Unido e de entrevistas realizadas na Finlândia, as principais barreiras à implementação do BIM em muitas empresas de construção do Reino Unido. As barreiras são enumeradas a seguir, de acordo com as classificações ponderadas dos inquiridos: (1) as empresas não estão suficientemente familiarizadas com a utilização do BIM; (2) relutância em iniciar novos fluxos de trabalho ou formar o pessoal; (3) as empresas não têm oportunidades suficientes para a implementação do BIM; (4) os benefícios da implementação do BIM não compensam os custos da sua implementação; (5) os benefícios não são suficientemente tangíveis para justificar a sua utilização; e (6) o BIM não oferece ganhos financeiros suficientes para justificar a sua utilização.

Na sua tese de mestrado, Keegan (2010) identificou várias barreiras observadas à utilização do BIM neste contexto, nomeadamente: (1) a falta de conhecimento sobre o BIM por parte do proprietário; (2) a falta de conhecimento do software; e (3) o custo de implementação e

atualização do sistema. Becerik-Gerber *et al.* (2011), além disso, relataram dois grupos principais de desafios para a implementação do BIM em FM: (i) desafios tecnológicos e de processo; e (ii) desafios organizacionais. Becerik-Gerber *et al.* (2011) detalharam cada grupo da seguinte forma: (i) os desafios tecnológicos e de processo: (1) papéis e responsabilidades pouco claros para carregar dados no modelo ou bases de dados e manter o modelo; (2) a falta de colaboração efectiva entre as partes interessadas do projeto para a modelação e utilização do modelo; e (3) dificuldade no envolvimento dos fornecedores de software, incluindo a fragmentação entre diferentes fornecedores, a concorrência e a falta de interesses comuns.
(ii) Os desafios organizacionais: (1) barreiras culturais à adoção de novas tecnologias; (2) resistência de toda a organização quanto à necessidade de investimento em infra-estruturas, formação e novas ferramentas de software; (3) estruturas de honorários indefinidas para o âmbito adicional; (4) falta de um quadro jurídico suficiente para integrar a visão dos proprietários no projeto e na construção; e (5) falta de casos reais que tenham sido implementados pelo BIM e de provas de retorno positivo do investimento.

Posteriormente, através de um inquérito em linha em empresas de construção nacionais e regionais dos EUA, (Ku e Taiebat, 2011) colocaram questões sobre as barreiras à implementação do BIM. As respostas foram categorizadas da seguinte forma:

> *Os factores diziam respeito aos aspectos dos recursos internos da empresa:*

1. A falta de pessoal qualificado e a curva de aprendizagem de novas ferramentas.
2. O custo de investimento do BIM em termos de tempo e recursos.

> *Factores relacionados com a partilha do BIM com partes interessadas externas:*

1. A dificuldade de partilhar o BIM com equipas externas/ relutância de terceiros (por exemplo, arquitectos, engenheiros, proprietários e subcontratantes).
2. Falta de processos de trabalho colaborativos com a equipa externa e de normas de modelação.
3. Questões de interoperabilidade entre programas de software.
4. A ausência de acordos legais e contratuais.

A falta de conhecimentos especializados e de experiência, bem como as restrições de custos e de tempo, foram os dois obstáculos mais mencionados à implementação do BIM (Ku e Taiebat, 2011). No mesmo contexto, Lahdou e Zetterman (2011) destacaram os desafios para a adoção do BIM no processo de projeto de construção na Suécia. Para a sua tese de mestrado, os dados foram recolhidos através de entrevistas semi-estruturadas. No total, foram realizadas doze entrevistas distintas, seis das quais com gestores de projectos e seis com peritos BIM. De acordo com os entrevistados, os desafios foram os seguintes (1) as opiniões pessoais em relação ao BIM; (2) a falta de coesão entre as partes interessadas do sector; (3) a dificuldade em encontrar partes interessadas com as competências necessárias para participar em projectos BIM, uma vez que o sector da construção sueco se encontra, em geral, num nível de principiante no que respeita à aplicação do BIM; (4) as dificuldades na aplicação do software BIM; (5) o estatuto jurídico do modelo combinado de informação do edifício, que não tem qualquer validade jurídica; (6) a falta de conhecimentos sobre a escolha de um nível de pormenor adequado para o modelo de informação do edifício, de modo a garantir que não se desperdiçam dinheiro e tempo na compilação de informações desnecessárias.

Noutra tese de mestrado, Kjartansdottir (2011) realizou um inquérito a organizações e empresas do sector AEC islandês. O trabalho de investigação indicou que a regulamentação na Islândia não apoiava a implementação do BIM. A taxa de adoção do BIM foi de 40%. Os resultados também indicaram que o BIM não estava a ser utilizado pelos empreiteiros, o que indica um baixo nível de maturidade do BIM. De acordo com os resultados do inquérito, as razões para a não aplicação do BIM na Islândia foram as seguintes (1) o BIM carece de funcionalidades ou de flexibilidade para criar modelos/desenhos de edifícios; (2) os clientes não exigem o BIM; (3) o BIM é demasiado caro; (4) os outros membros da equipa do projeto não exigem o BIM; (5) o sistema CAD existente satisfaz a necessidade de projetar e desenhar; (6) o BIM não reduz o tempo utilizado na elaboração de desenhos em comparação com a abordagem atual; (7) não é necessário produzir o BIM; e (8) falta de formação em software BIM.

Khosrowshahi e Arayici (2012) identificaram as razões mais significativas para o fracasso da implementação do BIM no Reino Unido e na Finlândia como sendo as seguintes: (1) as empresas não estão suficientemente familiarizadas com a utilização do BIM; (2) relutância em iniciar novos fluxos de trabalho ou formar o pessoal; (3) os benefícios da implementação do BIM não compensam os custos da sua implementação; (4) as vantagens do BIM não são suficientemente tangíveis para justificar a sua utilização; (5) o BIM não oferece ganhos financeiros suficientes para justificar a sua utilização; (6) falta de capital para investir em hardware e software; (7) o BIM é demasiado arriscado do ponto de vista da responsabilidade para justificar a sua utilização; (8) resistência à mudança de cultura; e (9) ausência de procura de utilização do BIM.

Além disso, Khosrowshahi e Arayici (2012) investigaram os desafios que alguns dos inquiridos enfrentaram durante a sua experiência na tentativa de implementar o BIM. Os desafios são enumerados a seguir, com base nas classificações ponderadas dos inquiridos: (1) formação do pessoal sobre o novo processo e fluxo de trabalho; (2) formação do pessoal sobre o novo software e tecnologia; (3) implementação efectiva do novo processo e fluxo de trabalho; (4) estabelecer o novo processo, fluxo de trabalho e expectativas do cliente; (5) compreender o BIM o suficiente para o implementar; (6) perceber o valor do ponto de vista financeiro; (7) compreender e mitigar a responsabilidade; (8) adquirir software e tecnologia; e (9) responsabilidade pelos dados comuns dos subcontratantes.

Mais tarde, Kassem *et al.* (2012) investigaram as barreiras à adoção do BIM e do 4D através de um questionário baseado na Web. Este foi submetido a uma amostra selecionada de 52 consultores e 46 empreiteiros da indústria civil e da construção do Reino Unido. A maior parte das barreiras eram de carácter não técnico, tais como (1) a ineficiência na avaliação do valor comercial do BIM e do 4D; (2) a falta de experiência da mão de obra; e (3) a falta de sensibilização das partes interessadas.

Choi (2010); Lee *et al.* (2009); Lee *et al.* (2007); Smart Market Report (2012) (citado em Lee *et al.*, 2014) referem que a aplicação do BIM no sector da construção tem sido lenta na Coreia devido aos seguintes obstáculos (1) benefícios pouco claros e inválidos do BIM nas práticas correntes; (2) falta de educação e formação de apoio à utilização do BIM; (3) falta de recursos de apoio (software, hardware) para a utilização de ferramentas BIM; (4) falta de colaboração efectiva entre as partes interessadas do projeto para a modelação e utilização do modelo; (5) funções e responsabilidades pouco claras no carregamento de dados para um modelo ou bases de dados e na manutenção do modelo; e (6) falta de um quadro jurídico suficiente para integrar a perspetiva dos proprietários no projeto e na construção.

Através do seu estudo, Elmualim e Gilder (2013) procuraram atingir muitos objectivos. Um dos objectivos era determinar os vários desafios que a indústria da construção enfrenta na instalação do BIM no Reino Unido, na Europa, nos EUA, na Índia, no Gana, na China, na Rússia, na África do Sul, na Austrália, no Canadá, na Malásia e nos EAU. Os resultados do estudo revelaram que: 20,4% dos inquiridos afirmaram não ter capital para investir no arranque do hardware e do software; enquanto cerca de 2% afirmaram que o BIM é demasiado arriscado do ponto de vista da responsabilidade para justificar a sua utilização. Houve algumas outras respostas importantes, como 15,3% que afirmaram que os benefícios do BIM não compensam o custo da sua implementação; enquanto outros 15,3% afirmaram que os benefícios não são suficientemente tangíveis para justificar a sua utilização. Cerca de 8,2% dos inquiridos afirmaram também que estavam relutantes em iniciar novos fluxos de trabalho ou em formar o seu pessoal. No entanto, quase 37,8% não sabiam por que razão ainda não tinham implementado o BIM.

Do mesmo modo, Thurairajah e Goucher (2013) realizaram uma investigação para identificar os desafios e a usabilidade do BIM para os consultores de custos e o seu provável impacto durante a estimativa de custos no Reino Unido. Os dados foram recolhidos através de um inquérito por questionário e de entrevistas a peritos. Os inquiridos eram cerca de 20% dos consultores de custos e 40% dos profissionais da construção em geral que já tinham utilizado o BIM. Os resultados revelaram um baixo nível de experiência em BIM entre os inquiridos. Estes mencionaram vários obstáculos à implementação do BIM, nomeadamente (1) a falta geral de conhecimento e compreensão do que é o BIM; (2) um elevado requisito de formação associado à implementação do BIM para obter todas as vantagens; e (3) a necessidade de uma compreensão detalhada dos desafios dos consultores de custos durante a implementação do BIM 5D em projectos de construção.

Crowley (2013) realizou um inquérito por questionário para determinar a posição atual da profissão de QS na Irlanda, diretamente relacionada com a utilização e sensibilização para o BIM. Quando questionados, numa escala de "muito importante" a "pouco importante", sobre os potenciais obstáculos ao BIM, obtiveram as seguintes respostas (a maioria respondeu "muito importante"): (1) falta de formação/educação; (2) utilização do BIM pelos projectistas irlandeses; (3) falta de procura por parte dos clientes; (4) falta de liderança/direção por parte do governo; e (5) falta de normas.

Além disso, Aibinu e Venkatesh (2013) investigaram os progressos no sentido do BIM das empresas QS na Austrália. Afirmaram que o nível geral de adoção do BIM por parte das QS é baixo na Austrália. Em termos gerais, parece que os obstáculos à adoção do BIM pelas QS australianas são os seguintes (1) o custo de implementação; (2) a falta de sensibilização para os benefícios da perspetiva da análise custo-benefício; (3) a falta de procura por parte dos clientes; (4) a falta de confiança na integridade do BIM; (5) a falta de uma norma para a descrição dos objectos BIM e dos sistemas de codificação; (6) a falta de informação sobre as alterações dos processos empresariais e sobre a forma de os alterar; (7) as questões e incertezas contratuais/jurídicas; (8) a escassez de competências; (9) as questões de transformação e adaptação; e (10) a mudança tecnológica e a capacidade das empresas para se adaptarem à mudança do ponto de vista cultural e financeiro.

Um estudo semelhante foi efectuado em Auckland, na Nova Zelândia, por Stanley e Thurnell (2014) para identificar os obstáculos à implementação do BIM 5D através de entrevistas estruturadas com oito SQ. Os resultados foram os seguintes: (1) a falta de compatibilidade do software; (2) os custos de instalação proibitivos; (3) a falta de protocolos para codificar objectos nos modelos de informação da construção; (4) a ausência de uma norma eletrónica para codificar o software BIM; e (5) a falta de modelos integrados, que são um pré-requisito essencial para a interoperabilidade total e, consequentemente, para o trabalho colaborativo na indústria.

2.3.2 Obstáculos identificados à implementação do BIM e suas interdependências

Alguns investigadores tentaram classificar os obstáculos à adoção do BIM na indústria da construção em grupos e ligá-los entre si para facilitar a compreensão da questão desses obstáculos. Por exemplo, Fischer e Kunz (2004) referiram dois grupos principais de obstáculos, que são: (i) as restrições técnicas; e (ii) as barreiras de gestão. Arayici *et al.* (2005) referiram que alguns dos obstáculos BIM podem ser agrupados nas quatro categorias seguintes: (1) as questões legais; (2) as questões culturais; (3) as questões tecnológicas; e (4) a natureza fragmentada da indústria AEC. Da mesma forma, Becerik-Gerber *et al.* (2011) relataram dois grupos principais de desafios para a implementação do BIM em FM, como segue: (i) os desafios tecnológicos e de processo; e (ii) os desafios organizacionais. Além disso, Both e Kindsvater (2012) agruparam as barreiras BIM nas seguintes quatro categorias: (1) as questões tecnológicas; (2) as questões normativas; (3) as questões gerais; e (4) a educação e a formação.

De outro ponto de vista, Lof e Kojadinovic (2012) agruparam os obstáculos em três áreas, que estão internamente relacionadas entre si. Existem também dependências entre cada área. As três áreas são as seguintes:

(i) Área (1)

1. O fosso entre o processo de conceção e de construção no que respeita à utilização do BIM.
2. Falta de directrizes sobre a forma como o BIM deve ser implementado na fase de produção.
3. Falta de apoio ou formação adequados para o pessoal no local utilizar o BIM nos projectos.

(ii) Área (2)

1. Falta de conhecimento dos gestores de produção na utilização do BIM.
2. Falta de incentivos para utilizar o BIM nos seus projectos se os valores acrescentados não forem compreendidos.

(iii) Área (3)

1. Problemas de interoperabilidade/tecnologia BIM não "pronta" para as necessidades da fase de produção.
2. Falta de exigências da produção relativamente às necessidades de informação.
3. Falta de incorporação dos conhecimentos de construção no projeto de pormenor

Gu *et al.*, (2008) categorizaram as barreiras relevantes à adoção do BIM na indústria da AEC. Estas categorias dizem respeito a: (1) produto; (2) processo; e (3) pessoas.

2.3.2.1 Barreiras ligadas ao produto BIM

1. Interoperabilidade

Quando se passa a adotar o BIM, é necessário introduzir novos requisitos para garantir uma interoperabilidade e um intercâmbio de informações eficazes. Simplesmente, o BIM não pode ser executado em máquinas antigas concebidas para o AutoCAD (BD white paper, 2012). De acordo com este documento, a incompatibilidade de software é o maior obstáculo à interoperabilidade. Os custos são outro obstáculo à interoperabilidade, sendo os maiores gastos provenientes da formação e do tempo gasto na tradução quando se muda para programas que permitem a interoperabilidade (McGraw-Hill Construction, 2007). Confirmando isso, Broquetas (2010) disse que a existência de certos problemas de software que parecem não estar a permitir a utilização do BIM com todo o seu potencial é um grande desafio para a adoção do BIM. Nesse sentido, a questão mais discutida quando se trata do aspeto tecnológico é a interoperabilidade entre os diferentes programas (Bernstein e Pittman, 2004; RAIC, 2007; Both e Kindsvater, 2012; Wong e Fan, 2013). Os fornecedores de software BIM desenvolveram interfaces proprietárias entre as ferramentas de projeto e de análise para facilitar a interoperabilidade, mas as suas interfaces para cada ferramenta são diferentes, resultando também, muitas vezes, na necessidade de vários modelos (Sanguinetti *et al.* 2012).

2. Diferentes pontos de vista sobre o BIM

A falta de um tratado único que instrua sobre a aplicação da nova tecnologia colaborativa 3D foi um obstáculo significativo à adoção do BIM na indústria da construção (AGC, 2005; Azhar *et al.*, 2008b). O BIM é bastante incompreendido em todos os sectores (Gu *et al.*, 2008;

NBS, 2012). Apenas 54% dos gabinetes de arquitetura estão atualmente conscientes do BIM, o que sugere que há muito trabalho a fazer para promover uma maior sensibilização para o BIM (NBS, 2013).

3. Fraca correspondência com as necessidades do utilizador

Tse *et al.* (2005) revelaram, através de uma investigação, que uma grande parte dos arquitectos de Hong Kong não encontrou no BIM ferramentas que satisfizessem as suas necessidades, tendo outros afirmado apenas que o BIM "não é fácil de utilizar". As pessoas na Austrália mostraram um certo grau de hesitação na implementação do BIM num projeto devido à falta de conhecimento sobre o BIM e as suas capacidades distintivas no domínio da indústria da construção (Mitchell e Lambert, 2013).

2.3.2.2 Barreiras ligadas ao processo BIM

1. Alterar os processos de trabalho

O sector da construção é conhecido pelos seus conflitos relativos à mudança e aos erros, que muitas vezes vão até ao tribunal. Este facto fomenta uma cultura fortemente influenciada pelas tradições, em que as pessoas gostam de fazer as coisas de acordo com a forma como trabalharam anteriormente (Arayici *et al.*, 2005). Pelo contrário, a adoção do BIM exige a alteração da prática de trabalho tradicional (Davidson, 2009; Arayici *et al.*, 2009; Gu e London, 2010). De acordo com a investigação de Bernstein e Pittman (2004), os dados do projeto devem ser computáveis; além disso, são necessárias estratégias práticas bem desenvolvidas para o intercâmbio e a integração intencionais de informações significativas entre os componentes do modelo BIM. Para que o BIM seja bem sucedido, é necessária a colaboração de todas as diferentes partes interessadas; para inserir, extrair, atualizar ou modificar informações no modelo BIM nas várias fases do ciclo de vida das instalações (Sebastian, 2011).

2. Riscos e desafios da utilização de um modelo único

Na Austrália, as pessoas manifestaram preocupações em matéria de responsabilidade aquando da aplicação do BIM, tais como: quem suporta o risco; quem controla o projeto; e quem é o proprietário do modelo BIM (Mitchell e Lambert, 2013). As questões de responsabilidade devem-se ao facto de várias partes interessadas (ou seja, proprietários, projectistas e construtores) poderem ajustar o modelo, o que significa revelar trabalho inacabado, o que gera incertezas por parte dos intervenientes relativamente à exatidão do modelo BIM e à forma como os custos de desenvolvimento e operacionais devem ser distribuídos (Thomson e Miner, 2006; Azhar *et al.*, 2008b; Gu e London, 2010). Fischer e Kunz (2004) sublinharam este aspeto, afirmando que a responsabilidade no BIM consiste em atualizar o modelo e garantir a sua exatidão.

3. Questões jurídicas

Aquando da implementação do BIM, uma das primeiras questões a abordar é a propriedade do modelo. O dono do projeto, que paga a conceção, pode sentir que tem o direito de possuir o modelo, mas outros membros da equipa do projeto podem ter fornecido informações sobre a propriedade, e essas informações também têm de ser protegidas (Thomson e Miner, 2006). A perceção dos riscos legais de passar de uma indústria 2D para uma indústria 3D e a ausência de documentos contratuais BIM normalizados são outro grande obstáculo para que muitas empresas avancem agressivamente para o BIM (Perlberg, 2009; Becerik-Gerber *et al.*, 2010). A questão de não existirem contratos BIM está a impedir as pessoas de adoptarem e utilizarem o BIM com segurança na indústria da construção (Weygant, 2011; Eastman *et al.*, 2008; Mitchell e Lambert, 2013).

4. Evolução do processo comercial transacional

Os projectistas, promotores, empreiteiros e gestores de construção tendem todos a concentrar-se na sua área e a proteger os seus interesses no processo de construção, o que conduz à existência de uma indústria fragmentada (Johnson e Laepple, 2003). Os diferentes papéis na cadeia de abastecimento da construção estão associados a determinadas obrigações, riscos e recompensas. Estas três questões comerciais devem ser abordadas e definidas em paralelo antes de o BIM poder ser amplamente adotado pela indústria AEC (Bernstein e Pittman, 2004; Gu e London, 2010).

5. Falta de procura e desinteresse

Tse *et al.* (2005) afirmaram que uma das principais razões pelas quais os arquitectos não estão a mudar para o BIM é a falta de procura por parte dos clientes e de outros membros da equipa de projeto. Mitchell e Lambert (2013) afirmaram que não há muitos pedidos de projectos BIM na indústria da construção na Austrália. Devido ao número insuficiente de estudos de caso que demonstram os potenciais benefícios financeiros do BIM, a indústria AEC não está muito interessada em investir na mudança de tecnologia (Yan e Damian, 2008).

6. Custos iniciais

O sector da AEC é constituído por muitas pequenas empresas que têm dificuldade em suportar o elevado investimento inicial necessário para adquirir o software necessário para oferecer serviços BIM (Kaner *et al.*, 2008). Quando se pediu aos inquiridos da QS na Austrália que enumerassem os obstáculos à utilização de funcionalidades BIM, os resultados mostraram que o custo de implementação foi o mais frequentemente citado (Aibinu e Venkatesh, 2013). São vários os exemplos dos elevados custos que são necessários para implementar o BIM, tais como: (1) licenciamento de software; (2) os custos para melhorar a capacidade do servidor para se adequar a ter requisitos de TI tão elevados; (3) taxa de manutenção contínua; (4) o custo da criação adequada de um modelo de edifício; e (5) os custos de formação (Keegan, 2010; Aibinu e Venkatesh, 2013).

2.3.2.3 Barreiras relacionadas com as pessoas que utilizam o BIM

1. O novo papel do gestor de modelos BIM

A adoção do BIM afectará os papéis e as relações dos intervenientes, bem como os seus processos de trabalho (Gu e London, 2010). Um novo papel no projeto de construção foi apresentado por Sebastian (2011) para a adoção do BIM: o gestor de modelos. Grys e Westhorpe (2012) afirmaram que os processos BIM devem ser definidos e monitorizados pelo gestor BIM tendo em conta o ciclo de vida do projeto, por exemplo: (a) criação e coordenação do projeto; (b) levantamento de quantidades; (c) estimativa de custos; (d) programação e monitorização do progresso; (e) gestão da mudança; (f) operação e manutenção; e (g) gestão de activos.

2. Formação de indivíduos

Ao adotar o BIM, é vital que os indivíduos recebam formação suficiente sobre a utilização da nova tecnologia para que possam contribuir para a mudança do ambiente de trabalho (Arayici *et al.*, 2007; Gu *et al.*, 2008). Yan e Damian (2008) revelaram que a maioria das empresas do seu estudo que não utilizavam o BIM acreditava que a formação seria demasiado dispendiosa em termos de tempo e de recursos humanos. Muitas empresas não tiveram tempo suficiente para considerar e avaliar o BIM porque tiveram de se concentrar nos seus projectos existentes (McGraw-Hill Construction, 2009). Lof e Kojadinovic (2012) sublinharam que o tempo necessário para a formação para trabalhar eficientemente com o BIM é um dos principais desafios à adoção do BIM. Kaner *et al.*, (2008); Keegan (2010); e Aibinu e Venkatesh (2013) concordaram que os elevados custos iniciais necessários para a formação dos indivíduos para poderem lidar com o BIM são muito elevados, e este é o principal desafio para a adoção do BIM na indústria AEC. A Tabela (2.6) resumiu as barreiras BIM de acordo com os itens que foram apresentados acima.

Tabela (2.6): Resumo das barreiras BIM

Não	Barreira BIM	Autores
	A. Barreiras ligadas ao produto BIM	
1	Falta de recursos de apoio (*software, hardware*) para utilizar as ferramentas BIM	Lee *et al.* (2007); Lee *et al.* (2009); Choi (2010); Smart Market Report (2012) (citado em Lee *et al.*, 2014)
2	Falta de interoperabilidade devido à incompatibilidade de software entre os diferentes programas de conceção e análise e, por conseguinte, falta de modelos integrados e de trabalho colaborativo	Bernstein e Pittman (2004); McGraw-Hill Construction (2007); Gu *et al.* (2008); Raic (2010); Ku e Taiebat (2011); BD white paper (2012); Both e Kindsvater (2012); Lof e Kojadinovic (2012); Sanguinetti *et al.* (2012); Wong e Fan (2013); Stanley e Thurnell (2014)
3	Falta de sensibilização dos projectistas, engenheiros e outras partes interessadas para o BIM e para as suas capacidades distintivas no domínio da indústria da construção	Kassem *et al.* (2012); Lof e Kojadinovic (2012); Mitchell e Lambert (2013); NBS (2013); Thurairajah e Goucher (2013)
4	Diferentes pontos de vista sobre o BIM, em que o BIM é bastante incompreendido por todos, e as pessoas pensam que o BIM não é adequado para projectos	Gu *et al.* (2008); Yan e Damian (2008); Lahdou e Zetterman (2011); NBS (2012)
5	Os designers/engenheiros consideram que o atual sistema CAD satisfaz as necessidades de conceção e desenho de qualquer projeto	Yan e Damian (2008); Kjartansdottir (2011)
6	Os projectistas/engenheiros consideram que o BIM não reduz o tempo utilizado na elaboração de desenhos em comparação com a abordagem atual	Kjartansdottir (2011)
7	Falta de directrizes sobre a forma de implementar o BIM na fase de produção	AGC (2005); Azhar *et al.* (2008b); Khosrowshahi e Arayici (2012); Lof e Kojadinovic (2012); Crowley (2013)
8	Questões normativas; falta de normas para a descrição de objectos e sistemas BIM	Howard e Bjork (2008); Both e Kindsvater (2012); Crowley (2013); Aibinu e Venkatesh (2014); Stanley e Thurnell (2014)
9	Falta de protocolos para a codificação de objectos nos modelos BIM	Stanley e Thurnell (2014)

10	Os benefícios do BIM não são suficientemente tangíveis nas práticas correntes para justificar a sua utilização/ Falta de incentivos para utilizar o BIM nos projectos	Arayici *et al.* (2009); Khosrowshahi e Arayici (2012); Lof e Kojadinovic (2012); Elmualim e Gilder (2013); Lee *et al.* (2007); Lee *et al.* (2009); Choi (2010); Relatório sobre o mercado inteligente (2012) (citado em Lee *et al.*, 2014)
11	Falta de confiança na integridade do BIM; algumas organizações consideram que o BIM não se adequa às necessidades do utilizador e não tem características ou flexibilidade para fazer um modelo/desenho do edifício	Gu *et al.* (2008); Kjartansdottir (2011); Aibinu e Venkatesh (2014)
12	Falta de conhecimento do software, o que leva à existência de dificuldades na aplicação do software BIM	Keegan (2010); Lahdou e Zetterman (2011); Kassem *et al.* (2012)
	B. Barreiras ligadas ao processo BIM	
13	A natureza fragmentada do sector AEC e os seus conflitos devido ao fosso entre o processo de conceção e de construção	Arayici *et al.* (2005); Lof e Kojadinovic (2012); Lindblad (2013); Mandhar e Mandhar (2013)
14	Resistência à mudança cultural para a adoção de novas tecnologias/ as pessoas recusam-se a aprender novas tecnologias, mas a adoção do BIM exige a alteração dos processos de trabalho tradicionais	(Davidson (2009); Arayici *et al.* (2005); Gu *et al.*, (2008); Yan e Damian (2008); Arayici *et al.* (2009); Becerik-Gerber *et al.* (2011); Gu e London (2010); Khosrowshahi e Arayici (2012)
15	Relutância em iniciar um novo fluxo de trabalho devido à falta de capacidade das empresas para o adaptarem eficazmente	Arayici *et al.* (2009); Khosrowshahi e Arayici (2012); Elmualim e Gilder (2013); Thurairajah e Goucher (2013); Aibinu e Venkatesh (2014)
16	Os dados da conceção devem ser informatizados; para além da necessidade de estratégias bem desenvolvidas e práticas para partilhar a informação significativa	Bernstein e Pittman (2004); Howard e Bjork (2008)
17	A dificuldade de partilhar o BIM com equipas externas e a relutância de outros (por exemplo, *arquiteto, engenheiro, proprietários e subcontratantes*)	Ku e Taiebat, 2011
18	Falta de colaboração efectiva entre as partes interessadas do projeto para a modelação e a utilização do modelo BIM	Becerik-Gerber *et al.* (2011); Ku e Taiebat (2011); Lahdou e Zetterman (2011); Sebastian (2011); Lee *et al.* (2007); Lee *et al.* (2009); Choi (2010); Smart Market Report (2012) (citado em Lee *et al.*, 2014)
19	A dificuldade de encontrar as partes interessadas que tenham as competências necessárias para participar no BIM	Lahdou e Zetterman (2011)
20	Falta de conhecimentos sobre como escolher um nível de pormenor adequado para o modelo BIM, de modo a garantir que não se desperdiçam dinheiro e tempo na compilação de informações desnecessárias	Lahdou e Zetterman (2011)
21	O BIM é demasiado arriscado no que respeita à responsabilidade, uma vez que várias partes interessadas podem ajustar o modelo, o que significa revelar trabalhos inacabados	Thomson e Miner (2006); Azhar *et al.* (2008b); Gu *et al.* (2008); Becerik-Gerber *et al.* (2011); Gu e London (2010); Khosrowshahi e Arayici (2012); Elmualim e Gilder (2013); Mitchell e Lambert (2013); Aibinu e Venkatesh (2014); Lee *et al.* (2007); Lee *et al.* (2009); Choi (2010); Smart Market Report (2012) (citado em Lee *et al*, 2014)

22	Falta de conhecimento sobre a responsabilidade dos subcontratantes pelos dados comuns	Khosrowshahi e Arayici (2012)
23	Falta de acordos legais e contratuais que preservem os direitos aquando da adoção do BIM no sector da construção	Becerik-Gerber *et al.* (2010); Arayici *et al.* (2005); Eastman *et al.* (2008); Gu *et al.* (2008); Howard e Bjork (2008); Perlberg (2009); Ku e Taiebat (2011); Lahdou e Zetterman (2011); Weygant (2011); Mitchell e Lambert (2013); Aibinu e Venkatesh (2014)
24	Falta de um quadro jurídico suficiente para integrar a visão dos proprietários na conceção e construção ao adotar o BIM	Becerik-Gerber *et al.* (2011); Lee *et al.* (2007); Lee *et al.* (2009); Choi (2010); Smart Market Relatório (2012) (citado em Lee *et al.*, 2014)
25	Falta de regulamentação/direcções governamentais para apoiar plenamente a implementação do BIM	Kjartansdottir (2011); Crowley (2013)
26	Falta de informação sobre as alterações dos processos empresariais e sobre a forma de os alterar entre as partes interessadas (*as obrigações, os riscos e as recompensas devem ser abordados e definidos em paralelo antes do BIM*)	Johnson e Laepple (2003); Bernstein e Pittman (2004); Gu *et al.* (2008); Gu e London, (2010); Lof e Kojadinovic (2012); Aibinu e Venkatesh (2014)
27	Falta de conhecimentos sobre BIM por parte do proprietário	Keegan (2010)
28	Falta de procura e desinteresse em relação ao BIM por parte dos clientes e dos outros membros da equipa de projeto	Tse *et al.* (2005); Gu *et al.* (2008); Kjartansdottir (2011); Khosrowshahi e Arayici (2012); Lof e Kojadinovic (2012); Crowley (2013); Aibinu e Venkatesh (2014)
29	Falta de casos reais que tenham sido implementados através da utilização do BIM e que tenham provado um retorno positivo do investimento	Yan e Damian (2008); Becerik-Gerber *et al.* (2011)
30	Falta de sensibilização para o valor comercial do BIM numa perspetiva financeira	Arayici *et al.* (2009); Kassem *et al.* (2012); Khosrowshahi e Arayici (2012); Elmualim e Gilder (2013); Aibinu e Venkatesh (2014)
31	Falta de capacidade das pequenas empresas para suportar o elevado investimento inicial necessário para adquirir o software e o hardware necessários para oferecer serviços BIM	Gu *et al.* (2008); Kaner *et al.* (2008); Yan e Damian (2008); Arayici *et al.* (2009); Keegan (2010); Becerik-Gerber *et al.* (2011); Khosrowshahi e Arayici (2012); Elmualim e Gilder; Aibinu e Venkatesh (2014); Stanley e Thurnell (2014)
C. Barreiras relacionadas com as pessoas que utilizam o BIM		
32	A adoção do BIM afectará as funções e as relações dos intervenientes participantes, como a necessidade de criar a nova função de "*gestor de modelos BIM*"	Fischer e Kunz (2004); Gu *et al.* (2008); (Gu e London, 2010)
33	As empresas não têm tempo suficiente para considerar e avaliar o BIM devido ao facto de se concentrarem nos projectos existentes	McGraw-Hill Construction (2009); Lof e Kojadinovic (2012)
34	Falta de pessoal qualificado e necessidade de educação e formação para que o pessoal utilize o BIM de forma eficaz	Gu *et al.* (2008); Howard e Bjork (2008); Kjartansdottir (2011); Ku e Taiebat (2011); Both e Kindsvater (2012); Khosrowshahi e Arayici (2012); Crowley (2013); Thurairajah e Goucher (2013); Aibinu e Venkatesh (2014);

		Lee *et al.* (2007); Lee *et al.* (2009); Choi (2010); Smart Market Report (2012) (citado em Lee *et al.*, 2014)
35	Relutância em formar o pessoal devido à falta de tempo e de recursos humanos, bem como aos elevados custos da formação	Kaner *et al.*, (2008); Yan e Damian (2008); Arayici *et al.* (2009); Becerik-Gerber *et al.* (2011); Keegan (2010); Khosrowshahi e Arayici (2012); Elmualim e Gilder (2013); Aibinu e Venkatesh (2014)
36	Falta de apoio ou formação adequados ao pessoal no local para utilizar o BIM nos	Lof e Kojadinovic (2012)

2.4 Resumo

Muitos investigadores realizaram estudos para explicar o conceito de BIM, pelo que a definição e as características do BIM, bem como os tipos de BIM, foram analisados neste estudo. Os investigadores definiram o BIM de diferentes formas devido às suas diferentes percepções, antecedentes e experiências. Todas as definições foram analisadas.

O BIM tem muitas funções importantes que podem ser aplicadas em todo o processo de construção (desde o início da fase de projeto, durante a fase de construção, bem como durante a fase de operação). A maioria destas funções foi analisada. Os benefícios do BIM que resultam destas funções também foram analisados. Por último, foi necessário analisar os obstáculos à adoção do BIM na indústria da AEC.

De acordo com os estudos anteriores e para efeitos da presente investigação, o BIM pode ser definido através de uma combinação de várias definições, sendo visto como um processo gerido de utilização da tecnologia da informação para recolha, exploração e partilha de informações sobre um projeto. No seu cerne está um modelo gerado por computador que contém todos os dados textuais, gráficos e tabulares sobre o projeto, a construção e o funcionamento da instalação. É utilizado para modelação, simulação, construção e avaliação. Apoia a colaboração, o funcionamento de uma instalação e a gestão de um modelo virtual de edifício no âmbito do ciclo de vida de um edifício (AGC, 2005; Smith, 2007; GSA, 2007; Estado de Ohio, 2010; NBIMS-US, 2012; Ahmad *et al.*, 2012). Em geral, o BIM promete melhorias exponenciais na qualidade e eficiência da construção (Ashcraft, 2008). Por último, foi necessário rever as barreiras à adoção do BIM na indústria da AEC.

Capítulo 3

Capítulo 3: Metodologia da investigação

Este capítulo aborda a metodologia utilizada nesta investigação. A metodologia de investigação foi escolhida para satisfazer o objetivo e os objectivos da investigação, que ajudam a realizar este estudo de investigação. Este capítulo inclui informações sobre o plano/estratégia de investigação, a população, a dimensão da amostra, a técnica de recolha de dados, a conceção e o desenvolvimento do questionário, a validade facial do questionário, o pré-teste do questionário, o estudo-piloto, o conteúdo final do questionário e os métodos de análise dos dados.

3.1 Finalidade e objectivos da investigação

Esta investigação foi concebida para desenvolver uma compreensão clara sobre o BIM para identificar os diferentes factores que fornecem informações úteis para considerar a adoção da tecnologia BIM em projectos pelos profissionais da indústria da Arquitetura, Engenharia e Construção (AEC) na faixa de Gaza, na Palestina. Para atingir este objetivo, foram delineados cinco objectivos principais, que incluem

1. Avaliar o nível de consciencialização do BIM por parte dos profissionais da indústria AEC na Faixa de Gaza.
2. Identificar as principais funções BIM que convenceriam os profissionais a adotar o BIM na indústria AEC na Faixa de Gaza.
3. Identificar os principais benefícios do BIM que convenceriam os profissionais a adotar o BIM na indústria AEC na Faixa de Gaza.
4. Investigar e classificar as principais barreiras BIM que se colocam à implementação do BIM no sector da AEC na Faixa de Gaza.
5. Estudar algumas hipóteses que possam ajudar a encontrar soluções para a adoção do BIM na indústria AEC na Faixa de Gaza.

3.2 Plano/estratégia de investigação

A estratégia de investigação é o plano geral sobre como e que dados devem ser recolhidos e como os resultados devem ser analisados. O plano de investigação escolhido irá influenciar o tipo e a qualidade dos dados recolhidos (Ghauri e Gronhaug, 2010). Para investigar as questões e hipóteses de investigação sobre a adoção da tecnologia BIM pelos profissionais da indústria AEC na Faixa de Gaza, foi adoptada uma abordagem de inquérito quantitativo. A técnica de investigação escolhida foi um inquérito por questionário para medir os objectivos.

3.3 Local da investigação

A investigação foi efectuada na faixa de Gaza, na Palestina, que é constituída por cinco províncias: a província do Norte, a província de Gaza, a província do Meio, a província de Khan-Younis e a província de Rafah.

3.4 População-alvo, amostragem do questionário e recolha de dados

O inquérito por questionário foi realizado em 2015 (janeiro). A população da investigação inclui profissionais (arquitectos, engenheiros civis, engenheiros mecânicos, engenheiros electrotécnicos e qualquer outro profissional com uma especialização relacionada) da indústria AEC na Faixa de Gaza, na Palestina, como grupo-alvo. Foi selecionada uma amostra de conveniência como tipo de amostra. A amostragem por conveniência é um tipo de amostragem não probabilística em que os inquiridos são amostrados simplesmente porque são fontes de dados "convenientes" para os investigadores (Lavrakas, 2008). Por outras palavras, foram seleccionados devido à sua acessibilidade e proximidade convenientes para o investigador (Dillman *et al.*, 2000). A dimensão da amostra foi escolhida para fornecer informações adequadas sobre a fiabilidade e um certo grau de validade. Foram distribuídas 275 cópias do questionário. Cada inquirido demorou cerca de 6 a 8 minutos a preencher o questionário. Foram devolvidos 270 exemplares do questionário pelos inquiridos e completados para análise quantitativa. O total de 270 questionários foi preenchido de forma satisfatória, o que faz com que a taxa de resposta total (270/275)*100 = 97,8%. A entrega pessoal para toda a amostra ajudou a aumentar a taxa de resposta e, por conseguinte, a representatividade da amostra.

3.5 Conceção e desenvolvimento do questionário

Foi utilizado um questionário auto-administrado para a recolha de dados. Foram adoptadas três fases fundamentais para a construção do questionário:

1. Identificar as questões de primeira reflexão.
2. Formulação do questionário final.
3. A redação das perguntas.

A identificação dos itens para o estudo e a preparação do questionário foi um passo crucial para o sucesso da investigação. Já foi efectuado um trabalho significativo sobre as funções, os benefícios e as barreiras do BIM e existe um conjunto bem documentado e revisto por pares desses itens disponíveis na revisão da literatura apresentada no capítulo anterior.

De acordo com a revisão da literatura relacionada com o BIM no sector da AEC, foi desenvolvido um questionário bem concebido para o estudo. O questionário era constituído por perguntas fechadas (escolha múltipla). As perguntas fechadas são mais difíceis de conceber do que as perguntas abertas, mas permitem uma recolha, processamento e análise de dados muito mais eficientes (Bourque e Fielder, 2003). Bourque e Fielder (2003) afirmam que "*os inquiridores devem evitar utilizar perguntas abertas no correio e noutros questionários auto-administrados*". "O questionário divide-se em cinco partes, como se segue:

- **Primeira parte**, relacionada com os dados demográficos do inquirido e com o modo de desempenho profissional.
- **Segunda parte:** avaliar o nível de sensibilização para o BIM por parte dos profissionais do sector da AEC na Faixa de Gaza.
- **Terceira parte:** investigar a importância das funções BIM no sector da AEC na Faixa de Gaza.
- **Quarta parte:** investigar o valor dos benefícios do BIM no sector da AEC na Faixa de Gaza.
- **Quinta parte:** investigar as barreiras BIM no sector da AEC na Faixa de Gaza.

E, claro, o questionário foi acompanhado de uma carta de apresentação que explicava o objetivo da investigação, a segurança da informação para encorajar uma resposta elevada e a forma de responder. A variedade das perguntas visou, em primeiro lugar, responder aos objectivos da investigação, cobrir as principais questões do estudo e recolher todos os dados necessários que possam apoiar os resultados e a discussão, bem como as recomendações da investigação.

Depois de responderem à primeira parte, relativa aos dados demográficos do inquirido e ao modo de desempenho no trabalho, foi pedido aos inquiridos que classificassem cada item de cada um dos segundo, terceiro, quarto e quinto campos numa escala de classificação (escala de Likert de cinco pontos) que exigia uma classificação (1-5), em que 1 representava "*a escala mais baixa*" e 5 representava "*a escala mais alta*", consoante o caso.

A escala de classificação (a escala de Likert de cinco pontos) foi escolhida para formatar as perguntas do questionário com alguns conjuntos comuns de categorias de resposta denominados quantificadores (reflectem a intensidade do julgamento específico envolvido) (Naoum, 2007). Esses quantificadores foram utilizados para facilitar a compreensão, como mostra a Tabela (3.1).

Tabela (3.1): Os quantificadores utilizados para a escala de classificação (escala de Likert de cinco pontos) em cada um dos segundo, terceiro, quarto e quinto campos do questionário

O nível de sensibilização dos profissionais para o BIM	Nunca	Pouco	Um pouco	Muito	Verymuch
A importância das funções BIM	Sem importância	Pouca importância	Moderadamente	Importante	Muito importante
O valor dos benefícios do BIM	Extremamente pouco vantajoso	Pouco benéfico	Moderadamente benéfico	Altamente benéfico	Extremamente benéfico
A força das barreiras BIM	Muito fraco	Fraco	Resistência média	Forte	Muito forte
Escala	1	2	3	4	5

O primeiro esboço do questionário foi revisto em três fases principais, *a saber*: *a validade facial*, *o pré-teste do questionário* e *o estudo-piloto*. Em cada fase, o questionário foi revisto e aperfeiçoado cada vez mais. Os pormenores de cada fase serão discutidos nas partes seguintes.

3.6 Validade facial

A validade facial foi importante para verificar se o questionário parece ser válido ou não. Tratou-se de uma avaliação de "senso comum" efectuada pelos peritos nos domínios da indústria AEC e da estatística (Salkind, 2010). O questionário foi apresentado a 12 peritos (da cidade de Gaza e de fora da Palestina) por entrega em mão e por correio eletrónico em diferentes períodos para avaliar a validade do questionário. Foram efectuadas muitas alterações úteis e importantes ao questionário. Essas alterações são explicadas na Tabela (3.2).

Tabela (3.2): Resultados da validade facial

Nome	País	Especialização	Resultado
Perito A	Palestina (Gaza)	Mestrado em Estatística	*S* Correção da formulação das perguntas (relativas à Estatística) na parte #1 do questionário, que se referia aos dados demográficos dos inquiridos e ao modo de desempenho no trabalho.
Perito B	Palestina (Gaza)	Prof. Distinto de Engenharia e Gestão da Construção	*S* Alguns dos itens nos diferentes campos do questionário foram eliminados por não estarem relacionados com a indústria AEC na Faixa de Gaza, ou por não serem claros ou ambíguos, como por exemplo - *Auditoria de modelos* (funções BIM) - *Plataformas de colaboração* (funções BIM) - *Melhorar o mercado de trabalho* (benefícios do BIM) - *A adoção do BIM afectará os papéis e as relações dos intervenientes, como a necessidade de um novo papel de "gestor de modelos BIM"* (barreiras BIM) *S* Alguns dos itens foram modificados. *S Acrescentou* um ponto, que era:

			- *Melhorar a segurança do projeto* (vantagens do BIM). *f* Alguns dos itens necessitam de mais explicações. *f* Alguns itens foram fundidos. *f* *Aconselha-se* a clarificar quaisquer atalhos anexados.
Perito C	Palestina (Gaza)	Doutoramento na Faculdade de Engenharia Aplicada e Planeamento Urbano	*f* Ajudou a conceber as perguntas para medir o objetivo n.º 1, que consistia em avaliar o nível de sensibilização para o BIM por parte dos profissionais da indústria AEC na Faixa de Gaza. *f* Foram concebidos alguns itens, no domínio das barreiras BIM no questionário, que são - *Falta de interesse na Faixa de Gaza em manter o estado do edifício ao longo da sua vida após a conclusão da execução* - *Falta de educação ou formação sobre a utilização do BIM, seja na universidade ou em qualquer centro de formação governamental ou privado*
Perito D	Itália	Mestrado em Arqueologia Clássica	*f* Auditou a língua inglesa do primeiro rascunho do questionário e modificou algumas palavras. *f* Propor as palavras da escala de classificação (a escala de Likert de cinco pontos) para cada domínio.
Perito E	Índia	Doutoramento em Química	f Auditou a carta de apresentação do questionário e a estrutura geral do questionário.
Perito F	Palestina (Gaza)	Doutoramento em Sustentabilidade Arquitetura e habitação	*f* Tinha aconselhado um atalho para o questionário. *f* Alguns dos itens no domínio das funções BIM foram eliminados porque não se relacionavam com o sector da AEC na Faixa de Gaza e eram ambíguos, como por exemplo - *Programação espacial/ Coordenação visual e geoespacial para a construção de formas atípicas* - *Modelos virtuais de maquetas em grandes projectos* - *Assistência à conceção* - *Localização do componente do edifício* -*Entrada única* de dados múltipla - Facilitar o acesso aos dados em tempo real

Perito G	Palestina (Gaza)	Doutoramento em Energias Renováveis e Design Arquitetónico	f Tinha aconselhado um atalho para o questionário. f Alguns dos itens no domínio das barreiras BIM foram eliminados porque continham expressões técnicas difíceis, que não eram adequadas para profissionais que não são utilizadores do BIM, tais como - *A falta de interoperabilidade devido à incompatibilidade de software entre os diferentes programas de projeto e análise e, consequentemente, a falta de modelos integrados e de trabalho colaborativo* - *Questões normativas; falta de normas para a descrição de objectos e sistemas BIM* - *Os projectistas/engenheiros consideram que o BIM não reduz o tempo utilizado na elaboração de desenhos em comparação com a abordagem atual* - *Falta de confiança na integridade do BIM; algumas organizações consideram que o BIM não se adequa às necessidades do utilizador e não tem características ou flexibilidade para criar um modelo/desenho do edifício*
			- *Falta de conhecime ntos sobre como escolher um nível de pormenor adequado para o modelo BIM, de modo a garantir que não se desperdiçam dinheiro e tempo na compilação de informações desnecessárias*
Perito H	Turquia	Estudante de doutoramento em Planeamento Urbano	*S* Reviu a língua inglesa do questionário e verificou a tradução árabe do questionário.
Perito I	Palestina (Gaza)	Doutoramento em Habitação	*S* Auditou a língua árabe do questionário.
Perito J	Palestina (Gaza)	Professor de Estatística	*S* Propôs uma modificação estatística para as perguntas relacionadas com o objetivo n.º 1, que consistia em avaliar o nível de sensibilização para o BIM por parte dos profissionais da indústria AEC na Faixa de Gaza. S Correção da formulação estatística das hipóteses.
Perito K	Palestina (Gaza)	Mestrado em Estatística	S Ajudou a conceber as perguntas para a segunda parte: *"O nível de consciencialização dos profissionais sobre o BIM. "*
Perito L	Palestina (Gaza)	Doutoramento em Design Arquitetónico e Tecnologia da Construção	*S* Propôs-se desenvolver o formato das perguntas da "*Parte 1: Os dados demográficos do inquirido e o modo de desempenho no trabalho.* " *S* Modificou a pergunta n.º 8 "Domínio atual-emprego atual" na "*Parte 1: Dados demográficos do inquirido e modo de desempenho do trabalho*" e as opções desta pergunta. As duas perguntas eliminadas foram concebidas para o domínio "*Parte 2: O nível de sensibilização dos profissionais BIM na AEC na Faixa de Gaza*". "

3.7 Pré-teste do questionário

O pré-teste do questionário foi efectuado para garantir que o questionário vai fornecer os dados correctos e para assegurar a qualidade dos dados recolhidos. Por outras palavras, o pré-teste do questionário foi um passo importante e necessário para descobrir se o inquérito tem algum problema de lógica, se as perguntas são demasiado difíceis de compreender, se a redação das perguntas é ambígua, ou se tem algum viés de resposta, etc. (Lavrakas, 2008). O pré-teste foi realizado em duas fases com doze profissionais da indústria AEC na Faixa de Gaza (cada fase foi testada com seis profissionais).

A primeira fase do pré-teste resultou em algumas alterações à redação de algumas palavras das perguntas e foram acrescentadas explicações adicionais a alguns itens para facilitar a compreensão da pergunta. O questionário foi modificado com base nos resultados da primeira fase do pré-teste. Depois disso, a segunda fase foi realizada com os outros seis profissionais, e foi suficiente para garantir o sucesso do questionário, onde não houve dúvidas de nenhum profissional e tudo ficou claro. De acordo com isso, as questões ficaram claras para serem respondidas de forma a ajudar a atingir o objetivo do estudo e a iniciar a fase do estudo piloto. Para mais pormenores, consultar a Tabela (3.3).

Tabela (3.3): Resultados do pré-teste do questionário

	Nome	Especialização	Resultado
Pré-teste 1	A1	Mestrado em Planeamento Urbano	*S* Modificou um item no domínio das barreiras BIM (em língua inglesa) para facilitar a compreensão: - Parte 5: BA13: era a seguinte: "*Falta de casos reais que tenham sido implementados através da utilização do BIM e que tenham demonstrado um retorno positivo do investimento".* "Era necessária uma explicação adicional porque era ambígua e não era compreendida, pelo que passou a ser a seguinte "*Falta de casos reais na Faixa de Gaza ou noutras áreas próximas na região que tenham sido implementados utilizando o BIM e que tenham provado um retorno positivo do investimento.* "
	B1	Mestrado em Gestão da Construção	*S* Modificou alguns itens no domínio das funções BIM (em língua inglesa) para serem os seguintes: - Parte 3: F11: *Futura expansão/alargamento das instalações e infra-estruturas* - Parte 3: F14: *Comunicação de problemas e arquivo de dados através de um modelo 3D do edifício*
	C1	Estudante de mestrado em Gestão da Construção	*S* Modificou um item no domínio dos benefícios do BIM (em língua inglesa), que necessitava de mais explicações: - Parte 4: BE 7: *"Melhorar a seleção de componentes de construção cuidadosamente alinhados com a qualidade e os custos (por exemplo, tipos de portas e janelas, tipo de cobertura do paredes exteriores, etc.)".*
	D1	BScin Arquitetura	*S* Modificou a formulação da questão central na parte 3, na parte 4 e na parte 5 para facilitar a compreensão.
	E1	Licenciatura em Engenharia Civil	S Modificou a redação (em língua árabe) de alguns itens nos diferentes campos do questionário (ver Apêndice B): - Parte 3 :F4,F 7,F10,F15(Funções BIM) - Parte4:BE1 (Benefícios BIM)

	F1	Doutoramento em Design Arquitetónico e Tecnologia da Construção	S Modificou a redação (em língua árabe) de algumas perguntas e itens dos diferentes campos do questionário, nos casos em que era necessária uma maior explicação (ver Apêndice B): - Parte 1: Q4, Q8 (Dados demográficos dos inquiridos) - Parte 2:A8 (O nível de consciencialização do BIM) - Parte4:BE1,BE5 (Benefícios BIM) - Parte5: BA 2, BA 3, BA 4, BA 15, BA 1 (barreiras BIM)
Pré-teste 2	A2	Licenciatura em Engenharia Civil	Tudo estava claro
	B2	Licenciatura em Arquitetura	Tudo estava claro
	C2	Licenciatura em Arquitetura	Tudo estava claro
	D2	Licenciatura em Arquitetura	Tudo estava claro
	E2	Estudante de mestrado em Gestão da Construção	Tudo estava claro
	Nome	Especialização	Resultado
	F2	Doutoramento em Design Arquitetónico e Tecnologia da Construção	Tudo estava claro

3.8 Estudo-piloto

Após o êxito da segunda fase do pré-teste do questionário, foi efectuado um ensaio do questionário antes de o fazer circular por toda a amostra, a fim de obter respostas valiosas e detetar áreas com possíveis deficiências (Thomas, 2004). Bell (1996) descreveu o estudo-piloto como: "*tirar as falhas do instrumento (questionário) para que os sujeitos do estudo primário não tenham dificuldades em preenchê-lo e para que o investigador possa efetuar uma análise preliminar para ver se a redação e o formato das perguntas apresentarão quaisquer dificuldades quando os dados principais forem analisados*" (citado em Naoum, 2007).

Para efetuar um estudo-piloto, o investigador tem de testar todas as etapas do inquérito, do princípio ao fim, com uma amostra razoavelmente grande. A dimensão da amostra piloto depende da dimensão da amostra efectiva. Uma amostra de cerca de 30-50 pessoas é normalmente suficiente para identificar quaisquer erros significativos no sistema (Thomas, 2004; Weiers, 2011). Assim, 40 cópias do questionário foram distribuídas convenientemente aos inquiridos do grupo-alvo (os profissionais da indústria AEC na Faixa de Gaza). Todos os exemplares foram recolhidos, codificados e analisados através do Statistical Package for the Social Sciences IBM (SPSS) versão 22. Os testes efectuados foram os seguintes

1. A validade estatística do questionário/validade relacionada com os critérios.
2. Fiabilidade do questionário através do método Half Split e do método do Coeficiente Alfa de Cronbach.

3.8.1 Validade estatística do questionário

Na investigação quantitativa, a validade é a medida em que um estudo que utiliza um instrumento específico mede o que se propõe medir. Para garantir a validade do questionário, devem ser aplicados dois testes estatísticos. O primeiro teste é o teste de validade interna/relacionada com o critério (teste de Pearson), que mede o coeficiente de correlação entre cada item do domínio e o domínio total. O segundo teste é o teste de validade da estrutura (teste de Pearson), utilizado para testar a validade da estrutura do questionário, testando a validade de cada domínio e a validade de todo o questionário. Mede o coeficiente de correlação entre um campo e todos os campos do questionário que têm o mesmo nível de escala semelhante (Weiers, 2011; Garson, 2013).

Teste de validade interna

A consistência interna do questionário foi medida pela amostra de escutismo (a amostra do estudo piloto), que consistiu em 40 questionários. Foi feita através da medição dos coeficientes de correlação (teste de Pearson) entre cada item num campo e o campo inteiro (Weiers, 2011; Garson, 2013). As tabelas do Apêndice C, de 1 a 4, mostram o *valor P* do coeficiente de correlação para cada item de cada campo. O teste foi aplicado nas partes (2: *Avaliação do nível de consciencialização do BIM pelos profissionais da indústria de AEC na Faixa de Gaza*, 3: *Investigação da importância das funções do BIM na indústria de AEC na Faixa de Gaza*, 4: *Investigação do valor dos benefícios do BIM na indústria de AEC na Faixa de Gaza*, e 5: *Investigação das barreiras do BIM na indústria de AEC na Faixa de Gaza*) do questionário. Como se pode ver nos quadros Cl, C2, C3 e C4, os *valores de P* são inferiores a 0,05, pelo que os coeficientes de correlação de cada campo são significativos a a = 0,05. Assim, pode dizer-se que os itens de cada domínio são consistentes e válidos para medir o que se propuseram medir.

Teste de validade da estrutura

A validade da estrutura é o segundo teste estatístico utilizado para testar a validade da estrutura do questionário, testando a validade de cada campo e a validade de todo o questionário. A validade da estrutura mede o coeficiente de correlação entre um campo e todos os outros campos do questionário que têm o mesmo nível da escala de classificação (escala de Likert de cinco pontos) (Weiers, 2011; Garson, 2013). Como se pode ver na Tabela (3.4), os valores de significância (P-values) são inferiores a 0,05, o que indica que os coeficientes de correlação de todos os domínios são significativos a a = 0,05. Assim, pode dizer-se que os domínios são válidos para medir o que se propuseram medir para atingir o objetivo principal do estudo.

Tabela (3.4): Validade da estrutura do questionário

Campos	Coeficiente de correlação de Pearson	Valor *de p*
O nível de sensibilização dos profissionais para o BIM	0.421	0.01
A importância das funções da BfM	0.477	0.00
O valor dos benefícios da BfM	0.420	0.01
A força das barreiras BfM	0.380	0.02

3.8.2 Teste de fiabilidade

A fiabilidade é o grau de consistência ou fiabilidade com que um instrumento (questionário para este estudo) mede o que foi concebido para medir. O teste é feito repetindo o questionário à mesma amostra do grupo-alvo numa altura diferente e comparando as pontuações obtidas na primeira e na segunda vez, calculando um coeficiente de fiabilidade. Para a maioria dos fins, considera-se satisfatório se o coeficiente de fiabilidade for superior a 0,7. Recomenda-se um período de duas semanas a um mês para distribuir os questionários pela segunda vez (Field, 2009; Weiers, 2011; Garson, 2013). Devido às condições complicadas, era demasiado difícil pedir à mesma amostra que respondesse ao mesmo questionário duas vezes num curto espaço de tempo. Assim, para ultrapassar a distribuição do questionário duas vezes e medir a fiabilidade, foi utilizado o método Half Split e o teste do coeficiente alfa de Cronbach através do software SPSS.

Método da meia divisão

Este método consiste em encontrar o coeficiente de correlação de Pearson entre as médias das perguntas com a classificação ímpar e as perguntas com a classificação par de cada campo do questionário. Em seguida, a correção dos coeficientes de correlação de Pearson pode ser feita utilizando o coeficiente de correção da correlação de Spearman-Brown. O coeficiente de correlação corrigido (coeficiente de consistência) é calculado de acordo com a seguinte equação: Coeficiente de consistência = $2r/(r+1)$, onde r é o coeficiente de correlação de Pearson. O intervalo normal do coeficiente de correlação corrigido $2r/(r+1)$ situa-se entre 0,0 e + 1,0 (Weiers, 2011; Garson, 2013).

Como mostra a Tabela (3.5), todos os valores dos coeficientes de correlação corrigidos estão entre 0,82 e 0,88 e a fiabilidade geral para todos os itens é igual a 0,86. Os valores de significância são inferiores a 0,05, o que indica que os coeficientes de correlação corrigidos são significativos a a= 0,05. Assim, pode dizer-se que os campos estudados são fiáveis de acordo com o método Half Split.

Tabela (3.5): Método do coeficiente de divisão ao meio

Não.	Campos	correlação pessoal	Coeficiente de SpearmanBrown	Sig. (bicaudal)
1	O nível de sensibilização dos profissionais para o BIM	0.75	0.86	0.00*
2	A importância das funções BIM	0.69	0.82	0.00*
3	O valor dos benefícios do BIM	0.79	0.88	0.00*
4	A força das barreiras BIM	0.77	0.87	0.00*
	Todos os artigos	0.76	0.86	0.00*

Coeficiente de Cronbach Alfa (*Ca*)

Este método é utilizado para medir a fiabilidade do questionário entre cada campo e a média de todos os campos do questionário. O intervalo normal do valor do coeficiente alfa de Cronbach (*Ca*) situa-se entre 0,0 e +1,0, e o valor mais elevado reflecte um maior grau de consistência interna (Field, 2009; Weiers, 2011; Garson, 2013). Como mostra a Tabela (3.6), o coeficiente alfa de Cronbach (*Ca*) foi calculado para quatro domínios. Os resultados situaram-se no intervalo entre 0,84 e 0,92 e a fiabilidade geral para todos os itens é igual a 0,87. Este intervalo é considerado elevado, pois é superior a 0,7. Assim, o resultado garante a fiabilidade do questionário.

Tabela (3.6): Coeficiente Alfa de Cronbach para a fiabilidade (Ca)

Não.	Campos	Alfa de Cronbach (*Ca*)
1	O nível de sensibilização dos profissionais para o BIM	0.89
2	A importância das funções BIM	0.84
3	O valor dos benefícios do BIM	0.92
4	A força das barreiras BIM	0.89
	Todos os artigos	0.87

Como se viu acima, os resultados da validade estatística do questionário (a estrutura interna e a estrutura do questionário), bem como os resultados dos testes de fiabilidade (método Half Split e o método do coeficiente Alfa de Cronbach) mostraram o êxito dos testes e, por conseguinte, o êxito do questionário (válido e fiável). Assim, o questionário foi adotado e os 40 exemplares bem sucedidos do estudo-piloto foram incluídos na amostra total.

3.9 Alteração final do questionário

Após uma fase piloto, o questionário foi adotado e distribuído a toda a amostra. Cada campo era simples e curto para melhorar as taxas de resposta (Dillman *et al.*, 2000). E, como já foi referido, o questionário foi acompanhado de uma carta de apresentação que explicava o objetivo da investigação, a segurança da informação para incentivar uma resposta elevada e a forma de responder. O questionário original foi elaborado em língua inglesa. O questionário em inglês encontra-se em anexo (Anexo A). Com base na convicção do investigador de que o questionário seria mais eficaz e mais fácil de compreender por todos os inquiridos se estivesse em árabe (língua materna) e, assim, obter resultados mais realistas, o questionário (após a adoção final) foi traduzido para a língua árabe, que se encontra em anexo (Anexo B).

No que diz respeito ao conteúdo final do questionário, tal como mencionado anteriormente em (3.2 Conceção da investigação), o investigador resumiu um conjunto de itens relacionados com as funções BIM, os benefícios BIM e as barreiras à adoção do BIM que foram revistos no capítulo anterior (Revisão da literatura) em três tabelas (2.3), (2.5), (2.6), onde o investigador compilou e resumiu 45 itens das funções BIM, 55 itens dos benefícios BIM e 36 itens das barreiras BIM. De acordo com os objectivos da investigação, estes itens foram utilizados na conceção do questionário em três partes (parte 3, parte 4 e parte 5). Todos os itens da parte 2 foram concebidos pelo investigador, bem como as perguntas da parte 1.

Como se verifica, ao explicar cada passo do processo de conceção e desenvolvimento do questionário e de acordo com os resultados de cada passo, alguns desses itens foram seleccionados, outros itens foram modificados, enquanto outros foram fundidos, bem como alguns itens foram acrescentados. A Tabela (3.7) mostra como foram obtidos os itens para cada campo do questionário. Todas as alterações nesses itens também podem ser acompanhadas através das três Tabelas seguintes: (3.8), (3.9) e (3.10). Com base nisso, o questionário final contém:

- **Primeira parte:** *está relacionada com os dados demográficos do inquirido e com o modo de desempenho profissional* **(consiste em 11 perguntas; QI a QII).**
- **Segunda parte:** *avaliar o nível de conhecimento do BIM pelos profissionais do sector da AEC na Faixa de Gaza* **(consiste em 9 itens; Al a A9).**
- **Terceira parte:** *investigar a importância das funções BIM no sector da AEC na Faixa de Gaza* **(consiste em 16 itens; Fl a F16).**
- **Quarta parte:** *investigar o valor dos benefícios do BIM no sector da AEC na Faixa de Gaza* **(consiste em 26 itens; BE 1 a BE 26).**
- **Quinta parte:** *investigar as barreiras BIM no sector da AEC na Faixa de Gaza* **(consiste em 18 itens; BA 1 a BA 18).**

Tabela (3.7): Um resumo ilustra a forma como os itens foram obtidos para cada campo do questionário

Campo	Da revisão da literatura	Os itens seleccionados	Os itens adicionados	Os itens eliminados	Os itens fundidos	Os itens modificados	Os itens fundidos e modificados	Os artigos finais utilizados
O nível de sensibilização dos profissionais para o BIM	-	-	9	-	-	-	-	9
A importância das funções BIM	45	-	-	22	1	13	2	16
O valor dos benefícios do BIM	55	-	1	10	2	18	5	26
As barreiras BIM	36	1	2	10	1	11	3	18

Tabela (3.8): Lista dos itens das definições BIM para o questionário final

Não.	Função BIM	Fonte	A forma como foi feito para obter o item
Fl	Modelação e visualização tridimensional (3D)	Ashcraft (2008); Eastman *et al.* (2008); Baldwin (2012); Becerik-Gerber *et al.* (2011); Ku e Taiebat (2011); Gray *et al.* (2013); *Leeetal.* (2014)	Fundido
F2	Simulações funcionais para escolher a melhor solução *{como iluminação, energia e qualquer outra informação sobre sustentabilidade)*	Ashcraft (2008); Eastman *et al.* (2008); Baldwin (2012); Lee *et al.* (2014)	Modificado e fundido
F3	Gestão de alterações *(qualquer alteração ao projeto de construção será automaticamente reproduzida em cada vista, como plantas, secções e alçados)*	CRC inovação na construção (2007); Baldwin (2012)	Modificado
F4	Revisões visualizadas de construtibilidade/ Simulação de edifícios *(um modelo estrutural 3D, bem como um modelo 3D de serviços mecânicos, eléctricos e de canalização (MEP))*	Ashcraft (2008); Eastman *et al.* (2008); Ku e Taiebat (2011); Gray *et al.* (2013); Lee *et al.* (2014)	Modificado
F5	Planeamento visualizado a quatro dimensões (4D) e sequenciação da construção	Eastman *et al.* (2008); Ku e Taiebat (2011); Baldwin (2012); Gray *et al.* (2013); Lee *et al.* (2014)	Modificado
F6	Estimativa de custos com base em modelos *(Cinco dimensões (5D))*	Eastman *et al.* (2008); Baldwin (2012); Gray *et al.* (2013)	Modificado
F7	Planeamento e utilização de locais com base em modelos	Ku e Taiebat (2011); Baldwin (2012); Gray *et al.* (2013)	Modificado
F8	Planeamento e controlo da segurança no local	Eastman *et al.* (2008)	Modificado

F9	Levantamento de quantidades de materiais e mão de obra com base em modelos	Ashcraft (2008); Eastman *et al.* (2008); Ku e Taiebat (2011); Lee *et al.* (2014)	Modificado
F10	Criação de um modelo "as-built" que contém todos os dados necessários para gerir e explorar o edifício *(facility management)*	Ashcraft (2008); Eastman *et al.* (2008); Lee *et al.* (2014)	Modificado
F11	Expansão/ampliação futura das instalações e infra-estruturas	Baldwin (2012)	Modificado
F12	Programação da manutenção através do modelo as-built	Becerik-Gerber *et al.* (2011); Baldwin (2012); Gray *et al.* (2013)	Modificado
F13	Otimização energética do edifício	Ashcraft (2008); Eastman *et al.* (2008); Becerik-Gerber *et al.* (2011)	Modificado
F14	Relatório de problemas e arquivo de dados através de um modelo 3D do edifício	Eastman *et al.* (2008); Ku e Taiebat (2011); Baldwin (2012)	Fundido e modificado
F15	Gerir metadados *(fornecer informações sobre o conteúdo de um item individual)* através de um modelo 3D do edifício	Baldwin (2012)	Modificado
F16	Interoperabilidade e tradução da informação *(entre os profissionais)* dentro do mesmo sistema/programa	Baldwin (2012); Gray *et al.* (2013)	Modificado

Tabela (3.9): Lista dos itens de benefícios BIM para o questionário final

Não.	Vantagens do BIM	Fonte	A forma como foi feito para obter o item
BE 1	Melhorar a realização da ideia de um projeto pelo proprietário através de um modelo 3D do edifício	Eastman *et al.* (2008, 2011); Stanley e Thumell (2014)	Modificado
BE 2	Apoiar a tomada de decisões de conceção, comparando diferentes alternativas de conceção num modelo 3D	Azhar et al. *(*2008a); Azhar *et al.* (2008b); Eastman *et al.* (2008, 2011); Allen Consulting Group (2010); Ahmad *et al.* (2012); Newton e Chileshe (2012); Stanley e Thumell (2014)	Fundido
BE3	Melhorar a colaboração da equipa de conceção *(engenheiros de arquitetura, de estruturas, mecânicos e electrotécnicos)*	Eastman *et al.* (2008, 2011)	Modificado
BE 4	Melhorar a qualidade da conceção *(redução de erros/reconcepção e gestão das alterações à conceção)*	Holness (2006); Eastman *et al.* (2008, 2011)	Modificado

BE 5	Melhorar a conceção sustentável e a conceção optimizada	Azhar *et al.* (2008a); Azhar *et al.* (2008b); Eastman *et al.* (2008, 2011); (Gleeson, 2008) (citado em Azhar e Brown, 2009); Azhar e Brown (2009); Krygiel *et al.* (2008); Allen Consulting Group (2010); Schade *et al.* (2011); Khosrowshahi e Arayici (2012); Kolpakov (2012); Park *et al.* (2012); Stanley e Thumell (2014)	Fundido e modificado
BE 6	Melhorar a conceção da segurança		Adicionado
BE 7	Melhorar a seleção dos componentes de construção em função da qualidade e dos custos *(por exemplo, tipos de portas e janelas, tipo de cobertura das paredes exteriores, etc.)*	Holness (2006); Eastman *et al.* (2008, 2011); Lorimer (2011); Barlish e Sullivan (2012); Aibinu e Venkatesh (2013)	Fundido e modificado
BE 8	Melhorar a compreensão da sequência das actividades de construção	Eastman *et al.* (2011); Newton e Chileshe (2012); Aibinu e Venkatesh (2013); Farnsworth *et al.* (2014)	Fundido
BE 9	Melhorar a coordenação dos trabalhos com os subcontratantes e fornecedores *(cadeia de abastecimento)*	Eastman *et al.* (2008, 2011); Hardin (2009); McGraw-Hill Construction (2009); Succar (2009); Weygant (2011); Ahmad *et al.* (2012); Khosrowshahi e Arayici (2012); Lorch (2012); Farnsworth *et al.* (2014); Stanley e Thumell (2014)	Fundido e modificado
BE 10	Aumentar a qualidade dos componentes pré-fabricados *(fabricados digitalmente)* e reduzir os seus custos	Eastmanein/. (2008, 2011); Gray *etal.* (2013)	Modificado
BE 11	Melhorar o planeamento e o controlo da segurança no local/ reduzir os riscos	Eastman *et al.* (2008, 2011); Khosrowshahi e Arayici (2012); Zhang *et al.* (2013); Stanley e Thumell (2014)	Fundido e modificado
BE 12	Aumentar a precisão da programação e do planeamento	Holness (2006); Farnsworth *et al.* (2014)	Modificado
BE 13	Aumentar a precisão da estimativa de custos	Holness (2006); Nassar (2010); Farnsworth *et al.* (2014); Stanley e Thumell (2014)	Modificado

Tabela (3.9): Lista dos itens de benefícios BIM para o questionário final

Não.	Vantagens do BIM	Fonte	A forma como foi feito para obter o item
BE 14	Melhorar a comunicação entre as partes envolvidas no projeto	Lin (2012); Lorch (2012); Farnsworth *et al.* (2014)	Modificado
BE 15	Reduzir as ordens de alteração/ variação na fase de construção	Eastman *et al.* (2008, 2011); Lorimer (2011); Barlish e Sullivan (2012)	Modificado
BE 16	Reduzir os conflitos entre as partes interessadas *(deteção de conflitos)*	Holness (2006); Newton e Chileshe (2012); Farnsworth *et al.* (2014)	Modificado

BE 17	Reduzir a duração e o custo global do projeto	McGraw-Hill Construction (2009); Eastman *et al.* (2011); Barlish e Sullivan (2012); Barlish e Sullivan (2012)	Modificado
BE 18	Melhorar a aplicação de técnicas de construção optimizadas para obter soluções sustentáveis para reduzir os resíduos de materiais durante a construção e a demolição	Eastman *et al.* (2008, 2011); Kjartansdottir (2011); Khosrowshahi e Arayici (2012); Kolpakov (2012); Cheng e Ma (2013)	Fundido e modificado
BE 19	Facilidade de recuperação de informações durante toda a vida do edifício através do modelo 3D as-built	Azhar *et al.* (2008a); Azhar *et al.* (2008b); Eastman *et al.* (2008, 2011); Allen Consulting Group (2010); Becerik-Gerber *et al.* (2010); BIFM (2012)	Modificado
BE 20	Melhorar a gestão e o funcionamento do edifício para manter a sua sustentabilidade, apoiando a tomada de decisões sobre questões relacionadas com o edifício	Schade *et al.* (2011); Lee *et al.* (2007); Lee *et al.* (2009); Choi (2010); Smart Market Report (2012) (citado em Lee *et al.*, 2014)	Modificado
BE 21	Aumentar a coordenação entre os diferentes sistemas operacionais do edifício *(como o sistema de segurança e alarme, a iluminação, o ar condicionado, etc.)*	*Gray et al.* (2013)	Modificado
BE 22	Melhorar a eficiência energética e a sustentabilidade do edifício	Ku e Taiebat (2011)	Modificado
BE 23	Melhorar o planeamento da manutenção *(preventiva e curativa)*/estratégia de manutenção das instalações	Becerik-Gerber *et al.* (2011); BIFM (2012)	Modificado
BE 24	Controlar eficazmente os custos de todo o ciclo de vida do ativo	CRC Construction Innovation (2007); Azhar *et al.* (2008a); Azhar *et al.* (2008b); Eastman *et al.* (2011); Ku e Taiebat (2011); BIFM (2012)	Modificado
BE 25	Aumentar os lucros através da comercialização das instalações através de um modelo 3D	Becerik-Gerber *et al.* (2011)	Modificado
BE 26	Melhorar a gestão de emergências *(elaborar planos para evitar os riscos e fazer face a catástrofes como incêndios, terramotos, etc.)*	Becerik-Gerber *et al.* (2011)	Modificado

Tabela (3.10): Lista dos itens das barreiras BIM para o questionário final

Não.	Barreira BIM	Fonte	A forma como foi feito para obter o item
BA 1	Custos elevados necessários para comprar software BIM e custos das actualizações de hardware necessárias	Lee *et al.* (2007); Lee *et al.* (2009); Choi (2010); Smart Market Report (2012) (citado em Lee *et al.*, 2014); Aibinu e Venkatesh (2013)	Modificado

BA 2	Falta de sensibilização das partes interessadas para o BIM	Kassem *et al.* (2012); Lof e Kojadinovic (2012); Mitchell e Lambert (2013); NBS (2013); Thurairajah e Goucher (2013)	Modificado
BA3	Falta de conhecimentos sobre como aplicar o software BIM	AGC (2005); Azhar *et al.* (2008b); Keegan (2010); Lahdou e Zetterman (2011); Kassem *et al.* (2012); Khosrowshahi e Arayici (2012); Lof e Kojadinovic (2012); Crowley (2013)	Modificado
BA 4	Os profissionais pensam que o atual sistema CAD e outros programas convencionais satisfazem as necessidades de conceção e execução do trabalho e completam o projeto de forma eficiente	Yan e Damian (2008); Kjartansdottir (2011)	Modificado
BA 5	Falta de sensibilização para os benefícios que o BIM pode trazer aos gabinetes de engenharia, empresas e projectos	Arayici *et al.* (2009); Kassem *et al.* (2012); Khosrowshahi e Arayici (2012); Lof e Kojadinovic (2012); Elmualim e Gilder (2013); Lee *et* n/.(2007); Lee *et al.* (2009); Choi (2010); Smart Market Report (2012) (citado em Lee *et al.*, 2014); Aibinu e Venkatesh (2014)	Modificado e fundido
BA 6	Falta de colaboração efectiva entre as partes interessadas no projeto para trocar as informações necessárias para a aplicação do BIM, devido à natureza fragmentada da indústria AEC na Faixa de Gaza	Arayici *et al.* (2005); Becerik-Gerber *et al.* (2011); Ku e Taiebat (2011); Lahdou e Zetterman (2011); Sebastian (2011); Lof e Kojadinovic (2012); Lindblad (2013); Lee *et al.* (2007); Lee *et al.* (2009); Choi (2010); Smart Market Report (2012) (citado em Lee *et al.*, 2014); Mandhar e Mandhar (2013)	Modificado e fundido
BA 7	A resistência das empresas e instituições a qualquer mudança pode ocorrer no sistema de fluxo de trabalho e na recusa de adotar uma nova tecnologia	(Davidson (2009); Arayici *et al.* (2005); Gu *et al.*, (2008); Yan e Damian (2008); Arayici *et al.* (2009); Becerik-Gerber *et al.* (2011); Gu e London (2010); Khosrowshahi e Arayici (2012)	Modificado
BA 8	Falta de capacidade financeira para as pequenas empresas iniciarem um novo fluxo de trabalho necessário para a adoção eficaz do BIM	Arayici *et al.* (2009); Khosrowshahi e Arayici (2012); Elmualim e Gilder (2013); Thurairajah e Goucher (2013); Aibinu e Venkatesh (2014)	Modificado
BA 9	As empresas preferem concentrar-se nos projectos *(em curso/construção)* em vez de considerarem, avaliarem e implementarem o BIM	McGraw-Hill Construction (2009); Lof e Kojadinovic (2012)	Modificado

Tabela (3.10): Lista dos itens das barreiras BIM para o questionário final

Não.	Barreira BIM	Fonte	A forma como foi feito para obter o item
BA 10	Dificuldade em encontrar intervenientes no projeto com as competências necessárias para participar na aplicação do BIM	Lahdou e Zetterman (2011)	Selecionado
BA 11	Falta de regulamentação governamental para apoiar plenamente a implementação do BIM	Becerik-Gerber *et al.* (n.d.); Arayici *et al.* (2005); Eastman *et* <7/. (2008); Gu *et al.* (2008); Howard e Bjork (2008); Perlberg (2009); Becerik-Gerber *et al.* (2011); Kjartansdottir (2011); Ku e Taiebat (2011); Lahdou e Zetterman (2011); Weygant (2011); Khosrowshahi e Arayici (2012); Crowley (2013); Lee *et al.* (2007); Lee *et al.* (2009); Choi (2010); Smart Market Report (2012) (citado em Lee *et al,* 2014) Mitchell e Lambert (2013); Aibinu e Venkatesh (2014)	Fundido
BA 12	Falta de procura e desinteresse dos clientes relativamente à utilização da tecnologia BIM na conceção e construção do projeto	Tse *et al.* (2005); Gu *et al.* (2008); Keegan (2010); Kjartansdottir (2011); Khosrowshahi e Arayici (2012); Lof e Kojadinovic (2012); Crowley (2013); Aibinu e Venkatesh (2014)	Modificado e fundido
BA 13	Falta de casos reais na Faixa de Gaza ou noutras áreas próximas na região que tenham sido implementados utilizando o BIM e que tenham provado um retorno positivo do investimento	Yan e Damian (2008); Becerik-Gerber *et al.* (2011)	Modificado
BA 14	Falta de interesse na Faixa de Gaza em manter o estado do edifício ao longo da vida após a conclusão da fase de execução		Adicionado
BA 15	Falta de arquitectos/engenheiros com competências na utilização de programas BIM	Gu *et al.* (2008); Howard e Bjork (2008); Kjartansdottir (2011); Ku e Taiebat (2011); Both e Kindsvater (2012); Khosrowshahi e Arayici (2012); Crowley (2013); Lee *et al.* (2007); Lee *et al.* (2009); Choi (2010); Smart Market Report (2012) (citado em Lee *et al,* 2014); Thurairajah e Goucher (2013); Aibinu e Venkatesh (2014)	Modificado
BA 16	Falta de educação ou formação sobre a utilização do BIM, seja na universidade ou em qualquer centro de formação governamental ou privado		Adicionado

BA 17	A relutância dos arquitectos/engenheiros em aprender novas aplicações devido à sua cultura educativa e à sua tendência para os programas com que lidam	Davidson (2009); Arayici *et al.* (2005); Gu *et al.* (2008); Yan e Damian (2008); Arayici *et al.* (2009); Becerik-Gerber *et al.* (2011); Gu e London (2010); Khosrowshahi e Arayici (2012)	Modificado

Tabela (3.10): Lista dos itens das barreiras BIM para o questionário final

Não.	Barreira BIM	Fonte	A forma como foi feito para obter o item
BA 18	Relutância em formar arquitectos/engenheiros devido aos requisitos de formação onerosos em termos de tempo e dinheiro	Kaner *et al.*, (2008); Yan e Damian (2008); Arayici *et al.* (2009); Becerik-Gerber *et al.* (2011); Keegan (2010); Khosrowshahi e Arayici (2012); Elmualim e Gilder (2013); Aibinu e Venkatesh (2014)	Modificado

3.10 Análise dos dados quantitativos

Na presente investigação, foi adotado um método quantitativo, uma vez que os métodos quantitativos de análise de dados podem ser de grande utilidade para o investigador que está a tentar obter resultados significativos a partir de um grande volume de dados qualitativos. O principal aspeto benéfico é que a abordagem analítica quantitativa fornece os meios para separar o grande número de factores de confusão que frequentemente obscurecem as principais conclusões qualitativas (Field, 2009; Salkind, 2010, Abeyasekera, 2013). Os métodos estatísticos desempenham um papel proeminente na maioria das investigações que dependem da análise quantitativa dos dados, convertendo os dados ordinais em dados numéricos através da utilização da escala de classificação (a escala de Likert de cinco pontos), como já foi referido. Esta forma ajuda a concluir melhores resultados e a relacioná-los e compará-los com os resultados de investigações anteriores para mostrar o contraste e o grau de progresso. A análise estatística também ajuda o investigador a identificar o grau de exatidão dos dados e das informações do estudo. Permite a comunicação de resultados sumários em termos numéricos com um grau de confiança específico (Field, 2009; Treiman, 2009; Salkind, 2010).

3.11 Medições

A análise dos dados foi efectuada com recurso ao IBM SPSS Statistics (Statistical Package for the Social Sciences) Versão 22 (IBM). Para a análise dos dados foram utilizadas as seguintes medidas quantitativas:

A. Estatística descritiva (Naoum, 2007; Salkind, 2010):
   1. Frequências e percentis.
   2. Medidas de tendência central (a média)
   3. Medição da dispersão com base na média (desvio-padrão)
   4. Índice de importância relativa (RII)
   5. Análise fatorial
   6. Distribuição normal
   7. Homogeneidade das variâncias (Homocedasticidade)

B. A Estatística Inferencial (bivariada)/ teste de hipóteses (Naoum, 2007; Salkind, 2010):
   1. Análise de tabulação cruzada
   2. Coeficiente de correlação produto-momento de Pearson/coeficiente de correlação de Pearson (um teste paramétrico)
   3. O *teste t* independente da amostra para determinar se existe uma diferença

significativa na média entre dois grupos (um teste paramétrico)
4. Teste de análise de variância (ANOVA) unidirecional (um teste paramétrico)
5. Método de Scheffe para comparações múltiplas

A tabulação, o gráfico de barras, o gráfico circular e o gráfico são as ferramentas utilizadas para apresentar os resultados.

3.11.1 Análise de tabulação cruzada

Em Estatística, uma tabulação cruzada (crosstab) é um tipo de tabela em formato matricial que apresenta a distribuição de frequências (multivariada) das variáveis. São muito utilizadas na investigação de inquéritos, inteligência empresarial, engenharia e investigação científica. Fornecem uma imagem básica da inter-relação entre duas variáveis e podem ajudar a encontrar interacções entre elas. Por outras palavras, a tabulação cruzada é uma ferramenta que permite ao investigador comparar a relação entre duas variáveis.

3.11.2 Cálculo do Índice de Importância Relativa (RII) dos factores

O método do índice de importância relativa (IIR) foi utilizado para determinar as classificações dos itens/variáveis, tal como percebidas pelos inquiridos em cada uma das partes 2, 3, 4 e 5. O índice de importância relativa foi calculado da seguinte forma (Sambasivan e Soon, 2007; Field, 2009):

$$RII = \Sigma W / (A * N)$$

Onde:

W = a ponderação atribuída a cada fator pelos inquiridos (de 1 a 5)
A = o peso mais elevado (ou seja, 5 neste caso)
N = o número total de inquiridos

O valor do RII variava entre 0 e 1 (0 não inclusivo), sendo que quanto mais elevado o valor do RII, maior o impacto do atributo. No entanto, o RII não reflecte a relação entre os vários itens.

Uma vez que esta análise não fornece quaisquer resultados significativos no que respeita à compreensão dos efeitos de agrupamento dos itens semelhantes e da capacidade de previsão, é necessária uma análise mais aprofundada utilizando métodos estatísticos avançados. A análise fatorial foi utilizada para reduzir os itens e investigar os efeitos de agrupamento.

3.11.3 Análise fatorial

A análise fatorial é um termo genérico para uma família de técnicas estatísticas relacionadas com a redução de um conjunto de variáveis observáveis a um pequeno número de factores latentes. Foi desenvolvida principalmente para analisar as relações entre algumas entidades mensuráveis (tais como itens de inquéritos ou resultados de testes). O pressuposto subjacente à análise fatorial é que existem algumas variáveis latentes não observadas (ou "factores") que explicam as correlações entre as variáveis observadas. Por outras palavras, os factores latentes determinam os valores das variáveis observadas (Doloi, 2008; Doloi, 2009; Hardy e Bryman, 2004; Larose, 2006; Liu e Salvendy, 2008; Field, 2009). As principais aplicações das técnicas de análise fatorial são:

(1)Para reduzir o número de variáveis; e
(2) Detetar a estrutura das relações entre as variáveis, ou seja, classificar as variáveis.

3.11.3.1 Tipo de análise fatorial

- *Análise fatorial exploratória (AFE),* que é utilizada para identificar inter-relações complexas entre itens e agrupar itens que fazem parte de conceitos unificados. O investigador não faz suposições "*a priori*" sobre as relações entre os factores.
- *Análise fatorial confirmatória (CFA),* que é uma abordagem mais complexa que testa a hipótese de os itens estarem associados a factores específicos.

3.11.3.2 Métodos de factoring

Existem vários métodos para descobrir factores nos dados (Field, 2009):

- *Análise de componentes principais (ACP)*: é um método amplamente utilizado para a extração de factores, que constitui a primeira fase da AFE. Os pesos dos factores são calculados de modo a extrair a maior variância possível, continuando a factorização sucessiva até não haver mais variância significativa. O modelo de factores deve então ser rodado para análise

- *Análise fatorial canónica* (também designada *por factorização canónica de Rao)*
- *Factorização de imagens*
- *Factoring alfa*
- *Modelo de regressão fatorial*

A Análise de Componentes Principais (ACP) é o método preferido e, por isso, foi selecionada para ser considerada nesta investigação, a fim de examinar a estrutura subjacente ou a estrutura das inter-relações entre as variáveis.

3.11.3.3 A distribuição dos dados

O pressuposto da normalidade é o requisito essencial para generalizar os resultados do teste de análise fatorial para além da amostra recolhida (Field, 2009; Zaiontz, 2014).

3.11.3.4 Validade da dimensão da amostra

A fiabilidade da análise fatorial depende da dimensão da amostra. A ACP pode ser efectuada numa amostra com menos de 100 inquiridos, mas com mais de 50 inquiridos. A regra padrão é sugerir que o tamanho da amostra contenha pelo menos 10-15 inquiridos por item/ variável. Por outras palavras, a dimensão da amostra deve ser, pelo menos, dez vezes superior ao número de itens/ variáveis e alguns recomendam mesmo vinte vezes (Field, 2009; Zaiontz, 2014).

3.11.3.5 Validade da matriz de correlação (correlações entre variáveis)

Trata-se simplesmente de uma matriz retangular de números que fornece os coeficientes de correlação entre um único item/ variável e todos os outros itens/ variáveis do inquérito. O coeficiente de correlação entre uma variável e ela própria é sempre 1; por conseguinte, a diagonal principal da matriz de correlação contém 1s. Os coeficientes de correlação acima e abaixo da diagonal principal são os mesmos. A ACP exige que existam correlações superiores a 0,30 entre os itens/variáveis incluídos na análise (Field, 2009; Zaiontz, 2014).

3.11.3.6 Teste de Kaiser-Meyer-Olkin (KMO) e de Bartlett como medida da adequação da análise fatorial

O valor de KMO pode ser calculado para itens/variáveis individuais e múltiplos e representa o rácio da correlação ao quadrado entre itens/variáveis e a correlação parcial ao quadrado entre itens/variáveis. Varia entre 0 e 1. Os adjectivos interpretativos para a medida Kaiser Meyer

Olkin de adequação da amostragem são: entre 0,90 e maravilhoso, entre 0,80 e meritório, entre 0,70 e mediano, entre 0,60 e medíocre, entre 0,50 e miserável e abaixo de 0,50 e inaceitável. Um valor próximo de 1 indica que o padrão de correlação é relativamente compacto e, por conseguinte, a análise fatorial deve fornecer resultados claros e fiáveis (Kaiser, 1974; Field, 2009; Zaiontz, 2014). O teste de esfericidade de Bartlett testa a hipótese de a matriz de correlação ser uma matriz de identidade, ou seja, todos os elementos da diagonal são 1 e todos os elementos fora da diagonal são 0, o que implica que todos os itens/variáveis não estão correlacionados. Se o valor significativo para este teste for inferior ao nível alfa, o investigador deve rejeitar a hipótese nula de que a matriz de correlação é uma matriz de identidade (Field, 2009; Zaiontz, 2014).

3.11.3.7 Determinar o número de factores

A determinação do número ótimo de factores a extrair não é uma tarefa simples, uma vez que a decisão é, em última análise, subjectiva. Existem vários critérios para o número de factores a extrair. A regra dos "*valores próprios superiores a um*" tem sido a mais utilizada devido à sua natureza simples e à sua disponibilidade em vários pacotes informáticos. O critério do valor próprio (variância) estabelece que cada componente explica pelo menos o valor de um item/variável da variabilidade e, por conseguinte, apenas os componentes com valores próprios superiores a um devem ser retidos (Larose, 2006; Field, 2009).

Após a extração dos factores, a tabela de "*comunalidades (variâncias comuns)*" deve ser examinada para saber quanto da variância em cada um dos itens/variáveis originais é explicada pelos factores extraídos. Se a comunalidade de uma variável for inferior a 50%, é candidata a ser excluída da análise porque a solução fatorial contém menos de metade da variância do item/variável original e o poder explicativo dessa variável pode ser melhor representado pelo item/variável individual (Field, 2009; Zaiontz, 2014).

Os componentes são depois rodados através da abordagem de rotação varimax para ajudar no processo de interpretação e para descobrir a melhor distribuição dos componentes com melhor carga relativamente ao significado dos componentes. Isto não altera a solução subjacente ou as relações entre os itens/variáveis. Em vez disso, apresenta o padrão de cargas de uma forma que é mais fácil de interpretar os factores/componentes (*Carga dos factores: o coeficiente de regressão de um item/uma variável para o modelo linear que descreve uma variável latente ou um fator na análise fatorial*). Por outro lado, o padrão das cargas factoriais deve ser examinado para identificar as variáveis que têm uma estrutura complexa (a *estrutura complexa ocorre quando um item/variável tem cargas ou correlações elevadas (0,50 ou mais) em mais do que um fator/componente).* Se um item/uma variável tiver uma estrutura complexa, deve ser removido da análise (Reinard, 2006; Field, 2009; Zaiontz, 2014).

3.11.3.8 Validade matemática da análise fatorial

Uma vez extraídos os factores, é necessário verificar se a análise fatorial mediu o que se pretendia medir, utilizando o teste alfa de Cronbach (*Ca*). Um alfa de 0,60 ou superior é o nível mínimo aceitável. De preferência, o alfa será de 0,70 ou superior (Field, 2009; Weiers, 2011; Garson, 2013).

3.11.4 Distribuição normal

A distribuição normal aproxima muito bem muitos fenómenos naturais. Tornou-se um padrão de referência para muitos problemas de probabilidade (Field, 2009). Os testes estatísticos paramétricos assumem frequentemente que os dados têm uma distribuição normal, porque quando os dados não são normais, produzem resultados não qualificados. A normalidade foi avaliada através da aplicação do Teorema do Limite Central. O Teorema do Limite Central afirma que, quando as amostras são grandes (acima de cerca de 30), a distribuição da amostra assumirá a forma de uma distribuição normal, independentemente da forma da população da qual a amostra foi retirada (Field, 2009; Levine *et al.*, 2009). Assim, os dados recolhidos na investigação seguem a distribuição normal, sendo a dimensão da amostra N=270, pelo que devem ser utilizados testes paramétricos. Para além do Teorema do Limite Central, a normalidade foi avaliada através da realização dos testes de Skewness e Kurtosis (Hair *et al.*, 2013). O intervalo aceitável para a normalidade é de Skewness e Kurtosis entre -1 e 1 (Hair *et al.*, 2013). Como mostra a Tabela (3.11), os valores de Skewness e Kurtosis situam-se no intervalo aceitável no atual conjunto de dados. Devido à grande dimensão da amostra (N=270), a assimetria e a curtose são reduzidas e os dados são considerados normais. Este resultado apoia o Teorema do Limite Central.

Tabela (3.11): Resultados da assimetria e da curtose

Campos	Skewness	Erro Std. de Skewness	Curtose	Erro Std. da Curtose
O nível de sensibilização dos profissionais para o BIM	0.77	0.15	0.16	0.30
A importância das funções BIM	-0.53	0.15	-0.19	0.30
O valor dos benefícios do BIM	-0.62	0.15	0.04	0.30
A força das barreiras BIM	-0.71	0.15	1.08	0.30
Todos os domínios	-0.51	0.15	-0.04	0.30
Dimensão da amostra (N) = 270, em falta = 0				

3.11.5 Homogeneidade das variâncias (Homocedasticidade)

A igualdade de variâncias entre amostras é designada por homogeneidade da variância. Alguns testes estatísticos, por exemplo, a análise de variância, assumem que as variâncias são iguais entre grupos ou amostras. O pressuposto de homocedasticidade (homogeneidade da variância) simplifica o tratamento matemático e computacional. O teste de Levene (Levene I960) é utilizado para verificar o pressuposto de que *k* amostras têm variâncias iguais (Field, 2009).

3.11.6 Testes paramétricos

Um teste paramétrico é um teste que requer dados de um dos grandes catálogos de distribuições que os estatísticos descreveram e, para que os dados sejam paramétricos, certos pressupostos têm de ser verdadeiros. Os pressupostos dos testes paramétricos são os seguintes Dados normalmente distribuídos, Homogeneidade da variância, Dados intervalares e Independência (Field, 2009; Weiers, 2011).

3.11.6.1 Coeficiente de correlação de Pearson

A correlação refere-se a qualquer uma de uma vasta classe de relações estatísticas que envolvem dependência. A medida mais conhecida de dependência entre duas quantidades (dois conjuntos de dados ou duas variáveis) é o coeficiente *de correlação produto-momento de Pearson,* ou "*coeficiente de correlação de Pearson*", comummente designado apenas por "*coeficiente de correlação*". "Mostra a relação linear entre dois conjuntos de dados. São utilizadas duas letras para representar a correlação de Pearson: A letra grega rho *(p)* para uma população e a letra (*r*) para uma amostra (Filed, 2009; Treiman, 2009). O coeficiente de correlação de Pearson mede a força e a direção da relação entre duas variáveis quantitativas. É utilizado para medir a força de uma associação linear entre duas variáveis, em que o valor $r = 1$ significa uma correlação positiva perfeita e o valor $r = -1$ significa uma correlação negativa perfeita. O sinal de (*r*) denota a natureza da relação, enquanto o valor de (*r*) denota a força da relação (Filed, 2009; Treiman, 2009).

Requisitos para a aplicação do teste

- A escala de medida deve ser intervalar ou de rácio
- As variáveis devem ter uma distribuição aproximadamente normal
- A associação deve ser linear
- Não devem existir valores anómalos nos dados

3.11.6.2 *Teste* t *de* amostras independentes

O *teste t* é um teste paramétrico que ajuda o investigador a comparar se dois grupos têm valores médios diferentes (por exemplo, se homens e mulheres têm alturas médias diferentes). De acordo com os dados recolhidos, o valor crítico de t = 1,97, em que o grau de liberdade (*df*) = [*N-2*] = [270-2] = 268 (*N* é a dimensão da amostra) ao nível de significância (probabilidade) (*a*) = 0,05 (Field, 2009; Weiers, 2011).

3.11.6.3 Análise de variância unidirecional (One-wayANOVA)/ (*Teste F*)

A análise de variância unidirecional (abreviada ANOVA unidirecional) fornece um teste estatístico paramétrico para determinar se as médias de vários grupos são ou não iguais (utilizando a *razão F*) e, por conseguinte, generaliza o *teste t* a mais de dois grupos. Valor crítico de *F*: ao grau de liberdade (*df*) = [(K-1), (N-K)] ao nível de significância (probabilidade) (*a*) = 0,05 (Field, 2009; Weiers, 2011).

3.11.6.4 Método de Scheffe (procedimento de comparação múltipla)

Em Estatística, o método de Scheffe, que recebeu o nome do estatístico americano Henry Scheffe, é um método para ajustar os níveis de significância numa análise de regressão linear para ter em conta as comparações múltiplas. É particularmente útil em ANOVA (um caso especial de análise de regressão) e na construção de bandas de confiança simultâneas para regressões que envolvem funções de base (Field, 2009; Weiers, 2011).

3.12 Resumo

Este capítulo descreve em pormenor a metodologia adoptada para a investigação. Incluiu a conceção primária da investigação, os pormenores do local da investigação, a população-alvo, a dimensão da amostra e a taxa de resposta. A conceção do questionário foi pormenorizada, incluindo os tipos de perguntas, o formato das perguntas, a sequência das perguntas e a carta de apresentação. A validade facial, o pré-teste do questionário e um estudo-piloto foram as três principais etapas utilizadas para chegar à alteração final do questionário. Todas elas foram ilustradas ao longo deste capítulo. As técnicas de análise de dados quantitativos, que incluem o índice de importância relativa, a análise fatorial, a análise de correlação de Pearson e outras, foram adoptadas para serem aplicadas pelos instrumentos do SPSS. Para testar a validade da investigação, a fiabilidade e a adequação dos métodos utilizados na análise, foram utilizados diferentes testes estatísticos, explicados em pormenor. A tabela seguinte (3.12) resume o gráfico do método.

Quadro (2.12): O resumo! da metodologia!

Metodologia	Objetivo	Resultado
Proposta	Identificar o problema Definir o problema Estabelecer o objetivo, os objectivos, as hipóteses e as principais questões de investigação Desenvolver um plano/estratégia de investigação (esboço de metodologia) - Decidir sobre a abordagem de investigação - Decidir sobre a técnica de investigação	Problema de investigação Não aplicação da Modelação da Informação da Construção (BIM) na indústria da Arquitetura, Engenharia e Construção (AEC) na Faixa de Gaza, na Palestina. Objetivo da investigação Desenvolver uma compreensão clara sobre o BIM para identificar os diferentes factores que fornecem informações úteis para considerar a adoção da tecnologia BIM em projectos pelos profissionais da indústria AEC na faixa de Gaza, na Palestina. Objectivos da investigação 1. Avaliar o nível de consciencialização do BIM por parte dos profissionais da indústria AEC na Faixa de Gaza. 2. Identificar as principais funções BIM que convenceriam os profissionais a adotar o BIM na indústria AEC na Faixa de Gaza. 3. Identificar os principais benefícios do BIM que convenceriam os profissionais a adotar o BIM na indústria AEC na Faixa de Gaza. 4. Investigar e classificar as principais barreiras BIM que se colocam à adoção do BIM na indústria AEC na Faixa de Gaza. 5. Estudar algumas hipóteses que possam ajudar a encontrar soluções para a adoção do BIM na indústria AEC na Faixa de Gaza. Plano/estratégia de investigação - A abordagem de investigação foi a investigação quantitativa por inquérito para medir os objectivos (inquérito descritivo e inquérito analítico). - A técnica de investigação foi um questionário.
Revisão da literatura	Recolher os conhecimentos existentes sobre o assunto, ler e tomar notas de diferentes fontes, tais como - Revistas de investigação académica com pareceres favoráveis - Conferências arbitradas - Dissertações/Teses - Relatórios/ documentos ocasionais/ livros brancos	Os seguintes factores foram compilados e resumidos a partir dos estudos anteriores: 45 factores das funções do BIM, 55 factores dos benefícios do BIM e 36 factores das barreiras do BIM. Estes factores foram revistos no Capítulo (2) em três Tabelas (2.3), (2.5), (2.6). Alguns desses itens foram modificados; outros itens foram fundidos; ou foram eliminados através do processo de desenvolvimento do questionário, bem como alguns itens foram adicionados.

Quadro (3.12): O resumo! da metodologia

Metodologia	Objetivo	Resultado
	- Publicações governamentais - Livros	
Conceção do questionário	Os questionários têm sido amplamente utilizados em inquéritos descritivos e analíticos para descobrir factos, opiniões e pontos de vista sobre o que está a acontecer, quem, onde, quantos ou quanto (Naoum, 2007). ❖ Identificar: - tipos de perguntas, - formato da pergunta, - a sequência de perguntas, e - a carta de acompanhamento	Tipos de perguntas Perguntas fechadas (escolha múltipla) e classificação da importância dos factores Formato da pergunta Escala de avaliação (escala de Likert de cinco pontos). A escala de classificação (escala de Likert de cinco pontos) foi escolhida para formatar as perguntas do questionário com alguns conjuntos comuns de categorias de resposta denominados quantificadores (reflectem a intensidade do juízo específico em causa). Estes quantificadores foram utilizados para facilitar a compreensão (ver Quadro 3.1). A sequência de perguntas O conteúdo do questionário verificou os objectivos desta investigação do seguinte modo Primeira parte, que está relacionada com os dados demográficos do inquirido e com o modo de desempenho no trabalho. Segunda parte: avaliar o nível de consciencialização do BIM por parte dos profissionais do sector da AEC na Faixa de Gaza. Terceira parte: investigar a importância das funções BIM na indústria AEC na Faixa de Gaza. Quarta parte: investigar o valor dos benefícios do BIM na indústria AEC na Faixa de Gaza. Quinta parte: investigar as barreiras BIM na indústria AEC na Faixa de Gaza. A carta de apresentação O questionário foi acompanhado de uma carta de apresentação que explicava o objetivo da investigação, a segurança das informações para incentivar uma resposta elevada e as modalidades de resposta.

Validade facial	Ver se o procedimento de medição (o questionário) no estudo parece ser válido ou não. Trata-se de uma avaliação de "senso comum" efectuada por peritos nos domínios da indústria da AEC e da Estatística.	- O questionário foi apresentado a doze peritos (de Gaza e de fora da Palestina), em mão e por correio eletrónico, em diferentes períodos. - Foram efectuadas muitas alterações úteis e importantes ao questionário. Essas alterações são explicadas no quadro (3.2).
Pré-teste do questionário	Para garantir que o questionário vai fornecer os dados correctos e	- O pré-teste foi efectuado em duas fases, tendo cada fase sido testada com seis pessoas.

Quadro (2.12): O resumo! da metodologia!

Metodologi	Objetivo	Resultado
	para garantir a qualidade dos dados recolhidos. Descobrir se o inquérito tem problemas de lógica, se as perguntas são demasiado difíceis de compreender, se a redação das perguntas é ambígua, ou se tem algum enviesamento de resposta, etc.	- A primeira fase do pré-teste resultou em algumas alterações à redação de algumas palavras nas perguntas e na adição de explicações adicionais a alguns factores para facilitar a compreensão do questionário. - A segunda fase foi suficiente para garantir o êxito do questionário, não tendo havido quaisquer dúvidas e tendo tudo ficado claro. - Para mais pormenores, consultar o quadro (3.3).

<table>
<tr><td>Estudo-piloto</td><td>Um ensaio do questionário antes de o fazer circular por toda a amostra para obter respostas valiosas e detetar áreas com possíveis deficiências.
Frequentemente, é obtida, codificada e analisada uma amostra de 30-50 respostas.
As perguntas que não estão a fornecer dados úteis são eliminadas e são feitas as revisões finais do questionário.</td><td>- Foram distribuídas 40 cópias do questionário aos inquiridos do grupo-alvo (os profissionais da indústria AEC na Faixa de Gaza).
- Todos os exemplares foram recolhidos e analisados através do Statistical Package for the Social Sciences IBM (SPSS) versão 22.
- Os testes que realizámos foram os seguintes:
1. A validade estatística do questionário/validade relacionada com os critérios (a validade interna e a validade da estrutura).
2. A fiabilidade do questionário através do método Half Split e do método do Coeficiente Alfa de Cronbach.
- Os resultados demonstraram o êxito dos testes e, por conseguinte, o êxito do questionário.
- O questionário foi adotado e distribuído a toda a amostra.
- Os 40 exemplares seleccionados foram incluídos na amostra total.</td></tr>
<tr><td>Amostragem do questionário e recolha de dados</td><td>Identificar a população da qual a amostra deve ser retirada, entendendo-se por "amostra" um espécime ou parte de um todo (população) que é desenhada para mostrar como é o resto</td><td>O tipo de amostra
Foi selecionada uma amostra de conveniência como tipo de amostra, sendo a amostragem de conveniência uma técnica de amostragem não probabilística.

A população
A população incluía os profissionais (arquitectos, engenheiros civis, engenheiros mecânicos, engenheiros electrotécnicos e qualquer outro profissional com uma especialização relacionada) da indústria AEC na Faixa de Gaza.

Amostra de tamanho
Foram distribuídas 275 cópias do questionário e foram recebidas 270 cópias do questionário dos inquiridos. Assim, a amostra total foi de 270 (foi incluída a amostra bem sucedida do estudo-piloto, o que equivale a 40).</td></tr>
</table>

Quadro (2.12): O resumo! da metodologia!

Metodologia	Objetivo	Resultado
		Taxa de resposta (270/275)* 100- 97.8 %

Análise e apresentação dos resultados	Analisar os resultados dos dados recolhidos para determinar a direção do estudo Escolher o instrumento de análise Identificar o método de análise Apresentar os resultados	Instrumento de análise IBM (SPSS) versão 22 Método de análise Análise quantitativa dos dados através da conversão dos dados ordinais em dados de escala. As medidas/análises quantitativas A. Estatísticas descritivas: 1. Frequências e percentis (os resultados podem ser apresentados sob a forma de tabulação, de um gráfico de barras, de um gráfico de pizza ou de um gráfico). 2. Medidas de tendência central (a média) 3. Medição da dispersão com base na média (desvio-padrão) 4. Índice de importância relativa (RII) 5. Análise fatorial 6. Distribuição normal 7. Homogeneidade das variâncias (Homocedasticidade) B. A Estatística Inferencial (bivariada)/ teste de hipóteses: 1. Análise de tabulação cruzada 2. Coeficiente de correlação produto-momento de Pearson/coeficiente de correlação de Pearson (um teste paramétrico) 3. Teste de amostras independentes para determinar se existe uma diferença significativa na média entre dois grupos (um teste paramétrico) 4. Análise de variância unidirecional (One-way ANOVA)/ (Teste F) (um teste paramétrico) 5. Método de Scheffe para comparações múltiplas A tabulação, o gráfico de barras, o gráfico circular e o gráfico são as ferramentas que foram utilizadas para apresentar os resultados.

Capítulo 4

Capítulo 4: Resultados e discussão

Este capítulo inclui a análise e a discussão dos resultados recolhidos nos inquéritos no terreno. No total, foram devolvidos 270 exemplares preenchidos, o que representa uma taxa de resposta válida de 97,8%. Os dados foram analisados quantitativamente utilizando a versão 22 do IBM (SPSS), incluindo ferramentas estatísticas descritivas e inferenciais. Este capítulo incluiu o perfil dos inquiridos e a forma como implementam o seu trabalho, a análise quantitativa do questionário e, por fim, o quadro resumo dos resultados.

4.1 Perfil dos inquiridos

Os inquiridos-alvo do inquérito por questionário eram os profissionais (arquitectos, engenheiros civis, engenheiros mecânicos, engenheiros electrotécnicos e outros engenheiros que trabalham na conceção e construção) da indústria da arquitetura, engenharia e construção (AEC) na Faixa de Gaza. Esta secção analisou os dados demográficos dos 270 inquiridos.

Entre os inquiridos, uma grande maioria tinha "*menos de 5 anos*" de experiência de trabalho na indústria AEC, com 35,2%. A experiência dos restantes inquiridos era *de "5 a menos de 10 anos*" e de "*10 anos e mais*", com 32,6% e 32,2%, respetivamente. No que diz respeito à especialização dos inquiridos, havia 129 Engenheiros Civis (47,8%), 83 Arquitectos (30,7%), 41 Engenheiros Electrotécnicos (15,2%), 14 Engenheiros Mecânicos (5,2%) e 3 de outras especializações (1,1%), incluindo: Engenheiro Eletromecânico, Engenheiro do Ambiente e Engenheiro de Sistemas de Informação Geográfica (SIG).

Os inquiridos para este estudo tinham um bom conhecimento dos trabalhos de consultoria e construção na indústria da AEC, pelo que podiam dar respostas fiáveis ao questionário. Em termos da natureza do seu local de trabalho, a maioria dos inquiridos trabalhava como consultores (30%), 24,4% trabalhavam como empreiteiros, 19,3% trabalhavam no sector governamental, 15,6% trabalhavam em ONG e 10,7% trabalhavam noutros locais, como a Ordem dos Engenheiros. A Tabela (4.1) apresenta as características dos inquiridos da seguinte forma

Tabela (4.1): Perfil do inquirido

Informações gerais sobre os inquiridos	Categorias	Frequência	Percentagem
Género	Masculino	222	82.2%
	Feminino	48	17.8%
Habilitações literárias	Bacharelato	195	72.2%
	Mestrado	71	26.3%
	Doutoramento	4	1.5%
Local de estudo	Faixa de Gaza	196	72.6%
	Fora da Palestina	65	24.1%
	Cisjordânia	9	3.3%
Especialização	Civil	129	47.8%
	Arquiteto	83	30.7%
	Elétrico	41	15.2%

Tabela (4.1): Perfil do inquirido

Informações gerais sobre os inquiridos	Categorias	Frequência	Percentagem
	Mecânica Outros	14	5.2%
	(Engenheiro Eletromecânico, Engenheiro do Ambiente e Engenheiro GIS)	3	1.1%
Natureza do local de trabalho	Consultor	81	30%
	Empreiteiro	66	24.4%
	Governamental	52	19.3%
	ONG	42	15.6%
	Outros (Ordem dos Engenheiros)	29	10.7%
Localização do local de trabalho	Gaza	204	75.6%
	Rafa	23	8.5%
	Norte	21	7.8%
	KhanYounis	14	5.2%
	Médio	8	3%
Campo atual - presentjob	Designer	73	27%
	Supervisor	64	23.7%
	Engenheiro de obra	54	20%
	Outros (engenheiro de escritório)	46	17%
	Gestor de projectos	33	12.2%
Anos de experiência	Menos de 5 anos	95	35.2%
	De 5 a menos de 10 anos	88	32.6%
	10 anos ou mais	87	32.2%

4.2 A forma de implementação do trabalho pelos inquiridos

A forma de implementação do trabalho pelos inquiridos foi avaliada através de duas questões, uma delas sobre a utilização de programas tridimensionais (3D) na implementação do trabalho, e a outra sobre as ferramentas de software utilizadas na implementação do trabalho na indústria AEC. Os resultados foram apresentados nas Figuras (4.1) e (4.2), respetivamente.

Percentagem de implementação do trabalho através da utilização de programas tridimensionais (3D)

A Figura (4.1) mostra que 65,6% dos inquiridos estão a utilizar programas 3D na implementação dos seus trabalhos em "*menos de 25%*", enquanto 18,9% dos inquiridos estão a utilizar programas 3D "*de 25% a menos de 50%*", 9,3% dos inquiridos estão a utilizar programas 3D *"de 50% a menos de 70%",* e 6,3% dos inquiridos estão a utilizar programas 3D em "*70% e mais*" na execução dos seus trabalhos. Como mostram os resultados, a utilização de programas 3D na execução de trabalhos pelos profissionais da indústria AEC na Faixa de Gaza é reduzida. Os programas 3D são normalmente utilizados apenas por arquitectos, tanto para o design exterior como para o design interior do edifício, de acordo com o pedido do proprietário.

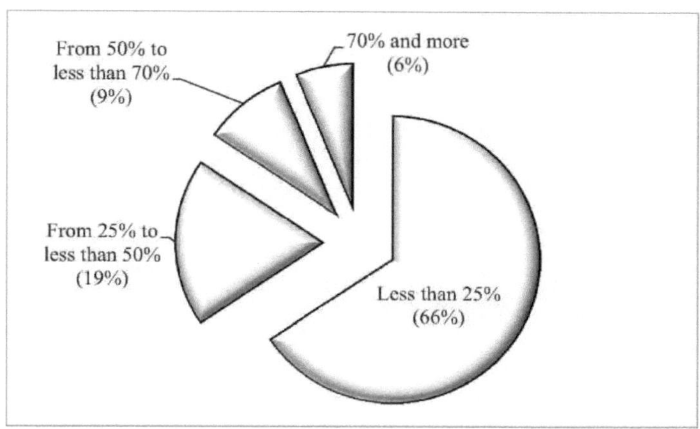

Figura (4.1): Percentagem de implementação do trabalho através de programas 3D

A ferramenta de software utilizada pelos inquiridos para realizar projectos

A Figura (4.2) ilustra que os programas mais utilizados pelos inquiridos para a realização de projectos na indústria AEC são o "Excel" e o "AutoCAD (2D)", sendo que 23,9% dos inquiridos utilizam o "Excel" e 23,8% utilizam o "AutoCAD (2D)". O "Excel" é o programa mais utilizado na realização dos trabalhos de Engenharia na Faixa de Gaza, sendo frequentemente utilizado no cálculo de quantidades e em questões financeiras. Para além da adoção do software "AutoCAD (2D)" nos desenhos e projectos de Engenharia por todos os Engenheiros de várias especializações, este resultado confirma o resultado da questão anterior pois mostra uma falta de utilização dos programas (3D).

O "MS Project" é também uma ferramenta de software importante para a realização de projectos na indústria AEC. É utilizado para planear o calendário. Verificou-se que 18,4% dos inquiridos utilizam o "MS Project". Por outro lado, 9,5% dos inquiridos utilizam outros programas, como o "primavera e o Robot". Existem também alguns programas que estão a ser utilizados para o design, mas com pequenas percentagens, em que 6,1% dos inquiridos utilizam o "AutoCAD (3D)", 3,7% dos inquiridos utilizam o "Revit", 3,3% dos inquiridos utilizam o "3D Max" e, finalmente, 2,3% dos inquiridos utilizam o "ArchiCAD".

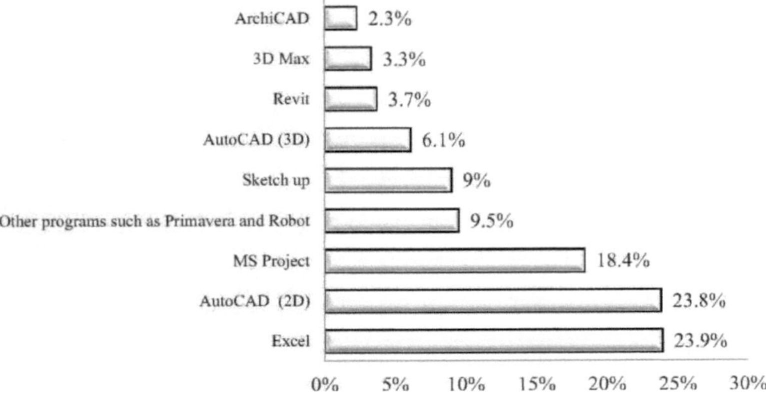

Figura (4.2): A ferramenta de software utilizada pelos inquiridos para realizar projectos

4.3 O nível de sensibilização para o BIM

Havia um campo que continha nove afirmações para avaliar o nível de consciencialização do BIM por parte dos profissionais do sector da AEC na Faixa de Gaza. Estas afirmações foram submetidas às opiniões dos inquiridos e os resultados da análise são apresentados na Tabela (4.2). As estatísticas descritivas, ou seja, médias, desvios-padrão (DP), *valor t* (bicaudal), probabilidades (*valor P*), índices de importância relativa (RII) e, por fim, as classificações foram estabelecidas e apresentadas no Quadro (4.2) da seguinte forma

Tabela (4.2): O nível de consciencialização doBIM pelos profissionais da indústria AEC

Não.	A declaração de sensibilização	Média	SD	RII (%)	Valor *t* (bicaudal)	*Valor P* (Sig.)	Classificação
A8	Penso que a tecnologia BIM é importante para o sector da AEC na Faixa de Gaza.	2.60	1.37	52	-4.81	0.00*	1
A9	Penso que a tecnologia BIM tem um impacto positivo no ambiente sustentável.	2.59	1.32	51.70	-5.16	0.00*	2
A6	Sei que os programas Revit e ArchiCAD são técnicas de tecnologia BIM.	1.86	1.11	37.10	-16.99	0.00*	3
A3	Tenho uma boa ideia sobre o conceito da tecnologia BIM.	1.85	0.98	36.96	-19.30	0.00*	4
A4	Tenho um elevado índice de informação sobre a utilização da tecnologia BIM na gestão de projectos de Engenharia.	1.75	0.93	34.96	-22.11	0.00*	6
Al	Li algumas pesquisas e estudos sobre o BIM.	1.75	0.94	35.04	-21.79	0.00*	5
A5	Tenho uma ideia sobre como utilizar os programas de tecnologia BIM.	1.51	0.88	30.26	-27.74	0.00*	7
A2	Alguns dos meus cursos na universidade falavam sobre BIM.	1.31	0.70	26.30	-39.80	0.00*	8

Tabela (4.2): O nível de consciencialização doBIM pelos profissionais da indústria AEC

Não.	A declaração de sensibilização	Média	SD	RII (%)	Valor *t* (bicaudal)	*Valor P* (Sig.)	Classificação
A7	Utilizo a tecnologia BIM no meu trabalho.	1.23	0.66	24.59	-44.34	0.00*	9
	Todas as declarações	1.83	0.76	36.57	-25.50	0.00*	
Valor crítico de t: com grau de liberdade (df = [N-1] = [270-1] = 269 e nível de significância (probabilidade) 0,05 igual a "1,97"							

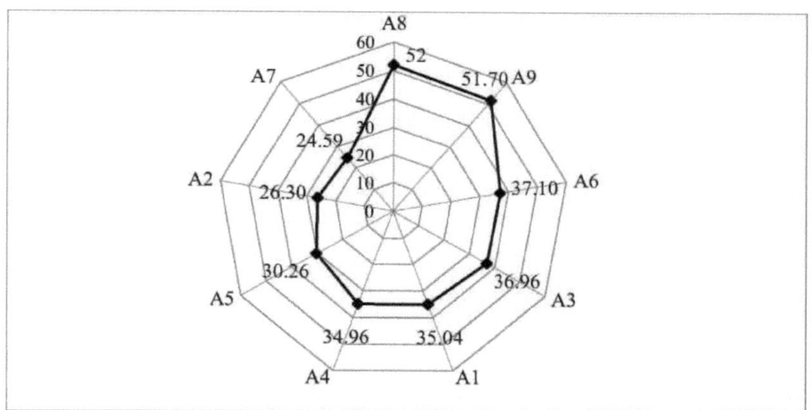

Figura (4.3): RII das afirmações (A1 a A9) utilizadas para avaliar o nível de consciencialização do BIM

As pontuações numéricas obtidas a partir das respostas ao questionário forneceram uma indicação do nível de consciencialização do BIM por parte dos profissionais do sector da AEC na Faixa de Gaza. Para investigar melhor os dados recolhidos, o RII é utilizado para classificar as afirmações utilizadas (Al a A9) para avaliar o nível de sensibilização dos profissionais para o BIM, de acordo com as pontuações dos inquiridos.

A Tabela (4.2) apresenta os Riis e as classificações das afirmações, respetivamente. Vale a pena referir que a classificação das afirmações se baseou na média mais elevada, no RII e no DP mais baixo. Se algumas afirmações tiverem médias e RIIs semelhantes, como no caso de Al e A4, a classificação dependerá do DP mais baixo. Por exemplo, embora Al e A4 tenham a mesma média e RIIs, A4 é classificado mais alto do que Al porque tem um SD mais baixo. As afirmações foram categorizadas com classificações de 24,59% a 52% (Figura 4.3).

Os resultados indicaram que *"Penso que a tecnologia BIM é importante para a indústria da AEC na Faixa de Gaza"* (A8) com (RII =52 %; *P-value* = 0,00*) obteve a classificação mais elevada de acordo com a totalidade dos inquiridos. Este resultado é consistente com o resultado dos investigadores que concluíram que o BIM obteve recentemente uma atenção generalizada no sector da AEC (Azhar *et al.*, 2008a).

"Penso que a tecnologia BIM tem um impacto positivo no ambiente sustentável" (A9) com (RII = 51,70%; *P-value* = 0,00*) obteve a segunda posição. Este resultado corrobora o primeiro. Uma vez que os inquiridos têm uma noção da importância do BIM na indústria da AEC, esta noção deve refletir-se nos pensamentos sobre os benefícios do BIM para a melhoria da sustentabilidade. O cruzamento entre a sustentabilidade e o BIM é significativo (Kolpakov,

2012).

"Alguns dos meus cursos na universidade falavam sobre BIM" (A2) foi classificada na 8ª posição com (RII de 26,30%; *P-value* = 0,00*). Relativamente a esta afirmação, foram encontrados alguns resultados interessantes quando foram efectuadas tabulações cruzadas entre esta afirmação e a pergunta n.º 3 sobre o local de estudo nos dados do perfil. Os resultados mostram que o local de estudo afecta o grau de conhecimento do BIM. Como se verificou, uma enorme percentagem do total dos inquiridos que estudaram na Faixa de Gaza (80%) nunca tinha frequentado cursos sobre BIM nas suas universidades. 77% do total dos inquiridos que estudaram na Cisjordânia responderam da mesma forma. O rácio mais baixo foi o dos inquiridos que estudaram fora da Palestina, com 75% do total dos inquiridos que nunca frequentaram cursos sobre BIM nas suas universidades. Com base neste resultado, pode observar-se a ausência de interesse em educar o BIM através de cursos nas universidades. Assim, a falta de sensibilização para o BIM é um resultado lógico e esperado.

Por último, e *"Eu utilizo a tecnologia BIM no meu trabalho"* (A7) foi classificada na 9.ª posição como a afirmação menos importante do campo *"o nível de consciencialização do BIM pelos profissionais da indústria AEC na Faixa de Gaza"* com (RII = 24,59%; *P-value* = 0,00*) de acordo com todos os inquiridos. Trata-se de um resultado significativo e realista sobre a situação atual da indústria da AEC na Faixa de Gaza. De acordo com os inquiridos, o BIM é utilizado individualmente e com um nível insignificante, mas não ao nível das empresas. Para além disso, o BIM não é aplicado profissionalmente, pelo que os profissionais não obtêm todos os benefícios do BIM, utilizando apenas algumas vantagens do software BIM (como as vantagens do programa Revit) na fase de projeto.

Os resultados globais para o domínio *"o nível de consciencialização do BIM por parte dos profissionais do sector da AEC na Faixa de Gaza"* mostram que a média de todas as afirmações é igual a 1,83. O RII total é igual a 36,57% e, para avaliar este resultado, era importante calcular o valor neutro do RII e comparar o RII total com o valor neutro do RII. Com base nisso, a média da escala de cinco pontos que foi utilizada para classificar os itens tem uma média de (3). Consequentemente, o valor neutro do RII é (3/5)*100 = 60%, em que (5) se refere à escala de classificação que foi utilizada e (3) se refere à média dessa escala de classificação, tal como mencionado anteriormente. Com base em tudo isto, e conforme demonstrado, o RII total de 36,57% é inferior ao valor neutro do RII de 60%. Além disso, o "*valor crítico*" de *t (t tabelado)*, no *grau de liberdade (df)* "[*N* (*toda a amostra*) -1] = [270-1] = 269" e no "*nível de significância* = 0,05", é igual a 1,97, enquanto o valor do *teste t* é igual a 25,50. Como se pode ver, o valor do *teste t* (25,50) é superior ao *valor crítico de t* (1,97). O valor *P* total de todos os itens também é igual a 0,00*, o que é inferior ao *nível de significância* de 0,05.

Com base nos resultados anteriores, o nível de conhecimento do BIM por parte dos profissionais do sector da AEC na Faixa de Gaza é demasiado baixo. Estes resultados também estão de acordo com os resultados obtidos por Keegan (2010) através de informações das entrevistas e das reuniões realizadas no Reino Unido, onde confirmou que o conhecimento geral do BIM e dos seus benefícios era reduzido e que apenas 42% dos inquiridos estavam familiarizados com ele. Thurairajah e Goucher (2013) também afirmaram que existe uma falta geral de conhecimento e compreensão do que é o BIM no Reino Unido, apesar de alguns destinos terem adotado o BIM no seu trabalho.

Newton e Chileshe (2012) efectuaram um estudo de campo no sector da construção do Sul da Austrália sobre a sensibilização e a utilização do BIM. Os resultados indicaram que uma proporção significativa dos inquiridos tem pouca ou nenhuma compreensão do conceito de BIM e a utilização foi considerada muito baixa. O mesmo resultado foi demonstrado por Mitchell e Lambert (2013), que afirmaram que as pessoas na Austrália sofrem de falta de conhecimentos sobre o BIM e as suas capacidades distintivas no domínio da indústria da construção. Para além da presença de outros estudos e relatórios que apoiam este resultado, Gu *et al.* (2008) e NBS (2012) afirmaram que o BIM é totalmente incompreendido em toda a linha. Apenas 54% das práticas de Arquitetura estão atualmente conscientes do BIM (NBS, 2013). De um modo geral, muitos estudos, tais como Arayici *et al.* (2009); Kassem *et al.* (2012); Khosrowshahi e Arayici (2012); Lof e Kojadinovic (2012); Elmualim e Gilder (2013); e Aibinu e Venkatesh (2014), concluíram que existe uma falta de conhecimento do BIM e dos seus benefícios no domínio da indústria da construção, bem como do valor comercial do BIM numa perspetiva financeira.

Pelo contrário, houve uma exceção num estudo realizado na Irlanda por Crowley (2013). Este estudo estava diretamente relacionado com a sensibilização e a utilização do BIM pela profissão de Quantity Surveyors (QS). Os resultados do questionário revelaram que 73% da amostra (105 respostas) apenas conheciam o BIM sem o utilizar; 24% conheciam o BIM e utilizavam-no no desempenho das suas funções, enquanto apenas 3% não conheciam o BIM.

4.4 A importância das funções BIM

O campo contém 16 itens de funções BIM, e esta lista de 16 itens foi retirada da revisão da literatura e adaptada através da modificação ou fusão de acordo com os resultados da validade facial e do pré-teste do questionário, como se mostra no Capítulo 3. Estes itens foram submetidos às opiniões dos inquiridos e foram analisados. As estatísticas descritivas, ou seja, as médias, os desvios-padrão (DP), *o valor t* (bicaudal), as probabilidades (*valor P*), os índices de importância relativa (RII) e, finalmente, as classificações foram estabelecidos e apresentados na Tabela (4.3).

4.4.1 RII das funções BIM

O RII foi calculado para ponderar cada função do BIM (de F1 a F16) de acordo com as pontuações numéricas obtidas a partir das respostas ao questionário pelos profissionais do sector da AEC na Faixa de Gaza e os resultados foram classificados do grau mais elevado (a função BIM mais importante) para o grau mais baixo (a função BIM menos importante). A Tabela (4.3) apresenta os RII e as classificações dos itens das funções BIM, respetivamente. Os números na coluna "classificação" representam a classificação sequencial. Vale a pena mencionar que a classificação das funções BIM se baseou na média mais elevada, no RII e no DP mais baixo. Se alguns itens tiverem médias e RIIs semelhantes, como no caso de (F2 e F1); e (F12 e F13), a classificação dependerá do DP mais baixo. Mais precisamente, embora F2 e F1 tenham a mesma média e RII, F2 é classificado mais alto do que F1 porque tem um DP mais baixo. O mesmo foi feito para F12 e F13, sendo que F12 obteve a classificação mais elevada do que F13. Os itens foram categorizados com classificações de 77,19% a 68,44% (Figura 4.4).

Tabela (4.3): A importância do BIM, funções

Não.	Função BIM	Média	SD	RII (%)	*Valor t* (bicaudal)	*Valor P* (Sig.)	Classificação
F16	Interoperabilidade e tradução da informação (*entre os profissionais*) dentro do mesmo sistema/programa	3.86	1.01	77.19	14.02	0.00*	1
F3	Gestão de alterações (*qualquer alteração ao projeto de construção será automaticamente reproduzida em cada vista, como plantas, secções e alçados*)	3.81	0.90	76.22	14.83	0.00*	2

F2	Simulações funcionais para escolher a melhor solução (por *exemplo, iluminação, energia e qualquer outra informação sobre sustentabilidade*)	3.74	0.91	74.89	13.48	0.00*	3
F1	Modelação e visualização tridimensional (3D)	3.74	0.93	74.89	13.13	0.00*	4

Tabela (4.3): A importância das funções BIM

Não.	Função BIM	Média	SD	RII (%)	Valor *t* (bicaudal)	*Valor P* (Sig.)	Classificação
F8	Planeamento e controlo da segurança no local	3.73	1.03	74.59	11.68	0.00*	5
F4	Revisões visualizadas de construtibilidade/ Simulação de edifícios (*um modelo estrutural 3D, bem como um modelo 3D de serviços mecânicos, eléctricos e de canalização (MEP)*)	3.67	0.97	73.33	11.32	0.00*	6
F7	Planeamento e utilização de locais com base em modelos	3.66	1.04	73.19	10.46	0.00*	7
Fil	Expansão/ampliação futura das instalações e infra-estruturas	3.62	0.94	72.44	10.93	0.00*	8
F15	Gerir metadados (*fornecer informações sobre o conteúdo de um item individual*) através de um modelo 3D do edifício	3.59	0.92	71.85	10.55	0.00*	9
F12	Programação da manutenção através do modelo as-built	3.57	0.98	71.48	9.63	0.00*	10
F13	Otimização energética do edifício	3.57	1.04	71.48	8.97	0.00*	11
F10	Criação de um modelo "as-built" que contém todos os dados necessários para gerir e explorar o edifício (*facility management*)	3.56	0.88	71.26	10.46	0.00*	12
F5	Planeamento visualizado a quatro dimensões (4D) e sequenciação da construção	3.54	1.00	70.81	8.85	0.00*	13
F6	Estimativa de custos baseada em modelos (*Fivedimensional (5D)*)	3.53	0.99	70.64	8.82	0.00*	14
F14	Relatório de problemas e arquivo de dados através de um modelo 3D do edifício	3.48	0.97	69.67	8.19	0.00*	15
F9	Quantificação de materiais e mão de obra com base em modelos	3.42	0.98	68.44	7.06	0.00*	16
	Todas as funções	3.63	0.70	72.64	14.92	0.00*	

Valor crítico de t: com grau de liberdade (df = [N-1] = [270-1] = 269 e nível de significância (probabilidade) 0,05 igual a "1,97"

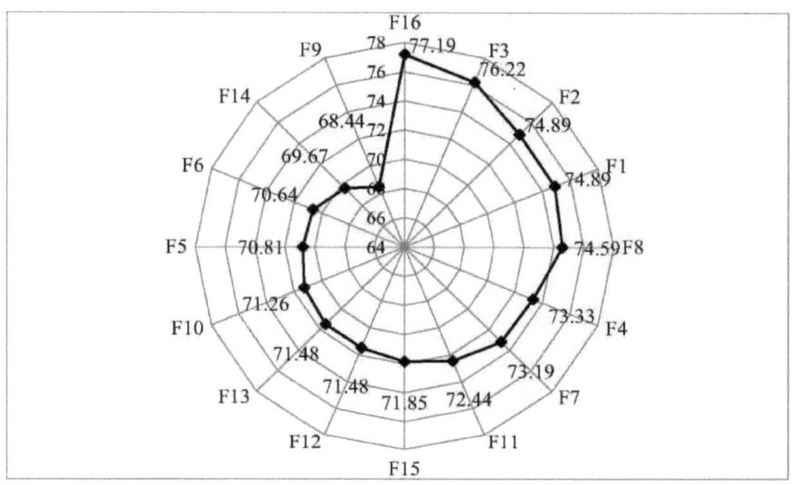

Figure (4.4): RII of BIM functions (F1 to F16)

Os resultados indicaram que a *"Interoperabilidade e tradução da informação (entre os profissionais) dentro do mesmo sistema/programa"* (F16) é a função mais importante que convenceria os não utilizadores do BIM a adotar o BIM na indústria AEC na Faixa de Gaza. Foi classificada como a primeira posição com (RII = 77,19%) e (*P-value* = 0,00*) de acordo com a totalidade dos inquiridos. Este resultado está em consonância com os estudos de Baldwin (2012) e Gray *et al.* (2013). É igualmente coerente com o que foi referido por Bernstein e Pittman (2004), RAIC (2007), Both e Kindsvater (2012) e Wong e Fan (2013). Estes autores afirmaram que a garantia de uma interoperabilidade e de um intercâmbio de informações eficazes entre os diferentes programas é o aspeto mais importante e necessário quando se pensa na adoção do BIM. Facilita a mobilidade de informações exactas entre todas as partes, bem como o trabalho colaborativo na indústria AEC.

A "Gestão de alterações (qualquer alteração ao projeto de construção será automaticamente replicada em cada vista, como plantas, secções e alçados)" (F3) foi classificada como a segunda função mais importante do BIM, com (RII = 76,22%; *P-value* = 0,00*). Contribui para a melhoria da fase de projeto através da verificação e atualização do projeto. Actualiza o projeto de construção de acordo com qualquer modificação, sendo automaticamente replicado em cada vista, como plantas, secções e alçados. Este resultado é consistente com o que foi relatado por CRC construction innovation (2007) e Baldwin (2012). Estes autores sublinharam que a *"gestão da alteração do projeto"* através do BIM é importante para poupar tempo, reduzir o retrabalho, preservar a intenção do projeto e acelerar a entrega do mesmo. Com o BIM, o impacto global da mudança pode ser avaliado. O BIM planeia e gere a mudança. Consequentemente, o BIM reduz o risco associado à mudança.

"Simulações funcionais para escolher a melhor solução (como iluminação, energia e qualquer outra informação de sustentabilidade)" (F2) foi classificada na terceira posição com (RII de 74,89%; SD = 0,91; *P-value* = 0,00*). Esta função do BIM seria fundamental para a indústria AEC na Faixa de Gaza. As simulações de cada uma das informações sobre iluminação, energia e qualquer outra informação sobre sustentabilidade afectariam positivamente a força e a qualidade do projeto e, consequentemente, o funcionamento do edifício. O resultado está de acordo com o que foi escrito sobre a conceção sustentável e o seu grande impacto na qualidade geral da obra. De acordo com isso, os arquitectos, os engenheiros e mesmo os proprietários

necessitam de tipos adicionais de simulações para avaliar as descolagens adequadas quando se considera a utilização da iluminação diurna e a atenuação do encandeamento e do ganho de calor solar, em comparação com o custo do projeto e os requisitos globais do projeto. As tecnologias BIM fornecem às partes interessadas as ferramentas necessárias para garantir a eficácia deste processo (Ashcraft, 2008; Eastman *et al.*, 2008; Baldwin, 2012; Lee *et al.*, 2014).

A "Modelação e visualização tridimensionais (3D)" (F1) foi classificada na quarta posição com (RII de 74,89%; DP = 0,93; *P-value* = 0,00*). Isto indica a importância desta função. Esta função é útil para todas as partes em todas as fases da indústria AEC. A função de *"modelação e visualização 3D"* é importante tanto para os projectistas como para os empreiteiros, que podem identificar e resolver problemas com a ajuda do modelo antes de trabalharem no local. Esta função do BIM permitiu identificar potenciais problemas numa fase precoce do projeto e resolvê-los antes do início da construção. A *"modelação e visualização 3D"* é também importante para os proprietários dos projectos, para uma melhor compreensão e tomada de decisões. Esta função pode ser utilizada como uma ferramenta de marketing muito útil e bem sucedida para o edifício. A escolha desta função como uma função importante para a indústria da AEC na Faixa de Gaza é um resultado aceitável, uma vez que esta função pode afetar positivamente a indústria da AEC na Faixa de Gaza, de acordo com os resultados acima referidos, incentivando assim a adoção do BIM. Este resultado é coerente com os relatados por Becerik-Gerber *et al.* (2011), Ku e Taiebat (2011), Gray *et al.* (2013) e Lee *et al.* (2014), cujos estudos de investigação determinaram que esta função é a função mais importante do BIM para as empresas de construção no Sul da Califórnia, nos EUA, na Austrália e na Coreia, respetivamente. Além disso, esse resultado corrobora os achados dos estudos de Ashcraft (2008), Eastman *et al.* (2008) e Baldwin (2012).

Por último, a função *"Model-based quantity take-offs of materials and labor"* (F9) foi classificada como a mais baixa, na 15.ª posição, com (RII = 68,44%; *P-value* = 0,00*), de acordo com a perceção de todos os inquiridos. Este resultado significa que os inquiridos não conhecem a importância desta função para a indústria da AEC na Faixa de Gaza. Ao contrário do resultado da análise, Ashcraft (2008); Ku e Taiebat (2011); Lee *et al.* (2014) provaram nos seus estudos a importância da função de levantamento de quantidades de materiais e mão de obra através do modelo BIM. Esta função permite reduzir significativamente o tempo necessário na abordagem tradicional, bem como diminuir o custo deste processo. Os levantamentos de quantidades de materiais rápidos e simples representam um método eficiente de controlo e equilíbrio e reduzem frequentemente o tempo de licitação (Holness, 2006). Aibinu e Venkatesh (2013) investigaram até que ponto o BIM é essencial para os avaliadores de quantidades (QS) na Austrália. Os resultados do estudo mostraram que *"a quantificação dos materiais e da mão de obra com base em modelos"* permite poupar tempo, uma vez que reduz a quantidade de trabalho intensivo e aumenta a capacidade de identificar e aconselhar a equipa de projeto sobre os elementos que excedem o objetivo de custo. Está também a aumentar a produtividade. O BIM melhora a eficiência dos levantamentos de quantidades durante a fase de estimativa orçamental (Eastman *et al.*, 2008). O modelo BIM garante a rapidez, a simplicidade e a precisão dos levantamentos de quantidades.

As quatro principais funções do BIM, que foram classificadas pelos inquiridos, são lógicas e aceitáveis como sendo as funções essenciais do BIM que convenceriam os profissionais a adoptá-lo na indústria da AEC na Faixa de Gaza. Relativamente aos resultados de todos os itens da parte das funções BIM, verifica-se que a média de todos esses itens é igual a 3,63 e o RII total é igual a 72,64%, o que é superior a 60% (o valor neutro do RII (3/5)*100 = 60%). O valor do *teste t é igual a* 14,92, que é superior ao *valor crítico de t,* que é igual a 1,97. Além disso, o *valor P* total de todos os itens é igual a 0,00* e é inferior ao *nível de significância* de 0,05. Com base em todos os resultados anteriores, as funções BIM são significativamente necessárias para os profissionais da indústria AEC na Faixa de Gaza.

4.4.2 Resultados da análise fatorial das funções BIM

A análise RII não forneceu quaisquer resultados significativos no que diz respeito à compreensão do efeito de agrupamento dos itens/variáveis semelhantes, pelo que foi necessária uma análise mais aprofundada utilizando métodos estatísticos avançados, tais como a análise de factores. A utilização da análise de factores é puramente exploratória. A análise fatorial foi utilizada para examinar o padrão de intercorrelações entre os 16 itens/variáveis do domínio das funções BIM, numa tentativa de reduzir o número dos mesmos. Também foi utilizada para agrupar itens/variáveis com características semelhantes. Por outras palavras, identificou subconjuntos de itens/variáveis que apresentam uma correlação elevada entre si, denominados factores ou componentes. A análise fatorial foi realizada para este estudo utilizando a Análise de Componentes Principais (ACP).

4.4.2.1 Adequação da análise fatorial

Os dados foram primeiro avaliados quanto à sua adequação à aplicação da análise fatorial. Esta avaliação teve várias fases:

A distribuição dos dados

O pressuposto da normalidade é o requisito essencial para generalizar os resultados do teste de análise fatorial para além da amostra coletada (Field, 2009; Zaiontz, 2014). Como mostrado no Capítulo 3, os dados recebidos da pesquisa seguem a distribuição normal. O resultado foi satisfeito com esse requisito.

Validade da dimensão da amostra

A fiabilidade da análise fatorial depende da dimensão da amostra. A análise fatorial/APC pode ser realizada numa amostra com menos de 100 inquiridos, mas com mais de 50 inquiridos. A dimensão da amostra para este estudo foi de 270 inquiridos. Além disso, a regra padrão é sugerir que a dimensão da amostra contenha pelo menos 10-15 inquiridos por item/ variável. Por outras palavras, a dimensão da amostra deve ser, pelo menos, dez vezes superior ao número de itens/variáveis e alguns recomendam mesmo 20 vezes (Field, 2009; Zaiontz, 2014). Felizmente, para este campo das funções BIM, a condição foi verificada. Este campo contém 16 itens/variáveis, e o tamanho da amostra foi de 270. Com 270 inquiridos e 16 itens/ variáveis (funções BIM), o rácio de inquiridos para itens/ variáveis é de 17: 1, o que excede o requisito para o rácio de inquiridos para itens/ variáveis.

Validade da matriz de correlação (correlações entre itens/ variáveis)

A tabela (4.4) ilustra a matriz de correlação para os 16 itens/ variáveis das funções BIM. Trata-se simplesmente de uma matriz retangular de números que fornece os coeficientes de correlação entre um único item/variável e todos os outros itens/variáveis do inquérito (Field, 2009; Zaiontz, 2014). Como mostra o quadro (4.4), o coeficiente de correlação entre um item/variável e ele próprio é sempre 1; por conseguinte, a diagonal principal da matriz de correlação contém 1s. Os coeficientes de correlação acima e abaixo da diagonal principal são os mesmos. A ACP exige que existam algumas correlações superiores a 0,30 entre os itens/variáveis incluídos na análise. Para este conjunto de itens/variáveis, a maior parte das correlações na matriz são fortes e superiores a 0,30. As correlações foram satisfeitas com este requisito.

Kaiser-Meyer-Olkin (KMO) e teste de Bartlett

Foram efectuados o teste de adequação da amostragem Kaiser-Meyer-Olkin (KMO) e o teste de esfericidade de Bartlett. Os resultados destes testes são apresentados no quadro (4.5). O valor da medida KMO de adequação da amostragem foi de 0,92 (próximo de 1) e foi considerado aceitável e maravilhoso porque excede o requisito mínimo de 0,50 e é superior a 0,90 ("soberbo" de acordo com Kaiser, 1974; Field, 2009; Zaiontz, 2014). Além disso, o teste de esfericidade de Bartlett foi outra indicação da força da relação entre itens/variáveis. O teste de esfericidade de Bartlett foi de 2707,30, e o nível de significância associado foi de 0,00. O valor de probabilidade (Sig.) associado ao teste de Bartlett é inferior a 0,01, o que satisfaz o requisito da ACP. Este resultado indica que a matriz de correlação não é uma matriz identidade e que todos os itens/variáveis estão correlacionados (Field, 2009; Zaiontz, 2014). De acordo com os resultados destes dois testes, os dados da amostra das funções BIM foram apropriados para a análise fatorial.

Medidas de fiabilidade para o conjunto dos itens/variáveis

O teste alfa de Cronbach foi efectuado nos itens/ variáveis no domínio das funções BIM. O valor do alfa de Cronbach (*Ca*) pode situar-se num intervalo de 0 a 1, em que um valor mais elevado denota uma maior consistência interna e vice-versa. Um alfa de 0,60 ou superior é o nível mínimo aceitável. De preferência, o alfa será de 0,70 ou superior (Field, 2009; Weiers, 2011; Garson, 2013). Como mostra a Tabela (4.5), o valor do *Ca* calculado para todos os itens/variáveis no domínio das funções BIM é de 0,94, o que é considerado maravilhoso.

Tabela: (4.4): Correlações entre itens/ variáveis das funções BIM

	F1	F2	F3	F4	F5	F6	F7	F8	F9	F10	F11	F12	F13	F14	F15	F16
F1	1															
F2	0.72**	1														
F3	0.62**	0.69**	1													
F4	0.52**	0.57**	0.62**	1												
F5	0.48**	0.46**	0.47**	0.56**	1											
F6	0.43**	0.46**	0.48**	0.51**	0.74**	1										
F7	0.49**	0.51**	0.47**	0.46**	0.54**	0.54**	1									
F8	0.53**	0.45**	0.56**	0.45**	0.47**	0.48**	0.74**	1								
F9	0.38**	0.39**	0.35**	0.42**	0.49**	0.56**	0.37**	0.33**	1							
F10	0.48**	0.52**	0.43**	0.44**	0.52**	0.54**	0.56**	0.50**	0.60**	1						
F11	0.46**	0.48**	0.51**	0.45**	0.46**	0.41**	0.50**	0.53**	0.39**	0.66**	1					
F12	0.46**	0.44**	0.48**	0.43**	0.46**	0.47**	0.54**	0.56**	0.33**	0.56**	0.63**	1				
F13	0.50**	0.48**	0.50**	0.38**	0.39**	0.39**	0.54**	0.60**	0.28**	0.48**	0.63**	0.66**	1			
F14	0.40**	0.41**	0.39**	0.44**	0.54**	0.55**	0.50**	0.48**	0.42**	0.42**	0.43**	0.56**	0.48**	1		
F15	0.40**	0.44**	0.47**	0.44**	0.47**	0.47**	0.53**	0.60**	0.36**	0.48**	0.53**	0.59**	0.58**	0.66**	1	
F16	0.48**	0.47**	0.49**	0.44**	0.43**	0.37**	0.51**	0.50**	0.38**	0.47**	0.49**	0.51**	0.48**	0.49**	0.62**	1

***. Correlation is significant at the 0.01 level (1-tailed).*

**. Correlation is significant at the 0.05 level (1-tailed).*

Tabela: (4.5) KMO e teste de Bartlett para itens/ variáveis das funções BIM

KMO e teste de Bartlett		
Medida de adequação da amostragem de Kaiser-Meyer-Olkin		0.92
Teste de esfericidade de Bartlett	Aprox. Qui-quadrado	2707.30
	df	120
	Sig.	0.00

Alfa de Cronbach *(Cd)*	0.94

Comunalidades (variante comum)

A parte seguinte do resultado foi uma tabela de comunalidades. As comunalidades representam a proporção da variância nos itens/variáveis originais que é explicada pela solução do fator. A solução fatorial deve explicar pelo menos metade da variância de cada item/variável original, pelo que o valor da comunalidade para cada item/variável deve ser igual ou superior a 0,50 (Field, 2009; Zaiontz, 2014). A tabela (4.6) mostra que todas as comunalidades para todos os itens/variáveis satisfazem o requisito mínimo de serem superiores a 0,50, pelo que não foi necessário excluir nenhum destes itens/variáveis com base em comunalidades baixas. Assim, todos os 16 itens/ variáveis deste domínio (funções BIM) foram utilizados nesta análise.

Quadro: (4.6) Comunalidades das funções BIM.

Não.	Função BIM	Inicial	Extração
F1	Modelação e visualização tridimensional (3D)	1	0.73
F2	Simulações funcionais para escolher a melhor solução (por *exemplo, iluminação, energia...) e quaisquer outras informações sobre a sustentabilidade*)	1	0.78
F3	Gestão de alterações (*qualquer alteração ao projeto de construção será automaticamente reproduzida em cada vista, como plantas, secções e alçados*)	1	0.75
F4	Revisões visualizadas de construtibilidade/ Simulação de edifícios (*um modelo estrutural 3D, bem como um modelo 3D de serviços mecânicos, eléctricos e de canalização (MEP)*)	1	0.63
F5	Planeamento visualizado a quatro dimensões (4D) e sequenciação da construção	1	0.71
F6	Estimativa de custos com base em modelos (*5D*)	1	0.76
F7	Planeamento e utilização de locais com base em modelos	1	0.60
F8	Planeamento e controlo da segurança no local	1	0.65
F9	Quantificação de materiais e mão de obra com base em modelos	1	0.66
F10	Criação de um modelo "as-built" que contém todos os dados necessários para gerir e explorar o edifício (*facility management*)	1	0.59
F11	Expansão/ampliação futura das instalações e infra-estruturas	1	0.60
F12	Programação da manutenção através do modelo as-built	1	0.69
F13	Otimização energética do edifício	1	0.71
F14	Relatório de problemas e arquivo de dados através de um modelo 3D do edifício	1	0.62
F15	Gerir metadados (*fornecer informações sobre o conteúdo de um item individual*) através de um modelo 3D do edifício	1	0.69
F16	Interoperabilidade e tradução da informação (*entre os profissionais*) no mesmo sistema/programa	1	0.53

Variância total explicada

Utilizando o resultado da iteração 1, havia três valores próprios superiores a 1 (Figura 4.5). O critério do valor próprio indica que cada componente explica pelo menos um item/variável da variabilidade, pelo que apenas os componentes com valores próprios superiores a um devem ser retidos (Larose, 2006; Field, 2009). O critério da raiz latente para alguns factores a serem derivados indicaria que havia três componentes (factores) a serem extraídos para esses itens/variáveis. Os resultados foram tabulados na Tabela (4.7). A solução de três componentes explicou uma soma da variância com a componente 1 a contribuir com 52,60%; a componente 2 a contribuir com 7,41%; e a componente 3 a contribuir com 6,77%. Todos os restantes factores não são significativos.

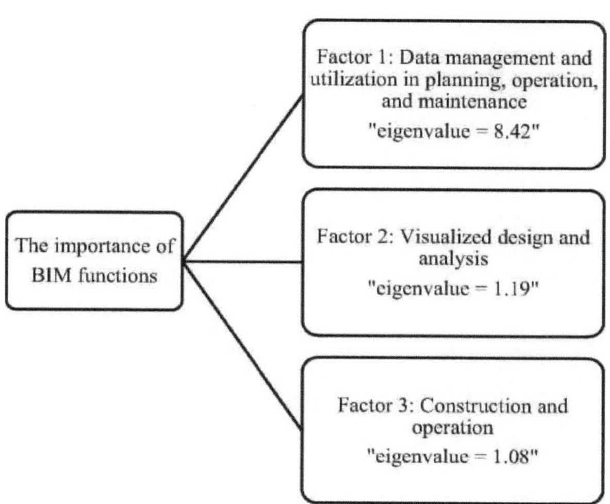

Figura (4.5): Os três componentes (factores) das funções BIM

Os três componentes foram depois rodados através da abordagem de rotação varimax (ortogonal). Esta abordagem não altera a solução subjacente ou as relações entre os itens/variáveis. Em vez disso, apresenta o padrão de cargas de uma forma que é mais fácil de interpretar os factores (componentes) (Reinard, 2006; Field, 2009; Zaiontz, 2014). A solução rotacionada revelou que a solução de três componentes explicou uma soma da variância com o componente 1 contribuindo com 28,21%; o componente 2 contribuindo com 19,36%; e o componente 3 contribuindo com 19,20%. Estes três componentes (factores) explicaram 66,77% da variância total para a rotação varimax.

Tabela (4.7): Variância Total Explicada do BIM, funções

Componente	Valores próprios iniciais			Extração Somas de cargas quadradas			Somas de cargas quadráticas de rotação		
	Total	% de variação	Acumulado %	Total	% de variação	Acumulado %	Total	% de variação	Acumulado %
1	8.42	52.60	52.60	8.42	52.60	52.60	4.51	28.21	28.21
2	1.19	7.41	60.01	1.19	7.41	60.01	3.10	19.36	47.57
3	1.08	6.77	66.77	1.08	6.77	66.77	3.07	19.20	66.77
4	0.81	5.04	71.82						
5	0.69	4.29	76.11						
6	0.60	3.72	79.83						
7	0.51	3.20	83.03						
8	0.43	2.70	85.73						
9	0.39	2.44	88.16						
10	0.36	2.24	90.40						

Tabela (4.7): Variância total explicada das funções BIM

Componente	Valores próprios iniciais			Extração Somas de cargas quadradas			Somas de Rotação de Cargas Quadradas		
	Total	% de variação	Acumulado %	Total	% de variação	Acumulado %	Total	% de variação	Acumulado %
11	0.34	2.12	92.52						
12	0.31	1.92	94.44						
13	0.28	1.75	96.19						
14	0.22	1.39	97.59						
15	0.21	1.33	98.91						
16	0.17	1.09	100						

Gráfico Scree

O gráfico scree plot da Figura (4.6) é um gráfico dos valores próprios em relação a todos os factores. Este gráfico também pode ser utilizado para decidir sobre alguns factores que podem ser derivados. O ponto de interesse é aquele em que a curva começa a ficar plana. Pode ver-se que a curva começa a achatar-se entre os factores 3 e 4. Note-se também que o fator 4 tem um valor próprio inferior a 1, pelo que apenas três factores foram retidos para serem extraídos.

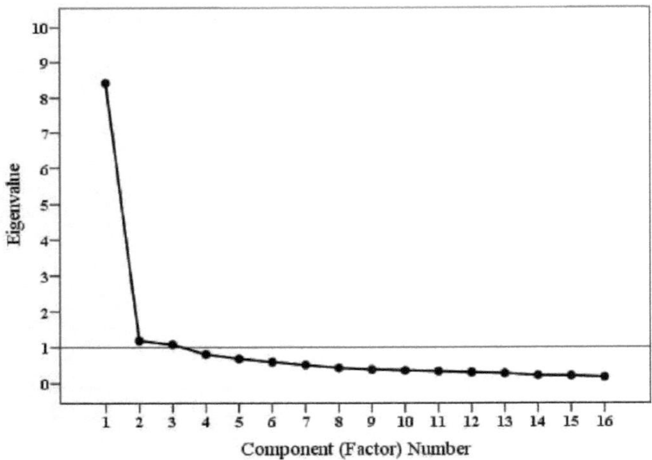

Figura (4.6): Gráfico Scree para os factores das funções BIM

Matriz de componentes (factores) rodados

A Tabela (4.8) mostra as cargas factoriais após a rotação de 15 itens/variáveis (dos 16 itens/variáveis originais) nos três factores extraídos e rodados. O padrão das cargas factoriais deve ser examinado para identificar os itens/variáveis que têm estruturas complexas (*a estrutura complexa ocorre quando um item/variável tem cargas ou correlações elevadas (0,50 ou mais) em mais do que um fator/componente).* Se um item/uma variável tiver uma estrutura complexa, deve ser removido da análise (Reinard, 2006; Field, 2009; Zaiontz, 2014). De acordo com isso, foi necessário remover o item/ variável *"Relatório de problemas e arquivo de dados através de um modelo 3D do edifício"* (F14) porque demonstrou uma estrutura complexa. A sua carga foi aplicada a dois componentes (componente 1 e componente 3) ao mesmo tempo, com uma carga fatorial de 0,60 no componente 1 e uma carga fatorial de 0,51 no componente 3. Como se pode ver na Tabela (4.8), a carga dos factores para cada um dos restantes itens/variáveis é superior a 0,50 e todos os itens/variáveis têm estruturas simples. Os itens/variáveis são enumerados por ordem da dimensão das suas cargas factoriais.

Nomear os factores

Uma vez estabelecido um padrão interpretável de cargas, os factores ou componentes devem ser designados de acordo com o seu conteúdo substantivo ou núcleo. Os factores devem ter nomes e conteúdos concetualmente distintos. Os itens/variáveis com cargas mais elevadas num fator devem desempenhar um papel mais importante na designação do fator. Os três componentes (factores) foram designados da seguinte forma

Fator 1: *"Gestão e utilização de dados no planeamento, operação e manutenção. "*
Fator 2: *" Conceção e análise visualizadas. "*
Fator 3: *"Construção e funcionamento. "*

Medidas de fiabilidade para cada fator (componente)

Depois de os factores terem sido extraídos e rodados, foi necessário verificar se os itens/variáveis em cada fator formado explicam coletivamente a mesma medida dentro das dimensões-alvo (Doloi, 2009). Se os itens/variáveis formarem de facto o fator (componente) identificado, entende-se que devem estar razoavelmente correlacionados entre si, mas não a correlação perfeita. O teste alfa de Cronbach (*Ca*) foi realizado para cada componente (fator) da seguinte forma

Fator 1 *"Gestão e utilização de dados no planeamento, operação e manutenção"* com itens/variáveis: F13, F12, F15, F8, F11, F7, eF16.
Fator 2 *"Conceção e análise visualizadas"* com itens/variáveis: F2, F3, F1 e F4.
Fator 3 *"Construção e funcionamento"* com itens/variáveis: F6, F9, F5 e F10.

Quanto mais elevado for o valor de *Ca,* maior será a consistência interna e vice-versa. Um alfa de 0,60 ou superior é o nível mínimo aceitável. De preferência, o alfa será de 0,70 ou superior (Field, 2009; Weiers, 2011; Garson, 2013). De acordo com os resultados que foram tabulados na Tabela (4.8), o *Ca* para o fator 1 é 0,90; *o Ca* para o fator 2 é 0,86; e *o Ca* para o fator 3 é 0,84. Estes resultados são considerados excelentes.

Tabela. (4.8): Resultados da análise de factores, para BIM, funções

Não.	Factores/Componentes da função BIM	Carga do fator	Valores próprios	variância % explicada	Alfa de Cronbach (Ca)
Componente/Fator 1: *Gestão e utilização de dados no planeamento, operação e manutenção*					
F13	Otimização energética do edifício	0.78			
F12	Programação da manutenção através do modelo as-built	0.76	8.42	52.60	0.90
F15	Gerir metadados *(fornecer informações sobre um*	0.76			

Tabela . (4.8): Resultados da análise de factores para as funções BIM

conteúdo de cada artigo) através de um modelo 3D do edifício		
F8 Planeamento e controlo da segurança no local	O.69	
F1 1 Expansão/alargamento futuro das instalações e infra-estruturas	O.66	
F7 Planeamento e utilização de sítios com base em modelos	O.6l	
Fl6 Interoperabilidade e tradução de informação (*entre os profissionais*) dentro do mesmo sistema/programa	O.6l	
Componente/Fator 2: *Conceção e análise visualizadas*		
F2 Simulações funcionais para escolher a melhor solução (por *exemplo, iluminação, energia e qualquer outra informação sobre sustentabilidade*)	O.8O	
F3 Gestão de alterações (*qualquer alteração ao projeto de construção será automaticamente reproduzida em cada vista, como plantas, secções e alçados*)	O.77	1.19 7.41O .86
Fl Modelação e visualização tridimensional (3D)	O.77	
F4 Revisões visualizadas da construtibilidade/ Simulação do edifício (*um modelo estrutural 3D, bem como um modelo 3D dos serviços mecânicos, eléctricos e de canalização (MEP)*)	O.62	
Componente/fator três: *Construção e funcionamento*		
F6 Estimativa de custos baseada em modelos [*Cinco dimensões (5D*)	O.79	
F9 Quantificação de materiais e mão de obra com base em modelos	O.78	
F5 Programação visualizada em quatro dimensões (4D) e sequenciamento de construção	O.74	1.O8 6.74O .84
FlO Criação de um modelo as-built que contém todos os dados necessários para gerir e operar o edifício (*facility management*)	O.53	

4.4.2.2 Os factores extraídos

A secção seguinte interpretará e discutirá cada um dos componentes (factores) extraídos da seguinte forma:

Fator 1: Gestão e utilização de dados no planeamento, operação e manutenção

O primeiro fator, denominado *Gestão e utilização de dados no planeamento, operação e manutenção,* explica 52,60 % da variância total e contém sete itens/variáveis. A maioria dos itens/variáveis tinha cargas factoriais relativamente elevadas (> 0,61). Os sete itens/variáveis são os seguintes

1. *Otimização energética do edifício* (F13), com um fator de carga = 0,78.
2. *Programação da manutenção através do modelo "as-built"* (F12), com uma carga fatorial = 0,76.
3. *Gerir os metadados (fornecer informações sobre o conteúdo de um item individual) através de um modelo 3D do edifício* (F15), com uma carga do fator = 0,76.
4. *Planeamento e monitorização da segurança no local* (F8), com uma carga fatorial = 0,69.
5. *Expansão/alargamento futuro das instalações e das infra-estruturas* (F11), com uma carga do fator = 0,66.

6. *Planeamento e utilização do local com base em modelos* (F7), com uma carga fatorial = 0,61.

7. *Interoperabilidade e tradução de informação (entre profissionais) dentro do mesmo sistema/programa* (F16), com uma carga fatorial = 0,61.

O nome deste fator foi escolhido de acordo com as correlações entre estes sete itens/variáveis. *A gestão dos dados* é o processo de controlo da informação gerada durante um projeto. Ao longo do ciclo de vida de um projeto ou ativo (desde a conceção, construção e entrega até às operações), o número de activos que precisam de ser documentados, trocados e referenciados é enorme. Encontrar a solução certa que possa ajudar a melhorar a colaboração e o controlo seguros entre todas as partes interessadas, aumentando simultaneamente a conformidade, atenuando os riscos e integrando os processos principais, pode ser um desafio (Eastman *et al.*, 2011; Baldwin, 2012). E com o BIM, as soluções *de gestão de dados* demonstraram grande capacidade para manter a consistência e o contexto dos dados, bem como para apoiar processos mais eficientes ao longo do ciclo de vida do projeto (Choi, 2010; Lee *et al.*, 2009; Lee *et al.*, 2007; Smart Market Report, 2012) (citado em Lee *et al.*, 2014). Como mostram os resultados, o item/variável com maior carga neste primeiro fator (componente) é "*Otimização energética do edifício*" (F13), e o item/variável com menor carga neste primeiro fator (componente) é "*Interoperabilidade e tradução de informação (entre profissionais) dentro do mesmo sistema/programa*" (F16).

A "*Otimização energética do edifício"* (F13) é o item/variável mais elevado do fator 1 das funções do BIM, com uma carga fatorial de 0,78. Trata-se de uma função importante do BIM, em que a procura de edifícios sustentáveis com um impacto ambiental mínimo e uma utilização eficiente da energia está a aumentar. A modelação energética pode minimizar a utilização de energia ao longo da vida de um edifício (Kolpakov, 2012). Do ponto de vista dos custos, a conceção de um edifício para uma utilização eficiente da energia é mais dispendiosa nas fases iniciais de conceção e construção, mas reduz os custos de construção ao longo de todo o ciclo de vida. O modelo BIM monitoriza os custos do ciclo de vida do edifício e optimiza a eficiência dos custos. O modelo BIM incorpora uma grande parte do que a gestão de instalações (FM) necessitaria para operar e manter o edifício do ponto de vista da utilização de energia. Os sensores podem fornecer feedback e registar dados relevantes para a fase de operação de um edifício, permitindo que o BIM seja utilizado para modelar, avaliar, controlar e monitorizar a eficiência energética (Ashcraft, 2008; Eastman *et al.*, 2008; Becerik-Gerber *et al.*, 2011; Ku e Taiebat, 2011). No que respeita à poupança de energia, Park *et al.* (2012), na Coreia, procuraram criar um sistema baseado no BIM capaz de avaliar o desempenho energético dos edifícios. É extremamente necessário melhorar a eficiência energética através de uma operação e/ou gestão inteligente do sistema de aquecimento, ventilação e ar condicionado (AVAC), através da análise do desempenho energético com base no BIM.

"A interoperabilidade e a tradução de informações (entre os profissionais) no âmbito do mesmo sistema/programa (F16) é o item/variável mais baixo do fator 1 das funções BIM, com uma carga fatorial de 0,61. Esta função do BIM pode facilitar o trabalho colaborativo no sector da AEC. Esta função foi mencionada na revisão da literatura como uma função importante do BIM, de acordo com os estudos de Baldwin (2012) e Gray *et al.* (2013). A "*interoperabilidade e tradução da informação"* é um aspeto importante quando se adopta o BIM no trabalho, pois facilita a mobilidade da informação exacta entre todas as partes na indústria AEC.

Fator 2: Conceção e análise visualizadas

O segundo fator, denominado *Conceção e análise visualizadas,* explica 7,41% da variância total e contém quatro itens/variáveis. A maioria dos itens/variáveis tem cargas factoriais relativamente elevadas (> 0,62). Os quatro itens/ variáveis são os seguintes

1. *Simulações funcionais para escolher a melhor solução (tais como iluminação, energia e qualquer outra informação sobre sustentabilidade)* (F2), com uma carga fatorial = 0,80.

2. *Gestão das alterações (qualquer alteração ao projeto do edifício será automaticamente reproduzida em cada vista, como plantas, secções e alçados)* (F3), com uma carga do fator = 0,77.
3. *Modelação e visualização tridimensionais (3D)* (Fl), com uma carga do fator = 0,77.
4. *Revisões visualizadas da construtibilidade/ Simulação do edifício (um modelo estrutural 3D, bem como um modelo 3D dos serviços mecânicos, eléctricos e de canalização (MEP))* (F4), com uma carga do fator = 0,62.

O nome deste fator foi escolhido de acordo com as correlações entre estes quatro itens/variáveis. Na fase de *conceção* e através do BIM, a colaboração tem lugar entre todos os consultores de conceção desde o início de um projeto, de modo a que todos os aspectos da conceção possam ser coordenados, quer se trate de arquitetura, estruturas, engenharia, etc. Uma vez que o modelo está ligado a uma base de dados, qualquer alteração a um desenho reflecte-se em todo o modelo, eliminando assim os descuidos e poupando tempo na alteração dos modelos e desenhos do desenho. O BIM também pode ser utilizado em projectos de qualquer dimensão e em partes de projectos. A representação/visualização 3D ajuda o proprietário e toda a equipa a visualizar o projeto, o que facilita as decisões de conceção. É mais fácil fazer projectos complexos em BIM porque os arquitectos/engenheiros podem documentar melhor a complexidade nos desenhos. Os erros/conflitos no projeto entre as disciplinas podem ser detectados e resolvidos facilmente (Ashcraft, 2008; Eastman *et al.*, 2008; Becerik-Gerber *et al.*, 20ll; Ku e Taiebat, 20ll; Baldwin, 2012; Gray *et al.*, 2013; Lee *et al.*, 2014). O BIM também pode ser utilizado para melhorar a *análise*, em que o modelo BIM é utilizado para determinar o método de engenharia mais eficaz com base nas especificações do projeto. O desenvolvimento da informação é a base para o que será transmitido ao proprietário e/ou operador para utilização nos sistemas do edifício (ou seja, análise energética, análise estrutural, planeamento da evacuação de emergência, *etc.*). Estas ferramentas de análise e simulações de desempenho podem melhorar significativamente a conceção da instalação e o seu consumo de energia durante o seu ciclo de vida no futuro (Baldwin, 20l2; Lee *et al.*, 20l4). Como mostram os resultados, o item/variável com a carga mais elevada neste primeiro fator (componente) é "*Simulações funcionais para escolher a melhor solução (como iluminação, energia e qualquer outra informação de sustentabilidade)*" (F2), e o item/variável com a carga mais baixa neste primeiro fator (componente) é "*Revisões visualizadas de construtibilidade/ Simulação de edifícios (um modelo estrutural 3D, bem como um modelo 3D de serviços mecânicos, eléctricos e de canalização (MEP))*" (F4).

"Simulações funcionais para escolher a melhor solução (como iluminação, energia e qualquer outra informação sobre sustentabilidade)" (F2) é o item/variável mais elevado do fator 2 das funções BIM, com uma carga do fator de 0,80. Trata-se de uma função BIM importante, em que o alargamento do BIM à análise pode ajudar a identificar formas de reduzir o consumo de recursos, aumentar as oportunidades de renovação no local, aumentar a confiança dos investidores, melhorar a moral dos trabalhadores e cumprir os requisitos de conceção sustentável e eficiência energética. Como já foi referido em estudos anteriores, Ashcraft (2008), Eastman *et al.* (2008), Baldwin (20l2) e Lee *et al.* (20l4) salientaram a importância desta função. As simulações de iluminação, energia e qualquer outra informação sobre sustentabilidade afectariam a força e a qualidade do projeto e, consequentemente, o funcionamento do edifício de forma eficaz.

"Visualized constructability reviews/Building simulation (a 3D structural model as well as a 3D model of Mechanical, Electrical and Plumbing (MEP) services)" (F4) é o item/variável mais

baixo do fator 2 das funções BIM, com uma carga fatorial de 0,62. Esta função do BIM pode ajudar a concluir a construção a um nível ótimo através de uma compreensão prática do projeto e, consequentemente, da escolha do melhor método de construção. Por outras palavras, a compreensão da importância de uma conceção de qualidade e da conclusão eficiente de um projeto leva à utilização do BIM para gerir a coordenação da conceção MEP/arquitetónica em projectos de renovação e de construção nova. Esta função do BIM pode integrar eficazmente o conhecimento da construção no planeamento concetual, na conceção, na construção e nas operações no terreno de um projeto, de modo a atingir os objectivos globais do projeto no melhor tempo possível e com a maior precisão e rentabilidade (Ashcraft, 2008; Eastman *et al.*, 2008; Ku e Taiebat, 2011; Gray *et al.*, 2013; Lee *et al.*, 2014).

Fator 3: Construção e funcionamento

O terceiro fator, denominado *Construção e funcionamento,* explica 6,77% da variância total e contém quatro itens/variáveis. A maioria dos itens/variáveis tinha cargas factoriais relativamente elevadas (> 0,53). Os quatro itens/ variáveis são os seguintes

1. *Estimativa de custos com base em modelos (Cinco dimensões (5D))* (F6), com uma carga de fator = 0,79.
2. *Quantidades de materiais e de mão de obra* (F9) *baseadas em modelos*, com uma carga de fator = 0,78.
3. *Programação visualizada a quatro dimensões (4D) e sequenciação da construção* (F5), com uma carga do fator = 0,74.
4. *Criação de um modelo "as-built" que contenha todos os dados necessários para gerir e operar o edifício (gestão das instalações)* (F10), com uma carga fatorial = 0,53.

O nome deste fator foi escolhido de acordo com as correlações entre estes quatro itens/variáveis. Para além da conceção, os modelos BIM podem facilitar a aquisição de materiais, o processo de concurso e a fase de construção do projeto. A ligação do modelo do empreiteiro ao modelo de conceção pode permitir às partes interessadas pré-construir o projeto antes da construção efectiva e fornecer informações para uma melhor preparação e programação. Por outro lado, o BIM apoia a colaboração, o funcionamento de uma instalação e a gestão de um modelo de construção virtual no âmbito do ciclo de vida de um edifício (AGC, 2005; Smith, 2007; GSA, 2007; Estado de Ohio, 2010; NBIMS-US, 2012; Ahmad *et al.*, 2012). O BIM é o futuro da construção e da gestão das instalações a longo prazo, em que o BIM controla o tempo e os custos de operação e manutenção. Optimiza a estratégia de gestão e manutenção das instalações (Ashcraft, 2008; Eastman *et al.*, 2008; Becerik-Gerber *et al.*, 2011; Ku e Taiebat, 2011; Baldwin, 2012; Gray *et al.*, 2013; Lee *et al.*, 2014). Como mostram os resultados, o item/variável com a carga mais elevada neste primeiro fator (componente) é "*Estimativa de custos baseada em modelos (5D)* " (F6), e o item/variável com a carga mais baixa neste primeiro fator (componente) é "*Criação de um modelo as-built que contém todos os dados necessários para gerir e operar o edifício (gestão de instalações)* " (F10).

A "Estimativa de custos baseada em modelos (5D)" (F6) é o item/variável mais elevado do fator 3 das funções BIM, com uma carga fatorial de 0,79. Trata-se de uma função muito importante do BIM para os profissionais do sector AEC. Esta função foi mencionada na revisão da literatura como uma função importante do BIM, de acordo com os estudos de Eastman *et al.* (2008), Baldwin (2012) e Gray *et al.* (2013). Nassar (2010) examinou o efeito que o BIM pode ter na precisão das estimativas do projeto em termos de tempo e custo. Os resultados provaram que o BIM aumentaria a precisão e a exatidão do aspeto quantitativo da estimativa. A estimativa de custos 5D em BIM apoia todo o ciclo de vida de uma instalação, desde o berço até ao túmulo. Ao utilizar um modelo de informação da construção em vez de desenhos, os orçamentos, as contagens e as medições podem ser gerados diretamente a partir do modelo subjacente. Assim, a informação é sempre consistente com o projeto. E quando é feita uma alteração no projeto (por exemplo, um tamanho de janela mais pequeno), a alteração repercute-se automaticamente em todas as documentações e calendários relacionados com a construção, bem como em todos os orçamentos, contagens e medições que são utilizados pelo orçamentista. A estimativa de custos, 5D através do BIM pode poupar tempo, custos e reduz o potencial de erro humano.

"Criação de um modelo as-built que contenha todos os dados necessários para gerir e operar o edifício (gestão de instalações)" (F10) é o item/variável mais baixo do fator 3 das funções BIM, com uma carga fatorial de 0,53. Esta função foi mencionada na revisão da literatura como uma função importante do BIM, de acordo com os estudos de Ashcraft (2008), Eastman *et al.* (2008) e Lee *et al.* (2014). O modelo BIM, criado pelos projectistas e atualizado ao longo da fase de construção, pode ter a capacidade de se tornar um modelo *"como construído"*, que também pode ser entregue ao proprietário ou ao gestor da instalação. Funciona como um recurso de conhecimento partilhado para informações sobre uma instalação, constituindo uma base fiável para decisões relativas ao funcionamento e à manutenção do edifício. .

4.5 O valor dos benefícios do BIM

O campo contém 26 itens sobre os benefícios do BIM, e esta lista de 26 itens foi retirada da revisão da literatura e adaptada através da modificação ou fusão de acordo com os resultados da validade facial e do pré-teste do questionário, como se mostra no Capítulo 3. Estes itens foram submetidos às opiniões dos inquiridos e foram analisados. As estatísticas descritivas, ou seja, as médias, os desvios-padrão (DP), *o valor t* (bicaudal), as probabilidades (*valor P*), os índices de importância relativa (RII) e, finalmente, as classificações foram estabelecidos e apresentados na Tabela (4.9).

4.5.1 RII dos benefícios do BIM

O RII foi calculado para ponderar cada benefício do BIM (de BE 1 a BE 26) de acordo com as pontuações numéricas obtidas a partir das respostas ao questionário pelos profissionais do sector da AEC na Faixa de Gaza e os resultados foram classificados do grau mais elevado (o benefício mais valioso do BIM) para o grau mais baixo (o benefício menos valioso do BIM). A Tabela (4.9) apresenta os RII e as classificações dos benefícios do BIM, respetivamente. Os números na coluna "classificação" representam a classificação sequencial. Vale a pena mencionar que a classificação dos benefícios BIM se baseou na média mais elevada, no RII e no DP mais baixo. Se alguns itens tiverem médias e RIIs semelhantes, como no caso de (BE 2 e BE 1); (BE 13 e BE 8); (BE 21 e BE 25); (BE 24 e BE 14); (BE 11 e BE 22); (BE 10 e BE 20); e (BE 9 e BE 17), a classificação dependerá do menor DP. Por exemplo, embora a BE 2 e a BE 1 tenham a mesma média e o mesmo RII, a BE 2 é classificada numa posição mais elevada do que a BE 1 porque tem um DP mais baixo. O mesmo foi feito para a BE 13 e a BE 8, em que a BE 13 obteve uma classificação mais elevada do que a BE 8. Os itens foram categorizados com classificações de 77,70% a 68,62% (Figura 4.7).

Tabela (4.9): O valor dos benefícios do BIM

Não.	Vantagens do BIM	Média	SD	RII (%)	Valor *t* (bicaudal)	*Valor P* (Sig.)	Classificação
BE3	Melhorar a colaboração da equipa de projeto *(engenheiros de arquitetura, de estruturas, mecânicos e electrotécnicos)*	3.89	0.93	77.70	15.61	0.00*	1
BE4	Melhorar a qualidade da conceção *(redução de erros/reconcepção e gestão das alterações à conceção)*	3.87	0.93	77.48	15.48	0.00*	2

BE5	Melhorar a conceção sustentável e a conceção optimizada	3.73	0.94	74.52	12.64	0.00*	3
BE 2	Apoiar a tomada de decisões de conceção, comparando diferentes alternativas de conceção num modelo 3D	3.72	0.83	74.44	14.18	0.00*	4
BE 1	Melhorar a realização da ideia de um projeto pelo proprietário através de um modelo 3D do edifício	3.72	0.95	74.44	12.46	0.00*	5
BE 6	Melhorar a conceção da segurança	3.70	0.99	74.07	11.66	0.00*	6
BE 19	Facilidade de recuperação de informações durante toda a vida do edifício através do modelo 3D as-built	3.65	0.98	72.96	10.88	0.00*	7
BE 7	Melhorar a seleção dos componentes de construção em função da qualidade e dos custos *(por exemplo, tipos de portas e janelas, tipo de cobertura das paredes exteriores, etc.)*	3.63	0.98	72.52	10.48	0.00*	8
BE 26	Melhorar a gestão de emergências *(elaborar planos para evitar os riscos e fazer face a catástrofes como incêndios, terramotos, etc.)*	3.62	1.05	72.37	9.73	0.00*	9
BE 12	Aumentar a precisão da programação e do planeamento	3.61	0.92	72.22	10.95	0.00*	10
BE 13	Aumentar a precisão da estimativa de custos	3.60	0.88	72.04	11.12	0.00*	11
BE 8	Melhorar a compreensão da sequência das actividades de construção	3.60	0.90	72.04	10.99	0.00*	12
BE 21	Aumentar a coordenação entre os diferentes sistemas operacionais do edifício (*como o sistema de segurança e alarme, a iluminação, o ar condicionado, etc.*)	3.58	0.92	71.56	10.32	0.00*	13
BE 25	Aumentar os lucros através da comercialização das instalações através de um modelo 3D	3.58	1.03	71.56	9.21	0.00*	14
BE18	Melhorar a aplicação de técnicas de construção limpa para obter soluções sustentáveis para reduzir os resíduos de materiais durante a construção e a demolição	3.57	0.95	71.41	9.92	0.00*	15
BE 24	Controlar eficazmente os custos de todo o ciclo de vida do ativo	3.56	0.93	71.33	10.02	0.00*	16
BE 14	Melhorar a comunicação entre as partes envolvidas no projeto	3.56	0.96	71.33	9.73	0.00*	17
BE 23	Melhorar o planeamento da manutenção *(preventiva e curativa)*/estratégia de manutenção das instalações	3.55	0.96	70.96	9.40	0.00*	18
BE 11	Melhorar o planeamento e o controlo da segurança no local/ reduzir os riscos	3.54	0.91	70.81	9.76	0.00*	19
BE 22	Melhorar a eficiência energética e a sustentabilidade do edifício	3.54	0.94	70.81	9.40	0.00*	20
BE 15	Reduzir as ordens de alteração/ variação na fase de construção	3.53	0.96	70.60	9.02	0.00*	21
BE 16	Reduzir os conflitos entre as partes interessadas (*deteção de conflitos*)	3.51	1.05	70.19	7.96	0.00*	22

BE 10	Aumentar a qualidade dos componentes pré-fabricados *(fabricados digitalmente)* e reduzir os seus custos	3.50	0.86	70	9.54	0.00*	23
BE 20	Melhorar a gestão e o funcionamento do edifício para manter a sua sustentabilidade, apoiando a tomada de decisões sobre questões relacionadas com o edifício	3.50	0.95	70	8.64	0.00*	24
BE 9	Melhorar a coordenação dos trabalhos com os subcontratantes e fornecedores (*cadeia de abastecimento*)	3.43	0.96	68.62	7.35	0.00*	25
BE	Reduzir a duração e o custo global do projeto	3.43	1.06	68.62	6.68	0.00*	26
	Todos os benefícios	3.60	0.67	72.10	14.82	0.00*	
Valor crítico de t: com grau de liberdade (df) = [N-1] = [270-1] = 269 e nível de significância (probabilidade) 0,05 igual a "1,97"							

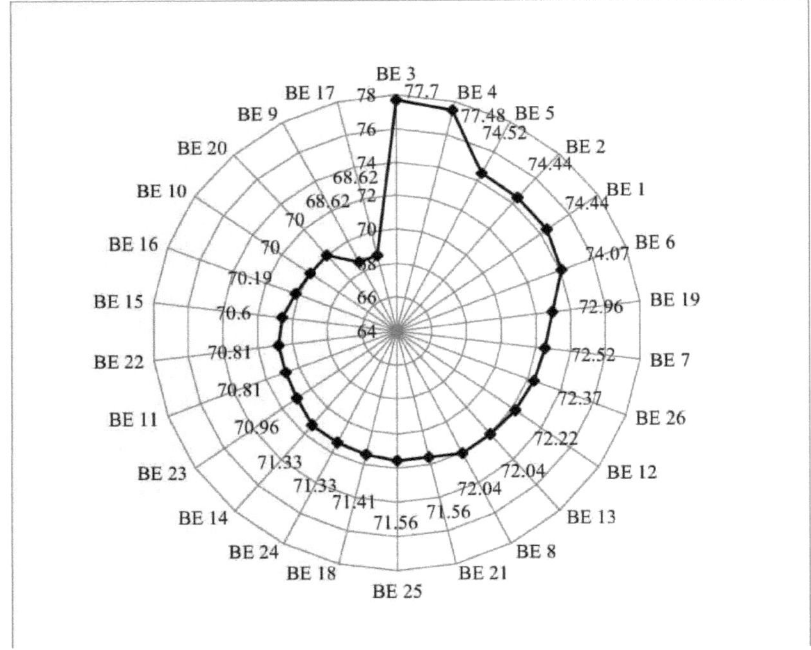

Figura (4.7): RII dos benefícios BIM (BE1 a BE 26)

Os resultados indicaram que *"Enhance design team collaboration (Architectural, Structural, Mechanical, and Electrical Engineers) "* (BE 3) é o benefício BIM mais valioso que convenceria os profissionais a adotar o BIM na indústria AEC na Faixa de Gaza. Foi classificada como a primeira posição com (RII = 77,70%) e (*P-value* = 0,00*) de acordo com a totalidade dos inquiridos. Este resultado é coerente com o que foi referido por Eastman *et al.* (2008, 2011). Afirmaram que o BIM é uma plataforma que oferece a oportunidade de facilitar a colaboração e a partilha de informações na conceção e construção. Por exemplo, as alterações no modelo arquitetónico geram alterações no modelo estrutural e vice-versa.

"Melhorar a qualidade do projeto (redução de erros/reconcepção e gestão das alterações ao projeto) " (BE 4) foi classificado como o segundo benefício BIM mais valioso com (RII = 77,48%; *valor P* = 0,00*). Uma implementação bem sucedida do BIM resultaria num projeto de melhor qualidade. O BIM proporciona um ambiente de conceção muito mais robusto, que é totalmente integrado entre todas as disciplinas de conceção, poupando tempo e dinheiro nas fases de conceção e construção do projeto. O BIM elimina a necessidade de traduzir ou transferir informações, reduzindo assim os erros, a reformulação, o tempo e os custos, aumentando simultaneamente a precisão e a qualidade. Por outras palavras, esta vantagem do BIM garante a verificação fácil da coerência com a intenção do projeto, o que evita atrasos dispendiosos e elimina conflitos (Holness, 2006; Eastman *et al.*, 2008; Eastman *et al.*, 2011).

"Melhorar o design sustentável e o lean design" (BE 5) foi classificado na terceira posição com (RII de 74,52%; *P-value* = 0,00*). Este benefício do BIM seria precioso para a indústria AEC na Faixa de Gaza. A cor do BIM é o verde, pois o BIM permite aos arquitectos criar um protótipo ou virtual preciso de um projeto de construção sustentável antes do início da construção propriamente dita. Como tal, as decisões mais eficazes relacionadas com a conceção sustentável de um edifício podem ser tomadas nas fases iniciais de conceção e pré-construção (Azhar *et al.*, 2008a; Azhar *et al.*, 2008b; Krygiel *et al.*, 2008; Azhar e Brown, 2009; Allen Consulting Group, 2010; Schade *et al.*, 2011; e Kolpakov, 2012). A combinação de estratégias de conceção sustentável e da tecnologia BIM tem o potencial de alterar as práticas de conceção tradicionais e de produzir uma conceção de instalações de elevado desempenho. Por outro lado, o tema da conceção enxuta e do BIM centra-se no desenvolvimento de soluções para apoiar a criação de mais valor para os clientes e utilizadores do ambiente construído através de processos melhorados com a utilização das tecnologias BIM de apoio. A sua essência consiste em alargar o design thinking a estratégias e métodos para apoiar a inovação e melhorar a eficiência do sector da conceção e da construção (Eastman *et al.*, 2008, Eastman *et al.*, 2011; Khosrowshahi e Arayici, 2012). Este resultado é consistente com os relatados por Azhar e Brown (2009); Khosrowshahi e Arayici (2012); Park *et al.* (2012); e Stanley e Thurnell (2014), cujos estudos de investigação determinaram este benefício como o mais valioso do BIM para as empresas de AEC nos Estados Unidos, Reino Unido, Coreia e Nova Zelândia, respetivamente.

"Melhorar a coordenação do trabalho com os subcontratantes e fornecedores (cadeia de abastecimento)" (BE 9) foi classificado na posição 25th com (RII de 68,62%; SD = 0,96; P-value = 0,00*). Trata-se de uma classificação muito baixa. Ao contrário do resultado da análise, os estudos de Eastman *et al.* (2008, 2011); Hardin (2009); McGraw-Hill Construction (2009); Succar (2009); Weygant (2011); Ahmad *et al.* (2012); Khosrowshahi e Arayici (2012); Lorch (2012); Farnsworth *et al.* (2014); e Stanley e Thurnell (2014) enfatizaram o valor da adoção do BIM para a cadeia de suprimentos na indústria da construção. O BIM é uma abordagem colaborativa que melhora os meios de comunicação entre o cliente, os profissionais de projeto, os empreiteiros, os fornecedores e os subempreiteiros. Os subcontratantes podem adotar o BIM e deixar de sofrer despesas adicionais por terem de utilizar vários modelos. A adoção do BIM pode esclarecer rapidamente a complexidade de alguns componentes. A coordenação da montagem dos materiais no local pode reduzir os custos, aumentar a produtividade, melhorar a qualidade, poupar tempo e minimizar os riscos. No seu artigo, Irizarry *et al.* (2013) apresentaram um sistema BIM-GIS integrado para visualizar o processo da cadeia de abastecimento e o estado atual dos materiais através da cadeia de abastecimento (manifestando visualmente o fluxo de materiais, a disponibilidade de recursos e o "mapa" das respectivas cadeias de abastecimento). O BIM está interligado com todas as partes e, quando ocorre uma alteração, esta é automaticamente alterada e comunicada a todo o grupo de utilizadores do modelo. Os consultores, empreiteiros, fornecedores e subempreiteiros beneficiam todos da partilha de informações sobre o projeto através do modelo BIM.

Por último, *"Reduzir a duração e o custo global do projeto"* (BE 17) foi classificado como o benefício BIM de menor valor, na 26.ª posição, com (RII de 68,62%; SD = 1,06; *P-value* = 0,00*), de acordo com as percepções de todos os inquiridos. Ao contrário do resultado da análise, McGraw-Hill Construction (2009); Eastman *et al.* (2011); Barlish e Sullivan (2012); e Barlish e Sullivan (2012) afirmaram que o BIM se tornou uma ferramenta muito eficaz, que comprovadamente reduz consideravelmente os custos e o tempo. O BIM ajuda a reduzir o tempo e o custo da introdução de dados, uma vez que o modelo BIM armazena todas as informações relativas à conceção do edifício e todas as outras informações relacionadas com o projeto, incluindo a calendarização e os custos, permitindo que as mesmas informações sejam utilizadas em vários documentos e locais, sem que seja necessário recriar ou voltar a introduzir essas informações. Além disso, o BIM melhora a produtividade da equipa de arquitetura e engenharia, reduz o retrabalho de conceção e as alterações de construção e aumenta a comunicação entre os especialistas individuais através do modelo BIM, eliminando assim conflitos e atrasos.

Os três principais benefícios do BIM, que foram classificados pelos inquiridos, são lógicos e aceitáveis como sendo os benefícios mais valiosos do BIM que convenceriam os profissionais a adoptá-lo na indústria da AEC na Faixa de Gaza. Relativamente aos resultados de todos os itens da parte dos benefícios do BIM, estes mostram que a média de todos esses itens é igual a 3,60 e o RII total é igual a 72,10%, o que é superior a 60% (o valor neutro do RII (3/5)*100 = 60%). O valor do *teste t é igual a* 14,82, que é superior ao *valor crítico de t,* que é igual a 1,97. Além disso, o *valor P* total de todos os itens é igual a 0,00 e é inferior ao *nível de significância* de 0,05. Com base em todos os resultados anteriores, os benefícios do BIM são significativamente valiosos para os profissionais do sector da AEC na Faixa de Gaza.

4.5.2 Resultados da análise fatorial dos benefícios do BIM

A análise RII não forneceu quaisquer resultados significativos em termos de compreensão dos efeitos de agrupamento dos itens/variáveis semelhantes, pelo que foi necessária uma análise mais aprofundada utilizando métodos estatísticos avançados, como a análise de factores. A utilização da análise de factores é puramente exploratória. A análise fatorial foi utilizada para examinar o padrão de intercorrelações entre os 26 itens/variáveis do domínio dos benefícios BIM, numa tentativa de reduzir o número dos mesmos. Foi também utilizada para agrupar itens/variáveis com características semelhantes. Por outras palavras, identificou subconjuntos de itens/variáveis que apresentam uma correlação elevada entre si, a que se chamou factores ou componentes. A análise fatorial foi realizada para este estudo utilizando a Análise de Componentes Principais (ACP).

4.5.2.1 Adequação da análise fatorial

Os dados foram primeiro avaliados quanto à sua adequação à aplicação da análise fatorial. Esta avaliação teve várias fases:

A distribuição dos dados

O pressuposto da normalidade é o requisito essencial para generalizar os resultados do teste de análise fatorial para além da amostra coletada (Field, 2009; Zaiontz, 2014). Como mostrado no Quadro 3, os dados recebidos da pesquisa seguem a distribuição normal. O resultado foi satisfeito com este requisito.

Validade da dimensão da amostra

A fiabilidade da análise fatorial depende da dimensão da amostra. A análise fatorial/APC pode ser realizada numa amostra com menos de 100 inquiridos, mas com mais de 50 inquiridos. A dimensão da amostra para este estudo foi de 270 inquiridos. Por outro lado, a regra padrão é sugerir que o tamanho da amostra contenha pelo menos 10-15 inquiridos por item/ variável. Por outras palavras, a dimensão da amostra deve ser, pelo menos, dez vezes superior ao número de itens/variáveis e alguns recomendam mesmo 20 vezes (Field, 2009; Zaiontz, 2014). Felizmente, para este campo de benefícios BIM, a condição foi verificada. Este campo contém 26 itens/variáveis, e o tamanho da amostra foi de 270. Com 270 inquiridos e 26 itens/variáveis (benefícios BIM), o rácio de inquiridos para itens/variáveis é de 10: 1, o que é adequado para o requisito do rácio de inquiridos para itens/variáveis.

Validade da matriz de correlação (correlações entre itens/ variáveis)

Os quadros (4.10a) e (4.10b) apresentam a matriz de correlação para os 26 itens/variáveis dos benefícios BIM. Trata-se simplesmente de uma matriz retangular de números que fornece os coeficientes de correlação entre um único item/variável e todos os outros itens/variáveis da investigação (Field, 2009; Zaiontz, 2014). Como se pode ver nos quadros (4.10a) e (4.10b), o coeficiente de correlação entre um item/variável e ele próprio é sempre 1; por conseguinte, a diagonal principal da matriz de correlação contém 1s. Os coeficientes de correlação acima e abaixo da diagonal principal são os mesmos. A ACP exige que existam algumas correlações superiores a 0,30 entre os itens/variáveis incluídos na análise. Para este conjunto de itens/variáveis, a maior parte das correlações na matriz são fortes e superiores a 0,30. As correlações foram satisfeitas com este requisito.

Kaiser-Meyer-Olkin (KMO) e teste de Bartlett

Foram efectuados o teste de adequação da amostragem Kaiser-Meyer-Olkin (KMO) e o teste de esfericidade de Bartlett. Os resultados destes testes são apresentados no quadro (4.11). O valor da medida KMO de adequação da amostragem foi de 0,95 (próximo de 1) e foi considerado aceitável e maravilhoso porque excede o requisito mínimo de 0,50 e é superior a 0,90 ("soberbo" de acordo com Kaiser, 1974; Field, 2009; Zaiontz, 2014). Além disso, o teste de esfericidade de Bartlett foi outra indicação da força da relação entre itens/variáveis. O teste de esfericidade de Bartlett foi de 4754,45, e o nível de significância associado foi de 0,00. O valor de probabilidade (Sig.) associado ao teste de Bartlett é inferior a 0,01, o que satisfaz o requisito da ACP. Este resultado indica que a matriz de correlação não é uma matriz identidade e que todos os itens/variáveis estão correlacionados (Field, 2009; Zaiontz, 2014). De acordo com os resultados destes dois testes, os dados da amostra de (benefícios BIM) foram apropriados para a análise fatorial.

Medidas de fiabilidade para o conjunto dos itens/ variáveis

Foi efectuado o teste alfa de Cronbach aos itens/variáveis no domínio dos (benefícios BIM). O valor do alfa de Cronbach (*Ca*) pode situar-se num intervalo de 0 a 1, em que um valor mais elevado denota uma maior consistência interna e vice-versa. Um alfa de 0,60 ou superior é o nível mínimo aceitável. De preferência, o alfa será de 0,70 ou superior (Field, 2009; Weiers, 2011; Garson, 2013). Como mostra a Tabela (4.11), o valor do *Ca* calculado para todos os itens/variáveis no domínio dos (benefícios BIM) é de 0,96, o que é considerado maravilhoso.

Tabela: (4.10a): Correlações entre itens/variáveis do BIMbenefits

	BE 1	BE 2	BE 3	BE 4	BE 5	BE 6	BE 7	BE 8	BE 9	BE 10	BE 11	BE 12	BE 13
BE 1	1												
BE 2	0.72**	1											
BE 3	0.56**	0.62**	1										
BE 4	0.51**	0.60**	0.70**	1									
BE 5	0.45**	0.51**	0.61**	0.67**	1								
BE 6	0.41**	0.42**	0.54**	0.53**	0.60**	1							
BE 7	0.47**	0.48**	0.52**	0.50**	0.53**	0.60**	1						
BE 8	0.52**	0.48**	0.52**	0.51**	0.44**	0.49**	0.66**	1					
BE 9	0.39**	0.38**	0.46**	0.50**	0.46**	0.57**	0.58**	0.63**	1				
BE 10	0.40**	0.43**	0.46**	0.50**	0.51**	0.39**	0.43**	0.51**	0.51**	1			
BE 11	0.36**	0.38**	0.53**	0.53**	0.56**	0.59**	0.54**	0.47**	0.55**	0.57**	1		
BE 12	0.41**	0.43**	0.52**	0.56**	0.57**	0.40**	0.48**	0.53**	0.50**	0.64**	0.61**	1	
BE 13	0.32**	0.36**	0.50**	0.48**	0.50**	0.47**	0.51**	0.46**	0.49**	0.45**	0.49**	0.69**	1
BE 14	0.30**	0.39**	0.45**	0.49**	0.54**	0.48**	0.48**	0.42**	0.49**	0.48**	0.51**	0.58**	0.60**
BE 15	0.31**	0.44**	0.46**	0.46**	0.51**	0.40**	0.43**	0.45**	0.43**	0.46**	0.42**	0.55**	0.57**
BE 16	0.25**	0.32**	0.33**	0.35**	0.40**	0.47**	0.44**	0.40**	0.44**	0.35**	0.52**	0.47**	0.53**
BE 17	0.28**	0.36**	0.34**	0.37**	0.38**	0.41**	0.47**	0.45**	0.53**	0.41**	0.48**	0.46**	0.45**
BE 18	0.32**	0.35**	0.41**	0.46**	0.53**	0.43**	0.53**	0.51**	0.48**	0.47**	0.51**	0.59**	0.51**
BE 19	0.30**	0.44**	0.44**	0.45**	0.48**	0.36**	0.40**	0.40**	0.36**	0.41**	0.35**	0.44**	0.47**
BE 20	0.40**	0.44**	0.47**	0.48**	0.49**	0.46**	0.52**	0.47**	0.48**	0.53**	0.53*	0.55**	0.58**
BE 21	0.36**	0.44**	0.47**	0.47**	0.46**	0.44**	0.54**	0.48**	0.51**	0.45**	0.48**	0.53**	0.53**
BE 22	0.38**	0.46**	0.41**	0.46**	0.54**	0.50**	0.52**	0.44**	0.53**	0.53**	0.55**	0.57**	0.46**
BE 23	0.35**	0.36**	0.41**	0.45**	0.50**	0.42**	0.48**	0.43**	0.44**	0.49**	0.49**	0.55**	0.52**
BE 24	0.32**	0.38**	0.42**	0.45**	0.42**	0.37**	0.44**	0.46**	0.46**	0.55**	0.51**	0.60**	0.57**
BE 25	0.48**	0.52**	0.42**	0.37**	0.37**	0.42**	0.45**	0.44**	0.32**	0.42**	0.35**	0.40**	0.36**
BE 26	0.37**	0.38**	0.41**	0.40**	0.46**	0.51**	0.61**	0.53**	0.51**	0.38**	0.53**	0.47**	0.41**

**. *A correlação é significativa ao nível de 0,01 (unicaudal).*
*. *A correlação é significativa ao nível de 0,05 (unicaudal).*

Tabela: (4.10b): Correlações entre itens/variáveis dos benefícios BIM

	BE 14	BE 15	BE 16	BE 17	BE 18	BE 19	BE 20	BE 21	BE 22	BE 23	BE 24	BE 25	BE 26
BE 14	1												
BE 15	0.64**	1											
BE 16	0.56**	0.55**	1										
BE 17	0.48**	0.57**	0.65**	1									
BE 18	0.50**	0.50**	0.52**	0.65**	1								
BE 19	0.51**	0.62**	0.40**	0.43**	0.51**	1							
BE 20	0.54**	0.58**	0.51**	0.53**	0.55**	0.64**	1						
BE 21	0.51**	0.56**	0.50**	0.53**	0.57**	0.58**	0.70**	1					
BE 22	0.50**	0.48**	0.49**	0.54**	0.56**	0.48**	0.65**	0.61**	1				
BE 23	0.47**	0.49**	0.49**	0.43**	0.49**	0.49**	0.60**	0.56**	0.65**	1			
BE 24	0.56**	0.55**	0.53**	0.50**	0.49**	0.50**	0.63**	0.54**	0.62**	0.63**	1		
BE 25	0.36**	0.43**	0.44**	0.43**	0.41**	0.42**	0.47**	0.47**	0.50**	0.39**	0.52**	1	
BE 26	0.48**	0.50**	0.56**	0.53**	0.56**	0.47**	0.53**	0.59**	0.54**	0.53**	0.53**	0.54**	1

***. A correlação é significativa ao nível de 0,01 (unicaudal).*
**. A correlação é significativa ao nível de 0,05 (unicaudal).*

Tabela: (4.11) KMO e teste de Bartlett para os itens de benefícios BIM

KMO e teste de Bartlett		
Medida de adequação da amostragem de Kaiser-Meyer-Olkin.		0.95
Teste de esfericidade de Bartlett	Aprox. Qui-quadrado	4754.45
	df	325
	Sig.	0.00
Alfa de Cronbach (Ca)	0.96	

Comunalidades (variante comum)

A parte seguinte do resultado foi uma tabela de comunalidades. As comunalidades representam a proporção da variância nos itens/variáveis originais que é explicada pela solução do fator. A solução fatorial deve explicar pelo menos metade da variância de cada item/variável original, pelo que o valor da comunalidade para cada item/variável deve ser de 0,50 ou superior (Field, 2009; Zaiontz, 2014). A Tabela (4.12) mostra que todas as comunalidades para todos os itens/variáveis satisfazem o requisito mínimo de serem superiores a 0,50, pelo que não foi necessário excluir nenhum destes itens/variáveis com base em comunalidades baixas. Assim, todos os 26 itens/variáveis deste domínio (benefícios BIM) foram utilizados nesta análise.

Tabela: (4.12) Comunalidades dos benefícios do BIM

Não.	Benefícios do BIM	Inicial	Extração
BE 1	Melhorar a realização da ideia de um projeto pelo proprietário através de um modelo 3D do edifício	1	0.75
BE2	Apoiar a tomada de decisões de conceção, comparando diferentes alternativas de conceção num modelo 3D	1	0.79
BE3	Melhorar a colaboração da equipa de conceção (*arquitetónica, estrutural, Engenheiros mecânicos e electrotécnicos*)	1	0.72
BE4	Melhorar a qualidade da conceção (*redução de erros/reconcepção e gestão das alterações à conceção*)	1	0.72
BE5	Melhorar a conceção sustentável e a conceção optimizada	1	0.66
BE6	Melhorar a conceção da segurança	1	0.65
BE7	Melhorar a seleção dos componentes de construção em função da qualidade e dos custos (por exemplo, *tipos de portas e janelas, tipo de cobertura das paredes exteriores, etc.*)	1	0.69
BE8	Melhorar a compreensão da sequência das actividades de construção	1	0.62
BE9	Melhorar a coordenação dos trabalhos com os subcontratantes e os fornecedores (*cadeia de abastecimento*)	1	0.66
BE 10	Aumentar a qualidade dos componentes pré-fabricados (*fabricados digitalmente)* e reduzir os seus custos	1	0.54
BE 11	Melhorar o planeamento e o controlo da segurança no local/ reduzir os riscos	1	0.67
BE 12	Aumentar a precisão da programação e do planeamento	1	0.70
BE 13	Aumentar a precisão da estimativa de custos	1	0.63
BE 14	Melhorar a comunicação entre as partes envolvidas no projeto	1	0.62
BE 15	Reduzir as ordens de alteração/ variação na fase de construção	1	0.63
BE 16	Reduzir os conflitos entre as partes interessadas (*deteção de conflitos*)	1	0.62
BE 17	Reduzir a duração e o custo global do projeto	1	0.65
BE 18	Melhorar a aplicação de técnicas de construção optimizadas para obter soluções sustentáveis para reduzir os resíduos de materiais durante a construção e a demolição	1	0.59
BE 19	Facilidade de recuperação de informações durante toda a vida útil do edifício através de um modelo 3D as- built	1	0.64

BE 20	Melhorar a gestão e o funcionamento do edifício para manter a sua sustentabilidade, apoiando a tomada de decisões sobre questões relacionadas com o edifício	1	0.69
BE21	Aumentar a coordenação entre os diferentes sistemas operacionais do edifício (*como o sistema de segurança e alarme, a iluminação, o ar condicionado, etc.*)	1	0.63
BE 22	Melhorar a eficiência energética e a sustentabilidade do edifício	1	0.61

Tabela: (4.12) Comunalidades dos benefícios do BIM

Não.	Benefícios do BIM	Inicial	Extração
BE 23	Melhorar o planeamento da manutenção *(preventiva e curativa)*/estratégia de manutenção das instalações	1	0.56
BE 24	Controlar eficazmente os custos de todo o ciclo de vida do ativo	1	0.65
BE 25	Aumentar os lucros através da comercialização das instalações através de um modelo 3D	1	0.67
BE 26	Melhorar a gestão de emergências *(elaborar planos para evitar riscos e fazer face a catástrofes como incêndios, terramotos, etc.)*	1	0.69

Variância total explicada

Utilizando o resultado da iteração 1, havia quatro valores próprios superiores a 1 (Figura 4.8). O critério do valor próprio indica que cada componente explica pelo menos um item/variável da variabilidade, pelo que apenas os componentes com valores próprios superiores a um devem ser retidos (Larose, 2006; Field, 2009). O critério da raiz latente para alguns factores a serem derivados indicaria que havia quatro componentes (factores) a serem extraídos para esses itens/variáveis. Os resultados foram tabulados na Tabela (4.13). A solução dos quatro componentes explicou uma soma da variância com o componente 1 a contribuir com 50,48%; o componente 2 a contribuir com 6,50%; o componente 3 a contribuir com 4,27% e o componente 4 a contribuir com 4,22%. Todos os restantes factores não são significativos.

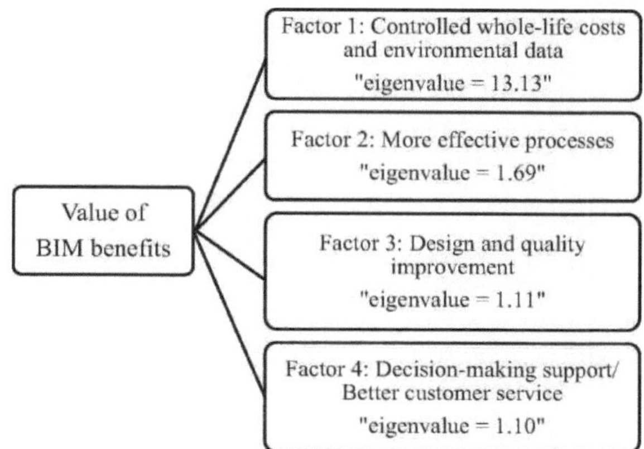

Figura (4.8): Os quatro componentes (factores) dos benefícios do BIM

Os quatro componentes foram depois rodados através da abordagem de rotação varimax (ortogonal). Esta abordagem não altera a solução subjacente ou as relações entre os itens/variáveis. Em vez disso, apresenta o padrão de cargas de uma forma que é mais fácil de interpretar os factores (componentes) (Reinard, 2006; Field, 2009; Zaiontz, 2014). A solução rotacionada revelou que a solução de quatro componentes explicou uma soma da variância com o componente 1 contribuindo com 23,20%; o componente 2 contribuindo com 15,23%; o componente 3 contribuindo com 14,92%; e o componente 4 contribuindo com 12,12%. Estes quatro componentes (factores) explicaram 65,47% da variância total para a rotação varimax.

Tabela (4.13): Variância total explicada dos benefícios do BIM

Componente	Valores próprios iniciais			Extração Somas de cargas quadradas			Somas de cargas quadráticas de rotação		
	Total	% de variação	Acumulado %	Total	% de variação	Acumulado %	Total	% de variação	Acumulado %
1	13.13	50.48	50.48	13.13	50.48	50.48	6.03	23.19	23.19
2	1.69	6.50	56.98	1.69	6.50	56.98	3.96	15.23	38.42
3	1.11	4.27	61.25	1.11	4.27	61.25	3.88	14.92	53.35
4	1.10	4.22	65.47	1.10	4.22	65.47	3.15	12.12	65.47
5	0.87	3.33	68.80						
6	0.75	2.90	71.70						
7	0.71	2.75	74.45						
8	0.64	2.48	76.93						
9	0.55	2.12	79.05						
10	0.54	2.06	81.10						
11	0.48	1.86	82.96						
12	0.46	1.75	84.71						
13	0.43	1.65	86.36						
14	0.39	1.50	87.87						
15	0.36	1.39	89.25						
16	0.34	1.31	90.56						
17	0.33	1.25	91.81						
18	0.29	1.13	92.94						
19	0.29	1.10	94.05						
20	0.27	1.05	95.09						
21	0.25	0.96	96.06						
22	0.23	0.88	96.94						
23	0.22	0.86	97.80						
24	0.20	0.78	98.58						
25	0.19	0.75	99.33						
26	0.17	0.67	100						

Gráfico Scree

O gráfico scree plot apresentado na Figura (4.9) é um gráfico dos valores próprios em relação a todos os factores. Este gráfico também pode ser utilizado para decidir sobre alguns factores que podem ser derivados. O ponto de interesse é aquele em que a curva começa a ficar plana. Pode ver-se que a curva começa a achatar-se entre os factores 4 e 5. Note-se também que o fator 5 tem um valor próprio inferior a 1, pelo que apenas quatro factores foram retidos para serem extraídos.

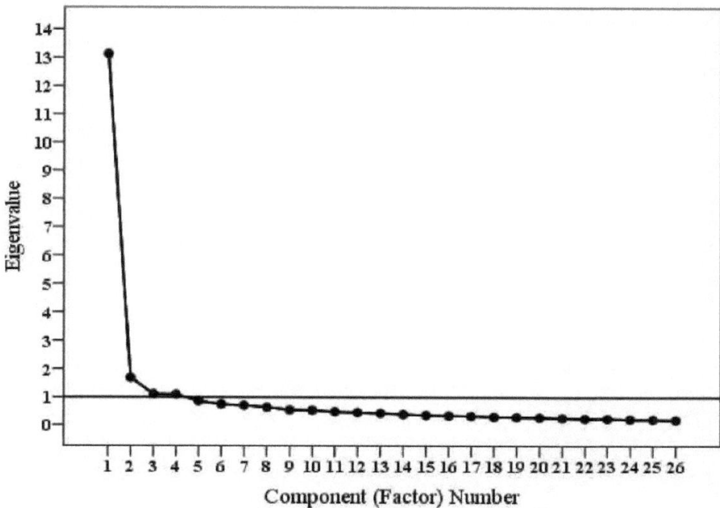

Figura (4.9): Gráfico Scree para os factores dos benefícios do BIM

Matriz de componentes (factores) rodados

A Tabela (4.14) mostra as cargas factoriais após a rotação de 19 itens/variáveis (dos 26 itens/variáveis originais) nos quatro factores extraídos e rodados. O padrão das cargas factoriais deve ser examinado para identificar itens/variáveis que têm estruturas complexas (*a estrutura complexa ocorre quando um item/variável tem cargas ou correlações elevadas (0,50 ou mais) em mais do que um fator/componente).* Se um item/variável tiver uma estrutura complexa, deve ser removido da análise (Reinard, 2006; Field, 2009; Zaiontz, 2014). De acordo com isso, foi necessário remover sete itens/variáveis por apresentarem estruturas complexas. Cada item/variável dos itens/variáveis removidos foi carregado em dois componentes ao mesmo tempo, com cargas factoriais superiores a 0,5. Os itens/variáveis que foram removidos são BE 16, BE 17, BE 26, BE 11, BE 3, BE 13 e BE 25. Como se pode ver na Tabela (4.14), as cargas factoriais de cada item/variável restante são superiores a 0,5 e todos os itens/variáveis têm estruturas simples. Os itens/variáveis estão listados por ordem da dimensão das suas cargas factoriais. ....

Nomear os factores

Uma vez estabelecido um padrão interpretável de cargas, os factores ou componentes devem ser designados de acordo com o seu conteúdo substantivo ou núcleo. Os factores devem ter nomes e conteúdos concetualmente distintos. Os itens/variáveis com cargas mais elevadas num fator devem desempenhar um papel mais importante na designação do fator. Os quatro componentes (factores) foram designados da seguinte forma

Fator 1: "*Custos controlados durante todo o ciclo de vida e dados ambientais.* "
Fator 2: "*Processos mais eficazes.* "
Fator 3: "*Conceção e melhoria da qualidade.* "
Fator 4: "*Apoio à tomada de decisões/Melhor serviço ao cliente.* "

Medidas de fiabilidade para cada fator

Depois de os factores terem sido extraídos e rodados, foi necessário verificar se os itens/variáveis em cada fator formado explicam coletivamente a mesma medida dentro das dimensões-alvo (Doloi, 2009). Se os itens/variáveis formarem verdadeiramente o fator (componente) identificado, entende-se que devem ter uma correlação razoável entre si, mas não uma correlação perfeita. O teste alfa de Cronbach (*Ca*) foi realizado para cada componente (fator) da seguinte forma

Fator 1 *^Custos de toda a vida* controlados *e dados ambientais"* com itens/variáveis: BE 20, BE 24, BE 19, BE15, BE 21, BE 23, BE 22, BE 14 e BE 18.
Fator 2 *"Processos mais eficazes"* com itens/variáveis: BE 9, BE 7, BE 6 e BE 8.
Fator 3 *"Conceção e melhoria da qualidade"* com itens/variáveis: BE 4, BE 5, BE 12, e BE 10.
Fator 4 *"Apoio à tomada de decisões/Melhor serviço ao cliente"* com itens/variáveis: BE 2, e BE 1.

Quanto mais elevado for o valor de *Ca,* maior será a consistência interna e vice-versa. Um alfa de 0,60 ou superior é o nível mínimo aceitável. De preferência, o alfa será de 0,70 ou superior (Field, 2009; Weiers, 2011; Garson, 2013). De acordo com os resultados que foram tabulados na Tabela (4.14), o *Ca* para o fator 1 é 0,92; *o Ca* para o fator 2 é 0,85; *o Ca* para o fator 3 é 0,84; e *o Ca* para o fator 4 é 0,83. Estes resultados são considerados excelentes.

Tabela (4.14): Resultados da análise de factores para os benefícios BIM

Não.	Factores de benefício do BIM (Componentes)	Carga do fator	Valores próprios	variância % explicada	Alfa de Cronbach (Ca)
Componente/Fator 1: *Custos controlados durante todo o ciclo de vida e dados ambientais*					
BE 20	Melhorar a gestão e o funcionamento do edifício para manter a sua sustentabilidade, apoiando a tomada de decisões sobre questões relacionadas com o edifício	0.70			
BE 24	Controlar eficazmente os custos de todo o ciclo de vida do ativo	0.70			
BE 19	Facilidade de recuperação de informações durante toda a vida do edifício através do modelo 3D as-built	0.70			
BE 15	Reduzir as ordens de alteração/ variação na fase de construção	0.69			
BE21	Aumentar a coordenação entre os diferentes sistemas operacionais do edifício (*como o sistema de segurança e alarme, a iluminação, o ar condicionado, etc.*)	0.65	13.13	50.48	0.92
BE 23	Melhorar o planeamento da manutenção *(preventiva e curativa*)/estratégia de manutenção das instalações	0.60			
BE22	Melhorar a eficiência energética e a sustentabilidade do edifício	0.59			
BE14	Melhorar a comunicação entre as partes envolvidas no projeto	0.55			
BE18	Melhorar a aplicação de técnicas de construção optimizadas para obter soluções sustentáveis para reduzir os resíduos de materiais durante a construção e a demolição	0.55			
Componente/Fator 2: *Processos mais eficazes*					

BE 9	Melhorar a coordenação dos trabalhos com os subcontratantes e fornecedores (*cadeia de abastecimento*)	0.66	1.69	6.50	0.85
BE 7	Melhorar a seleção dos componentes de construção cuidadosamente em função da qualidade e dos custos (por exemplo, *tipos de portas e janelas, tipo de cobertura das paredes exteriores, etc.*)	0.66			
BE 6	Melhorar a conceção da segurança	0.63			
BE 8	Melhorar a compreensão da sequência das actividades de construção	0.57			
Componente/fator três: *Conceção e melhoria da qualidade*					
BE 4	Melhorar a qualidade da conceção (*redução de erros/reconcepção e gestão das alterações à conceção*)	0.64			
BE 5	Melhorar a conceção sustentável e a conceção optimizada	0.64 111		4.27	0.84
BE 12	Aumentar a precisão da programação e do planeamento	0.62 1111			
BE 10	Aumentar a qualidade dos componentes pré-fabricados (*fabricados digitalmente)* e reduzir os seus custos	0.54			
Componente/Fator Quatro: *Apoio à tomada de decisões/Melhor serviço ao cliente*					
BE 2	Apoiar a tomada de decisões de conceção, comparando diferentes alternativas de conceção num modelo 3D	0.80 0.80 1,10		4.22	0.83
BE 1	Melhorar a realização da ideia de um projeto pelo proprietário através de um modelo 3D do edifício				

4.5.2.2 Os factores extraídos

A próxima secção interpretará e discutirá cada um dos componentes (factores) extraídos da seguinte forma:

Fator 1: Custos controlados durante todo o ciclo de vida e dados ambientais

O primeiro fator, denominado *Custos de toda a vida controlados e dados ambientais,* explica 50,48% da variância total e contém nove itens/variáveis. A maioria dos itens/variáveis tinha cargas factoriais relativamente elevadas (> 0,55). Os nove itens/ variáveis são os seguintes

1. *Melhorar a gestão e o funcionamento do edifício para manter a sua sustentabilidade, apoiando a tomada de decisões sobre questões relacionadas com o edifício* (BE 20), com uma carga fatorial = 0,70.
2. *Controlar eficazmente os custos do ativo durante toda a sua vida útil* (BE 24), com um fator de carga = 0,70.
3. *Facilidade de recuperação de informação para toda a vida do edifício através do modelo 3D as-built* (BE 19), com uma carga fatorial = 0,70.
4. *Reduzir as ordens de alteração/variação na fase de construção* (BE 15), com uma carga do fator = 0,69.
5. *Aumentar a coordenação entre os diferentes sistemas operacionais do edifício (como o sistema de segurança e alarme, iluminação, ar condicionado, etc.)* (BE 21), com uma carga do fator = 0,65.
6. *Melhorar o planeamento da manutenção (preventiva e curativa)/estratégia de manutenção da instalação* (BE 23), com uma carga fatorial = 0,60.
7. *Reforçar a eficiência energética e a sustentabilidade do edifício* (BE 22), com uma carga

do fator = 0,59.

8. Melhorar a comunicação entre as partes envolvidas no projeto (BE 14), com uma carga do fator = 0,55.

9. *Melhorar a aplicação de técnicas de construção racionalizadas para obter soluções sustentáveis para reduzir o desperdício de materiais durante a construção e a demolição* (BE18), com uma carga fatorial = 0,55.

O nome deste fator foi escolhido de acordo com as correlações entre estes nove itens/variáveis. *O custo total de vida* refere-se ao custo total de propriedade ao longo da vida de um ativo (custos do berço ao túmulo). Os custos incluem o custo financeiro, que é relativamente simples de calcular, e também os custos ambientais e sociais, que são mais difíceis de quantificar e atribuir valores numéricos. As áreas típicas de despesa num projeto de construção estão incluídas no cálculo dos custos de toda a vida útil do planeamento, conceção, construção, operações, manutenção, reabilitação e o custo financeiro e de substituição ou eliminação. Os dados do ciclo de vida de um projeto (requisitos, conceção, construção e informações operacionais) podem ser utilizados na gestão de instalações através do modelo BIM. O modelo BIM pode ser utilizado para compreender e prever o desempenho ambiental de um edifício e os custos do seu ciclo de vida durante o período de gestão da instalação. Os dados BIM podem ser explorados durante a gestão das instalações, assegurando que as decisões de aquisição dependem dos custos ao longo da vida e da adequação cultural, e não apenas de critérios financeiros de curto prazo (CRC Construction Innovation, 2007; Azhar *et al.*, 2008a; Azhar *et al.*, 2008b; Eastman *et al.*, 2011; Ku e Taiebat, 2011; BIFM, 2012). Conforme demonstrado nos resultados, o item/variável com a carga mais elevada deste primeiro fator (componente) é "*Melhorar a gestão e o funcionamento do edifício para manter a sua sustentabilidade, apoiando a tomada de decisões sobre questões relacionadas com o edifício*" (BE 20) e o item/variável com a carga mais baixa deste primeiro fator (componente) é "*Melhorar a implementação de técnicas de construção enxuta para obter soluções sustentáveis para reduzir o desperdício de materiais durante a construção e demolição*" (BE 18).

"*Melhorar a gestão e o funcionamento do edifício para manter a sua sustentabilidade, apoiando a tomada de decisões sobre questões relacionadas com o edifício*" (BE 20) é o item/variável mais elevado do fator 1 dos benefícios do BIM, com uma carga fatorial de 0,70. As decisões tomadas no início do processo de conceção têm um impacto significativo no desempenho do ciclo de vida de um edifício e, com o aumento do custo da energia e as crescentes preocupações ambientais, a procura de edifícios sustentáveis com um impacto ambiental mínimo está a aumentar (Schade *et al.*, 2011; Azhar e Brown, 2009). Por outro lado, existe uma enorme vantagem na integração de processos verdes (sustentabilidade) e BIM (Kolpakov, 2012). O modelo BIM pode ser utilizado como um quadro de decisão na fase inicial do projeto. Ajuda os decisores a tomar decisões informadas sobre o desempenho do ciclo de vida de um edifício (Schade *et al.*, 2011). Isto permite poupar tempo e custos de gestão e operação do edifício de uma forma ecológica (Lee *et al.*, 2007; Lee *et al.*, 2009; Choi, 2010; Smart Market Report, 2012) (citado em Lee *et al.*, 2014).

"*Melhorar a implementação de técnicas de construção enxuta para obter soluções sustentáveis para reduzir o desperdício de materiais durante a construção e a demolição*" (BE 18) é o item/variável mais baixo do fator 1 dos benefícios BIM, com uma carga fatorial de 0,55. Este benefício do BIM foi mencionado na revisão da literatura como um benefício valioso do BIM, de acordo com os estudos de Kjartansdottir (2011); Khosrowshahi e Arayici (2012); Kolpakov (2012); e Cheng e Ma (2013). As técnicas de construção enxuta são incorporadas em todo o fluxo de trabalho BIM. Por outras palavras, as aplicações BIM permitem o efeito total dos princípios lean. A maximização do valor e a redução dos resíduos (benefícios do BIM) estão em consonância com os benefícios que a construção optimizada promete. Quando o BIM e os princípios da construção optimizada são utilizados em conjunto, o processo de construção torna-se ainda mais aperfeiçoado. A equipa do projeto torna-se mais capaz de lidar com objectivos complexos, dinâmicos e desafiantes para realizar um projeto (Eastman *et al.*, 2008; Eastman *et al.* ,2011; Kjartansdottir, 2011).

Fator 2: Processos mais eficazes

O segundo fator, denominado *Processos mais eficazes,* explica 6,50% da variância total e contém quatro itens/variáveis. A maioria dos itens/variáveis tinha cargas factoriais relativamente elevadas (>0,57). Os quatro itens/variáveis são os seguintes

1. *Melhorar a coordenação do trabalho com os subcontratantes e fornecedores (cadeia de abastecimento)* (BE 9), com uma carga fatorial = 0,66.
2. *Melhorar a seleção dos componentes de construção de acordo com a qualidade e os custos (tais como tipos de portas e janelas, tipo de cobertura das paredes exteriores, etc.)* (BE7), com uma carga do fator = 0,66.
3. *Melhorar a conceção da segurança* (BE 6), com um fator de carga = 0,63.
4. *Melhorar a compreensão da sequência das actividades de construção* (BE 8), com uma carga do fator = 0,57.

O nome deste fator foi escolhido de acordo com as correlações entre estes quatro itens/variáveis. Ao longo do ciclo de vida dos activos, o BIM ajuda as pessoas a poupar tempo e dinheiro. Permite uma gestão integrada da informação ao longo da vida mais eficaz, bem como uma maior continuidade das actividades. O BIM é um conjunto coordenado de processos, apoiado pela tecnologia, que acrescenta valor através da criação, gestão e partilha das propriedades de um ativo ao longo do seu ciclo de vida. Os modelos BIM incorporam dados gráficos, físicos, comerciais, ambientais e operacionais (Sebastian e Berlo, 2010; Aibinu e Venkatesh, 2013). Os modelos BIM permitem um conjunto de actividades de colaboração anteriormente incrível: revisão integrada e interdisciplinar do projeto, coordenação de vários modelos e deteção de conflitos, integração em tempo real com outras disciplinas especializadas para estimativa de custos e gestão da construção. O BIM garante condições mais controladas em termos de clima, qualidade, melhor supervisão da mão de obra e menos entregas de materiais. O BIM também pode aumentar a segurança dos trabalhadores através da redução da exposição às intempéries e da melhoria das condições de trabalho (Karlshoj, 2012). Como mostram os resultados, o item/variável com a carga mais elevada deste primeiro fator (componente) é "*Melhorar a coordenação do trabalho com subcontratantes e fornecedores (cadeia de abastecimento)*" (BE 9) e o item/variável com a carga mais baixa deste primeiro fator (componente) é "*Melhorar a compreensão da sequência das actividades de construção*" (BE 8).

"Melhorar a coordenação do trabalho com os subcontratantes e fornecedores (cadeia de abastecimento)" (BE 9) é o item/variável mais elevado do fator 2 dos benefícios BIM, com uma carga fatorial de 0,66. Trata-se de um benefício BIM valioso, em que o BIM é uma abordagem colaborativa que melhora os meios de comunicação entre o cliente, os profissionais de projeto, os empreiteiros, os fornecedores e os subempreiteiros. Os consultores, empreiteiros, fornecedores e subempreiteiros beneficiam todos da partilha de informações sobre o projeto através do modelo BIM. Os subcontratantes podem adotar o BIM e deixar de sofrer as despesas adicionais decorrentes da utilização de vários modelos. O BIM promete poupanças de custos significativas para os subcontratantes e fornecedores (Eastman *et al.*, 2008; Eastman *et al.*, 2011; Hardin, 2009; McGraw-Hill Construction, 2009; Succar, 2009; Weygant, 2011; Ahmad *et al.*, 2012; Khosrowshahi e Arayici, 2012; Lorch, 2012; Farnsworth *et al.*, 2014; Stanley e Thurnell, 2014).

"Melhorar a compreensão da sequência das actividades de construção" (BE 8) é o item/variável mais baixo do fator 2 dos benefícios do BIM, com uma carga fatorial de 0,57. O

BIM ajuda a concluir a construção a um nível ótimo através de uma compreensão prática da sequência das actividades de construção. A modelação BIM 4D proporciona uma poderosa ferramenta de visualização e comunicação que dá às equipas de projeto uma melhor compreensão das etapas do projeto e dos planos de construção. A simulação 4D pode ajudar as equipas a identificar problemas muito antes das actividades de construção, quando a sua resolução é muito mais fácil e menos dispendiosa. Os modelos BIM podem ser associados a calendários de actividades de construção para explorar os requisitos de espaço e sequenciação.

Informações adicionais que descrevem as localizações dos equipamentos e as áreas de preparação de materiais podem ser integradas no modelo de projeto para facilitar e apoiar as decisões de gestão do local, permitindo que as equipas de projeto gerem e avaliem eficazmente os layouts para instalações temporárias, áreas de montagem e entregas de materiais para todas as fases de construção (Eastman *et al.* ,2011; Newton e Chileshe, 2012; Aibinu e Venkatesh, 2013; Farnsworth *et al.*, 2014).

Fator 3: Conceção e melhoria da qualidade

O terceiro fator, designado *Design e melhoria da qualidade,* explica 4,27% da variância total e contém quatro itens/variáveis. A maioria dos itens/variáveis tinha cargas factoriais relativamente elevadas (> 0,54). Os quatro itens/ variáveis são os seguintes

1. *Melhorar a qualidade da conceção (redução de erros/reconcepção e gestão das alterações à conceção)* (BE 4), com uma carga do fator = 0,64.
2. *Melhorar a conceção sustentável e a conceção racionalizada* (BE 5), com uma carga do fator = 0,64.
3. *Aumentar a exatidão da programação e do planeamento* (BE 12), com uma carga do fator = 0,62.
4. *Aumentar a qualidade dos componentes pré-fabricados (fabricados digitalmente) e reduzir os seus custos* (BE 10), com uma carga do fator = 0,54.

O nome deste fator foi escolhido de acordo com as correlações entre estes quatro itens/variáveis. A avaliação precoce de alternativas *de projeto* utilizando ferramentas de análise/simulação aumenta a *qualidade* global do edifício. A utilização do BIM para apoiar a prototipagem digital provocou uma revolução na conceção, permitindo inovações na indústria da arquitetura. Ao aplicar modelos BIM aos edifícios, as equipas de projeto podem compreender um projeto digitalmente antes de ser construído. O BIM proporciona projectos de alta qualidade. Fazer alterações ou ajustes a um modelo virtual pode ser realizado mais rapidamente, mais facilmente e de forma exponencialmente mais económica do que esperar até que uma força de trabalho totalmente mobilizada esteja envolvida. O BIM permite que os modelos sejam testados quanto a conflitos e conflitos ao longo do desenvolvimento do projeto. Ao integrar a informação do modelo ao nível do fabrico, o processo de desenho da loja pode ser simplificado ou eliminado. O modelo digital BIM resolve problemas de coordenação e aumenta a utilização de componentes pré-fabricados, melhorando assim a qualidade e reduzindo o desperdício de material e de mão de obra (Eastman *et al.*, 2008; Eastman *et al.* 2011; Lorimer, 2011; Elmualim e Gilder, 2013). Como mostram os resultados, o item/ variável com a carga mais elevada deste primeiro fator (componente) é "*Melhorar a qualidade do design (reduzir erros/ redesenhar e gerir as alterações ao design)*" (BE 4), e o item/ variável com a carga mais baixa deste primeiro fator (componente) é "*Aumentar a qualidade dos componentes pré-fabricados (fabricados digitalmente) e reduzir os seus custos*" (BE 10).

"Melhorar a qualidade do projeto (redução de erros/reconcepção e gestão das alterações ao projeto)" (BE 4) é o item/variável mais elevado do fator 3 dos benefícios do BIM, com uma carga fatorial de 0,64. Uma aplicação bem sucedida do BIM resultaria numa melhor qualidade do projeto. Os arquitectos beneficiam da capacidade do BIM de criar representações em 3D, modelos graficamente precisos e conjuntos de documentos de construção. A utilização do BIM

evita atrasos dispendiosos devido a desenhos inexactos. O BIM é também benéfico para a conceção e instalação de serviços MEP em qualquer sistema de projeto de construção, bem como para a sua coordenação com outros sistemas de construção. A adoção do BIM também pode ajudar os engenheiros civis a analisar e comparar rapidamente várias alternativas de projeto. O modelo BIM está ligado a uma base de dados e qualquer alteração a um projeto reflecte-se em todo o modelo, eliminando assim os descuidos e a alteração dos modelos e desenhos do projeto. O BIM facilita a realização de projectos complexos e pode resolver facilmente erros/conflitos no projeto entre as disciplinas. O BIM garante a verificação fácil da coerência com o objetivo do projeto, o que evita atrasos dispendiosos e elimina conflitos (Holness, 2006; Eastman *et al.*, 2008; Eastman *et al.*, 2011).

"Aumentar a qualidade dos componentes pré-fabricados (fabricados digitalmente) e reduzir os seus custos" (BE 10) é o item/variável mais baixo do fator 3 dos benefícios do BIM, com uma carga fatorial de 0,54. A pré-fabricação é a prática de montar componentes de uma estrutura numa fábrica ou noutro local de fabrico e transportar conjuntos ou subconjuntos completos para o local de construção onde a estrutura será instalada. O BIM permite que o fabrico de muitos tipos de componentes de construção ocorra de forma eficiente fora do local. Estes componentes de construção incluem estruturas de aço, paredes cortina, fachadas e projectos de envolventes de edifícios, bem como conjuntos mecânicos e de tubagens. Esta precisão dos componentes de construção reduz o desperdício e condensa o tempo de construção, além de poupar custos. A redução dos horários de trabalho devido à pré-fabricação no exterior diminui as interferências no local, bem como os prazos de entrega, facilitando a montagem e a colocação mais rápidas dos componentes de construção num projeto. Além disso, os componentes pré-fabricados (fabricados digitalmente) permitem uma melhor qualidade através da informação extraída diretamente do modelo de projeto BIM, reduzindo os erros causados por falhas de comunicação ou má interpretação do projeto. A qualidade dos componentes fabricados em ambientes controlados é superior à dos componentes fabricados no local. Além disso, a utilização de componentes fabricados digitalmente permite uma melhor coordenação entre arquitectos, fabricantes e empreiteiros, permitindo que a teoria do modelo BIM seja alcançada com sucesso (Eastman *et al.*, 2008; Eastman *et al.* 2011; Gray *et al.*, 2013).

Fator 4: Apoio à tomada de decisões/ Melhor serviço ao cliente

O quarto fator, denominado *Apoio à tomada de decisão/Melhor serviço ao cliente,* explica 4,22% da variação total e contém dois itens. Os dois itens/variáveis têm a mesma carga de fator, que é de 0,80. Trata-se de um valor elevado. Os dois itens/variáveis são os seguintes

1. *Apoiar a tomada de decisões de conceção através da comparação de diferentes alternativas de conceção num modelo 3D* (BE 2), com uma carga do fator = 0,80.
2. *Melhorar a concretização da ideia de um projeto pelo proprietário através de um modelo 3D do edifício* (BE 1), com uma carga do fator = 0,80.

O nome do fator foi escolhido de acordo com as correlações entre estes dois itens/variáveis neste fator. O BIM é utilizado para gerar e gerir informações sobre um edifício ou uma infraestrutura ao longo de toda a sua vida útil. Em todas as fases do ciclo de vida do projeto, desde a conceção até ao desmantelamento, o BIM fornece informações que ajudam os proprietários dos projectos de construção a fazer escolhas informadas. Torna o processo de conceção, construção, exploração e desativação mais eficiente. Stebbins (2009) concordou que o BIM é um processo e não uma peça de software. Identificou claramente o BIM como uma decisão empresarial e de gestão. A implementação do BIM está fortemente relacionada com aspectos de gestão das práticas profissionais para diferentes estilos de trabalho e culturas (citado em Ahmad *et al.*, 2012). Mais precisamente, o BIM é um mecanismo de partilha de conhecimentos entre profissionais de projeto com o objetivo de melhorar a tomada de decisões através de uma melhor compreensão do projeto (Schade *et al.*, 2011). Os modelos de informação do edifício tornam-se recursos de conhecimento partilhado para apoiar a tomada de decisões sobre uma instalação desde as primeiras fases conceptuais, passando pelo projeto, construção, vida operacional e, eventualmente, demolição (Lee *et al.*, 2007; Lee *et al.*, 2009; Choi, 2010; Smart Market Report, 2012) (citado em Lee *et al.*, 2014). Conforme demonstrado pelos resultados, o item/variável com a carga mais elevada deste primeiro fator (componente) é "*Apoiar a tomada de decisões de projeto através da comparação de diferentes alternativas de projeto num modelo 3D*" (BE 2), e o item/variável com a carga mais baixa deste primeiro fator (componente) é "*Melhorar a realização da ideia de um projeto pelo proprietário através de um modelo 3D do edifício*" (BE 1).

"*Apoiar a tomada de decisões de conceção através da comparação de diferentes alternativas de conceção num modelo 3D*" (BE 2) é o item/variável mais elevado do fator 4 dos benefícios BIM, com uma carga fatorial de 0,80. As decisões tomadas no início do processo de projeto têm um impacto significativo no desempenho do ciclo de vida de um edifício. O resultado de um projeto de construção pode ser melhorado se for possível analisar rapidamente diferentes opções de conceção para ajudar o cliente e a equipa de conceção a tomar decisões informadas durante o processo de conceção. À medida que o modelo 3D é criado, a informação em tempo real associada à base de dados de custos fica disponível. Este tipo de informação fornece ao projetista os custos estimados para a alternativa de projeto atual e permite associar os custos a características de projeto específicas (Eastman *et al.*, 2008; Thurairajah & Goucher, 2013; Stanley e Thurnell, 2014). O tempo poupado através de uma melhor gestão da informação também é suscetível de gerar ganhos de produtividade e eficiência, e também de melhorar os resultados do projeto através de uma melhor compreensão das alternativas de projeto pelos clientes e projectistas (CRC for Construction Innovation, 2007; Azhar *et al.*, 2008a; Azhar *et al.*, 2008b; Eastman *et al.*, 2008; Eastman *et al.*, 2011; Allen Consulting Group, 2010; Ahmad *et al.*, 2012; Newton e Chileshe, 2012; Stanley e Thurnell, 2014).

"*Melhorar a concretização da ideia de um projeto pelo proprietário através de um modelo 3D do edifício*" (BE 1) é o item/variável mais baixo do fator 4 dos benefícios do BIM, com uma carga fatorial de 0,80. As diferentes partes interessadas podem encontrar benefícios na utilização do BIM. O modelo desenvolvido com recurso ao BIM ajuda os proprietários a visualizar a organização espacial do edifício, bem como a compreender a sequência das actividades de construção e a duração do projeto (Eastman *et al.*, 2011). Os proprietários devem ser capazes de gerir e avaliar o âmbito do projeto em relação aos seus requisitos em todas as fases de um projeto. O BIM proporciona uma visualização 3D aos donos da obra, pelo que a concetualização do projeto é considerada mais fácil com o BIM. O BIM permite verificar cada parte do projeto em relação a cada uma das opções do projeto (Azhar *et al.*, 2008a; Stanley e Thurnell, 2014).

4.6 A força das barreiras BIM

O campo contém 18 itens de barreiras BIM, e esta lista de 18 itens foi retirada da revisão da literatura e adaptada através da modificação ou fusão de acordo com os resultados da validade facial e do pré-teste do questionário, como se mostra no Capítulo 3. Estes itens foram submetidos às opiniões dos inquiridos e foram analisados. As estatísticas descritivas, ou seja, as médias, os desvios-padrão (DP), *o valor t* (bicaudal), as probabilidades (*valor P*), os índices de importância relativa (RII) e, finalmente, as classificações foram estabelecidos e apresentados na Tabela (4.15).

4.6.1 RII das barreiras BIM

O RII foi calculado para ponderar cada barreira do BIM (da BA 1 à BA 18) de acordo com as pontuações numéricas obtidas a partir das respostas ao questionário pelos profissionais do sector da AEC na Faixa de Gaza e os resultados foram classificados do grau mais elevado (a barreira BIM mais forte) para o grau mais baixo (a barreira BIM mais vulnerável). A Tabela (4.15) apresenta os RII e as classificações das barreiras BIM, respetivamente. Os números na coluna "classificação" representam a classificação sequencial. Vale a pena mencionar que a classificação das barreiras BIM foi baseada na média mais alta, no RII e no SD mais baixo. Se alguns itens/variáveis tiverem médias e RIIs semelhantes, como no caso de (BA 4 e BA 13); e (BA 10 e BA 7), a classificação dependerá do DP mais baixo. Mais precisamente, apesar de a BA 4 e a BA 13 terem a mesma média e RII, a BA 4 tem uma classificação mais elevada do que a BA 13 porque tem um DP mais baixo. O mesmo foi feito para BA 10 e BA 7, em que BA 10 obteve a classificação mais elevada do que BA 7. Os itens/variáveis foram categorizados com classificações de 77,33% a 66% (Figura 4.10).

Tabela (4.15): A força das barreiras BIM

Não.	Barreira BIM	Média	SD	RII (%)	Valor *t* (bicaudal)	*Valor P* (Sig.)	Classificação
BA 2	Falta de sensibilização das partes interessadas para o BIM	3.87	0.99	77.33	14.34	0.00*	1
BA3	Falta de conhecimentos sobre como aplicar o software BIM	3.84	0.95	76.80	14.50	0.00*	2
BA 5	Falta de sensibilização para os benefícios que o BIM pode trazer aos gabinetes de engenharia, empresas e projectos	3.81	0.98	76.22	13.63	0.00*	3
BA 14	Falta de interesse na Faixa de Gaza em manter o estado do edifício ao longo da vida após a conclusão da fase de execução	3.75	1.10	75.04	11.29	0.00*	4
BA 15	Falta de arquitectos/engenheiros com competências na utilização de programas BIM	3.71	1.11	74.15	10.47	0.00*	5
BA 16	Falta de educação ou formação sobre a utilização do BIM, seja na universidade ou em qualquer centro de formação governamental ou privado	3.69	1.02	73.78	11.14	0.00*	6
BA 12	Falta de procura e desinteresse dos clientes relativamente à utilização da tecnologia BIM na conceção e construção do projeto	3.69	1.11	73.78	10.22	0.00*	7
BA 11	Falta de regulamentação governamental para apoiar plenamente a implementação do BIM	3.68	1.14	73.68	9.82	0.00*	8
BA 4	Os profissionais pensam que o atual sistema CAD e outros programas convencionais satisfazem as necessidades de conceção e execução do trabalho e completam o projeto de forma eficiente	3.67	1.01	73.46	10.97	0.00*	9
BA 13	Falta de casos reais na Faixa de Gaza ou noutras áreas próximas na região que tenham sido implementados utilizando o BIM e que tenham provado um retorno positivo do investimento	3.67	1.12	73.46	9.74	0.00*	10
BA 6	Falta de colaboração efectiva entre as partes interessadas no projeto para trocar as informações necessárias para a aplicação do BIM, devido à natureza fragmentada da indústria AEC na Faixa de Gaza	3.57	0.98	71.41	9.57	0.00*	11

BA 18	Relutância em formar arquitectos/engenheiros devido aos requisitos de formação onerosos em termos de tempo e dinheiro	3.51	1.08	70.30	7.81	0.00*	12
BA 8	Falta de capacidade financeira para as pequenas empresas iniciarem um novo fluxo de trabalho necessário para a adoção eficaz do BIM	3.42	1.17	68.43	5.90	0.00*	13
BA 9	As empresas preferem concentrar-se nos projectos (*em curso/construção*) em vez de considerarem, avaliarem e implementarem o BIM	3.40	1.07	67.93	6.08	0.00*	14
BA 10	Dificuldade em encontrar intervenientes no projeto com as competências necessárias para participar na aplicação do BIM	3.36	1.03	67.21	5.75	0.00*	15

Tabela (4.15): A força das barreiras BIM

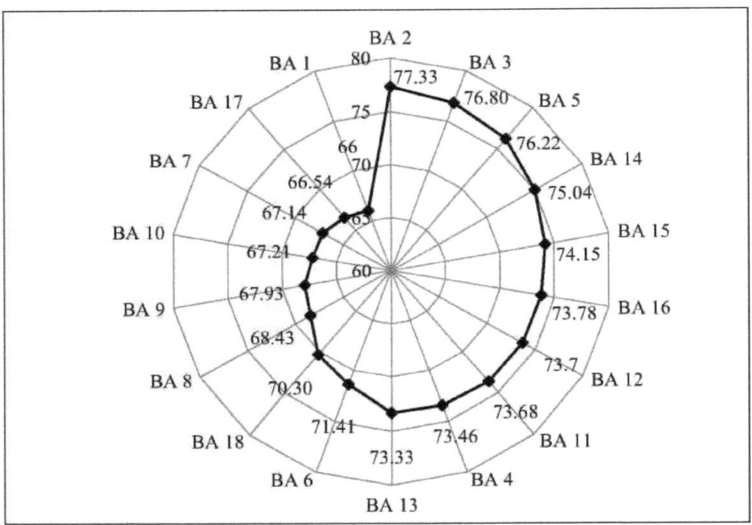

Figura (4.10): RII das barreiras BIM (BA 1 a BA

Não.	Barreira BIM	Média	SD	RII (%)	Valor *t* (bicaudal)	*Valor P* (Sig.)	Classificação
BA 7	A resistência das empresas e instituições a qualquer mudança pode ocorrer no sistema de fluxo de trabalho e na recusa de adotar uma nova tecnologia	3.36	1.08	67.21	5.41	0.00*	16
BA 17	A relutância dos arquitectos/engenheiros em aprender novas aplicações devido à sua cultura educativa e à sua tendência para os programas com que lidam	3.33	1.10	66.54	4.90	0.00*	17

BA 1	Custos elevados necessários para comprar software BIM e custos das actualizações de hardware necessárias	3.30	1.12	66	4.41	0.00*	18
	Todas as barreiras	3.59	0.67	71.80	14.54	0.00*	
Valor crítico de t: com grau de liberdade (df = [N-1] = [270-1] = 269 e nível de significância (Probabilidade) 0,05 igual a "1,97"							

Os resultados indicaram que a *"Falta de sensibilização para o BIM por parte das partes interessadas"* (BA 2) é o obstáculo mais forte à adoção do BIM no sector da AEC na Faixa de Gaza. Foi classificada como a primeira posição com (RII = 77,33%) e (*P-value* = 0,00*) de acordo com a totalidade dos inquiridos. Este resultado indica que uma proporção significativa dos inquiridos tem pouca ou nenhuma compreensão do conceito de BIM. Esta constatação é coerente com o resultado encontrado por Kassem *et al.* (2012). De acordo com os seus estudos, a falta de conhecimento do BIM foi reconhecida pelos profissionais da indústria da construção como a principal barreira à adoção do BIM e do 4D no Reino Unido. Este resultado também está em linha com a investigação de Thurairajah e Goucher (2013), que demonstrou que, embora os consultores de custos no Reino Unido estejam conscientes do BIM, existe uma falta geral de conhecimento e compreensão do que é. De acordo com o estudo de Lof e Kojadinovic (2012) na Suécia, a razão para a falta de conhecimento do BIM é a falta de orientações sobre como utilizar e alinhar o BIM na fase de produção dos projectos de construção. A falta de conhecimento sobre o BIM levou a uma lenta aceitação desta tecnologia e a uma gestão ineficaz da sua adoção (Mitchell e Lambert, 2013; NBS, 2013).

A "falta de conhecimentos sobre como aplicar o software BIM" (BA 3) (RII = 76,80 %; valor *P* = 0,00*) foi classificada como o segundo obstáculo mais forte à adoção do BIM na indústria AEC na Faixa de Gaza. Devido à complexidade da recolha de toda a informação relevante quando se trabalha com BIM num projeto de construção, algumas empresas desenvolveram software concebido especificamente para trabalhar num quadro BIM. O novo software BIM torna os projectos de grande dimensão exequíveis (visualização 3D, levantamento de quantidades, programação enxuta, planeamento de custos e outros processos). Existem algumas aplicações de software BIM disponíveis no mercado. Os três principais softwares são os seguintes: Autodesk® Revit™; Graphisoft® Constructor™; e Bentley® Architecture™ (Azhar *et al.*, 2008b). O resultado da análise é consistente com o que foi revelado pela investigação em Hong Kong por Tse *et al.* (2005). Estes descobriram que uma grande parte dos Arquitectos afirmou que o BIM "não é fácil de usar". Este resultado também está de acordo com o que foi encontrado na Suécia por Lahdou e Zetterman (2011). Estes autores constataram que os gestores de projectos de construção afirmaram que a implementação do BIM nem sempre é tão fácil como sugerem os criadores de software. Um problema habitual é conseguir que diferentes formatos de ficheiro funcionem corretamente ao criar um modelo de informação de construção combinado. Em geral, existe uma lacuna de conhecimento relativamente ao software BIM e à forma de o utilizar eficientemente (AGC, 2005; Keegan, 2010; Kassem *et al.*, 2012; Khosrowshahi e Arayici, 2012; Lof e Kojadinovic, 2012; Crowley, 2013).

A "Falta de sensibilização para os benefícios que o BIM pode trazer aos gabinetes de engenharia, empresas e projectos" (BA 5) foi classificada na terceira posição com (RII de 76,22%; *valor P* = 0,00*). Esta barreira à adoção do BIM seria uma escolha muito lógica por parte dos inquiridos na indústria AEC na Faixa de Gaza, devido à falta de conhecimentos sobre o BIM. O resultado está de acordo com os relatados sobre as barreiras à adoção do BIM no Reino Unido por Arayici *et al.* (2009) e Kassem *et al.* (2012). Este resultado também corrobora as conclusões dos estudos de Khosrowshahi e Arayici (2012), Aibinu e Venkatesh (2013), e Elmualim e Gilder (2013). A sua investigação determinou que a falta de sensibilização para os benefícios do BIM é uma das barreiras substanciais associadas à implementação do BIM nas indústrias de AEC no Reino Unido e na Finlândia, na Austrália e no Reino Unido, na Europa, nos EUA, na Índia, no Gana, na China, na Rússia, na África do Sul, na Austrália, no Canadá, na Malásia e nos EAU, respetivamente. As pessoas na Austrália também demonstraram um certo grau de hesitação na implementação do BIM num projeto devido à falta de conhecimentos sobre o BIM e as suas capacidades distintivas no domínio da indústria da construção (Mitchell e Lambert, 2013). Em Hong Kong, Tse *et al.* (2005) revelaram, através de uma investigação, que uma grande parte dos arquitectos não encontrou no BIM ferramentas que satisfizessem as suas necessidades. Assim, os benefícios do BIM ainda são muitas vezes mal compreendidos ou desconhecidos por aqueles que não o utilizam nos seus trabalhos (Lof e Kojadinovic, 2012).

Por último, "*Os elevados custos necessários para adquirir software BIM e os custos das actualizações de hardware necessárias*" (BA 1) foram classificados como a barreira mais baixa à adoção do BIM, na 18.ª posição, com (RII = 66%; *valor P* = 0,00*), de acordo com as percepções de todos os inquiridos. Este ponto de vista tem mais do que uma interpretação, como, por exemplo, o facto de não saberem o montante real dos custos necessários para adotar o BIM. Alguns dos inquiridos que trabalham em gabinetes de consultoria também afirmaram que os custos iniciais que têm de ser despendidos no início não afectam financeiramente a organização, desde que haja benefícios significativos da adoção do BIM a longo prazo, pelo que os custos não constituem uma barreira à adoção do BIM. Ao contrário do resultado da análise, quando foi pedido aos inquiridos da QS na Austrália que enumerassem as barreiras à utilização das funcionalidades BIM, os resultados mostraram que o custo de implementação foi a barreira mais frequentemente citada pelos inquiridos (Aibinu e Venkatesh, 2013). Existem vários exemplos dos elevados custos necessários para implementar o BIM, tais como (1) o licenciamento de software; (2) os custos para melhorar a capacidade do servidor para se adequar a ter requisitos de TI tão elevados; (3) a taxa de manutenção contínua; (4) o custo da criação adequada de um modelo de edifício; e (5) os custos da formação (Keegan, 2010; Aibinu e Venkatesh, 2013; e (Lee *et al*, 2007; Lee *et al.*, 2009; Choi, 2010; Smart Market Report, 2012) (citado em Lee *et al.*, 2014)).

Os três principais obstáculos à adoção do BIM, que foram classificados pelos inquiridos, são lógicos e aceitáveis como sendo os obstáculos mais fortes à adoção do BIM na indústria da AEC na Faixa de Gaza. Relativamente aos resultados de todos os itens da parte das barreiras BIM, estes mostram que a média de todos esses itens é igual a 3,59 e o RII total é igual a 71,80%, o que é superior a 60% (o valor neutro do RII (3/5)*100 = 60%). O valor do *teste t é igual a* 14,54, que é superior ao *valor crítico de t,* que é igual a 1,97. Além disso, o *valor P* total de todos os itens é igual a 0,00 e é inferior ao *nível de significância* de 0,05. Com base em todos os resultados anteriores, as barreiras BIM estão a afetar substancialmente a adoção do BIM na indústria AEC na Faixa de Gaza.

4.6.2 Resultados da análise fatorial das barreiras BIM

A análise RII não forneceu quaisquer resultados significativos no que diz respeito à compreensão do efeito de agrupamento dos itens/variáveis semelhantes, pelo que foi necessária uma análise mais aprofundada utilizando métodos estatísticos avançados, tais como a análise de factores. A utilização da análise de factores é puramente exploratória. A análise fatorial foi utilizada para examinar o padrão de intercorrelações entre os 18 itens/variáveis do domínio das barreiras BIM, numa tentativa de reduzir o seu número. Também foi utilizada para agrupar itens/variáveis com características semelhantes. Por outras palavras, identificou subconjuntos de itens/variáveis que apresentam uma correlação elevada entre si, denominados factores ou componentes. A análise fatorial foi realizada para este estudo utilizando a Análise de Componentes Principais (ACP).

4.6.2.1 Adequação da análise fatorial

Os dados foram primeiro avaliados quanto à sua adequação à aplicação da análise fatorial. Esta avaliação teve várias fases:

A distribuição dos dados

O pressuposto da normalidade é o requisito essencial para generalizar os resultados do teste de análise fatorial para além da amostra coletada (Field, 2009; Zaiontz, 2014). Como mostrado no Quadro 3, os dados recebidos da pesquisa seguem a distribuição normal. O resultado foi satisfeito com este requisito.

Validade da dimensão da amostra

A fiabilidade da análise fatorial depende da dimensão da amostra. A análise fatorial/APC pode ser realizada numa amostra com menos de 100 inquiridos, mas com mais de 50 inquiridos. A dimensão da amostra para este estudo foi de 270 inquiridos. Além disso, a regra padrão é sugerir que a dimensão da amostra contenha pelo menos 10-15 inquiridos por item/ variável. Por outras palavras, a dimensão da amostra deve ser, pelo menos, dez vezes superior ao número de variáveis e alguns recomendam mesmo 20 vezes (Field, 2009; Zaiontz, 2014). Felizmente, para este campo das barreiras BIM, a condição foi verificada. Este campo contém 18 barreiras, e o tamanho da amostra foi de 270. Com 270 inquiridos e 18 itens/ variáveis (barreiras BIM), o rácio de inquiridos para itens/ variáveis é de 15: 1, o que excede o requisito para o rácio de inquiridos para itens/ variáveis.

Validade da matriz de correlação (correlações entre itens/ variáveis)

A tabela (4.16) ilustra a matriz de correlação para os 18 itens/ variáveis das barreiras BIM. Trata-se simplesmente de uma matriz retangular de números que fornece os coeficientes de correlação entre um único item/variável e todos os outros itens/variáveis da investigação (Field, 2009; Zaiontz, 2014). Como mostra o quadro (4.16), o coeficiente de correlação entre um item/variável e ele próprio é sempre 1; por conseguinte, a diagonal principal da matriz de correlação contém 1s. Os coeficientes de correlação acima e abaixo da diagonal principal são os mesmos. A ACP exige que existam algumas correlações superiores a 0,30 entre os itens/variáveis incluídos na análise. Para este conjunto de itens/variáveis, a maior parte das correlações na matriz são fortes e superiores a 0,30. As correlações foram satisfeitas com este requisito.

Teste de Kaiser-Meyer-Olkm (KMO) e Bartlett

Foram efectuados o teste de adequação da amostragem Kaiser-Meyer-Olkin (KMO) e o teste de esfericidade de Bartlett. Os resultados destes testes são apresentados na Tabela (4.17). O valor da medida KMO de adequação da amostragem foi de 0,89 (próximo de 1). Foi considerado aceitável e meritório porque excede o requisito mínimo de 0,50 e é superior a 0,80 (de acordo com Kaiser, 1974; Field, 2009; Zaiontz, 2014). Além disso, o teste de esfericidade de Bartlett foi outra indicação da força da relação entre itens/variáveis. O teste de esfericidade de Bartlett foi de 2167,89, e o nível de significância associado foi de 0,00. O valor de probabilidade (Sig.) associado ao teste de Bartlett é inferior a 0,01, o que satisfaz o requisito da ACP. Este resultado indica que a matriz de correlação não é uma matriz identidade e que todos os itens/variáveis estão correlacionados (Field, 2009; Zaiontz, 2014). De acordo com os resultados destes dois testes, os dados da amostra de (barreiras BIM) foram apropriados para a análise fatorial.

Medidas de fiabilidade para o conjunto dos itens/ variáveis

O teste alfa de Cronbach foi efectuado nos itens/variáveis no domínio das (barreiras BIM). O valor do alfa de Cronbach (*Ca*) pode situar-se num intervalo de 0 a 1, em que um valor mais elevado denota uma maior consistência interna e vice-versa. Um alfa de 0,60 ou superior é o nível mínimo aceitável. De preferência, o alfa será de 0,70 ou superior (Field, 2009; Weiers, 2011; Garson, 2013). Como mostra a Tabela (4.17), o valor do *Ca* calculado para 16 itens/variáveis do campo de (barreiras BIM) é 0,90, o que é considerado maravilhoso. O teste alfa de Cronbach foi aplicado apenas aos 16 itens/variáveis (das 18 variáveis originais) do campo, porque os restantes dois itens/variáveis falharam de acordo com a Tabela de Comunalidades e, por isso, foram eliminados da análise, como se verá mais adiante.

Tabela: (4.16): Correlações entre itens/variáveis de BIMbarreiras

	BA 1	BA 2	BA 3	BA 5	BA 7	BA 8	BA 9	BA 10	BA 11	BA 12	BA 13	BA 14	BA 15	BA 16	BA 17	BA 18
BA 1	1															
BA 2	0.50**	1														
BA 3	0.39**	0.76**	1													
BA 5	0.29**	0.55**	0.56**	1												
BA 7	0.23**	0.22**	0.17**	0.28**												
BA 8	0.42**	0.28**	0.23**	0.30**	0.50**	1										
BA 9	0.28**	0.30**	0.24**	0.32**	0.53**	0.61**	1									
BA 10	0.29**	0.30**	0.24**	0.34**	0.45**	0.52**	0.59**	1								
BA 11	0.24**	0.42**	0.36**	0.36**	0.24**	0.40**	0.47**	0.60**	1							
BA 12	0.22**	0.33**	0.33**	0.38**	0.25**	0.34**	0.34**	0.52**	0.69**	1						
BA 13	0.13**	0.31**	0.33**	0.34**	0.28**	0.32**	0.39**	0.45**	0.59**	0.63**	1					
BA 14	0.07**	0.29**	0.27**	0.41**	0.29**	0.29**	0.40**	0.37**	0.50**	0.52**	0.63**	1				
BA 15	0.15**	0.38**	0.45**	0.40**	0.21**	0.28**	0.40**	0.42**	0.56**	0.57**	0.54**	0.60**	1			
BA 16	0.19**	0.41**	0.39**	0.43**	0.20**	0.26**	0.39**	0.42**	0.50**	0.50**	0.47**	0.53**	0.72**	1		
BA 17	0.18**	0.26**	0.26**	0.25**	0.27**	0.14**	0.30**	0.29**	0.24**	0.18**	0.27**	0.34**	0.41**	0.45**	1	
BA 18	0.27**	0.37**	0.33**	0.35**	0.27**	0.29**	0.35**	0.37**	0.33**	0.27**	0.31**	0.37**	0.41**	0.46**	0.54**	1
***. Correlation is significant at the 0.01 level (1-tailed).*																
**. Correlation is significant at the 0.05 level (1-tailed).*																

Tabela: (4.17) KMO e teste de Bartlett para itens/ variáveis das barreiras BIM

KMO e teste de Bartlett		
Medida de adequação da amostragem de Kaiser-Meyer-Olkin.		0.89
Teste de esfericidade de Bartlett	Aprox. Qui-Quadrado	2167.89
	df	120
	Sig.	0.00*
Alfa de Cronbach *(Cd)*	0.90	

Comunalidades (variante comum)

A parte seguinte do resultado foi uma tabela de comunalidades. As comunalidades representam a proporção da variância nos itens/variáveis originais que é explicada pela solução do fator. A solução fatorial deve explicar pelo menos metade da variância de cada item/variável original, pelo que o valor da comunalidade para cada item/variável deve ser igual ou superior a 0,50 (Field, 2009; Zaiontz, 2014). Na iteração 1 do teste de análise fatorial, a comunalidade para a variável *BA 4: "Os profissionais pensam que o sistema CAD atual e outros programas convencionais satisfazem a necessidade de projetar e executar o trabalho e concluir o projeto de forma eficiente*" foi de 0,46; e a comunalidade para a variável *BA 6: "Falta de colaboração efetiva entre as partes interessadas do projeto para trocar informações necessárias para a aplicação BIM, devido à natureza fragmentada da indústria AEC na faixa de Gaza*" foi de 0,42. Como eram inferiores a 0,50, as variáveis tiveram de ser removidas e a ACP foi novamente calculada (nova iteração). O quadro (4.18) mostra que todas as comunalidades para todos os restantes itens/variáveis satisfazem o requisito mínimo de serem superiores a 0,50, pelo que não foi necessário excluir nenhum destes itens/variáveis com base em comunalidades baixas. Assim, todos os restantes 16 itens/ variáveis (dos 18 itens/ variáveis originais) deste campo (barreiras BIM) foram utilizados nesta análise.

Tabela: (4.18) Comunalidades das barreiras BIM

Não.	Barreira BIM	Inicial	Extração
BA 1	Custos elevados necessários para comprar software BIM e custos das actualizações de hardware necessárias	1	0.61
BA2	Falta de sensibilização das partes interessadas para o BIM	1	0.81
BA3	Falta de conhecimentos sobre como aplicar o software BIM	1	0.79
BA5	Falta de sensibilização para os benefícios que o BIM pode trazer aos gabinetes de engenharia, empresas e projectos	1	0.54
BA7	A resistência das empresas e instituições a qualquer mudança pode ocorrer no sistema de fluxo de trabalho e na recusa de adotar uma nova tecnologia	1	0.62
BA8	Falta de capacidade financeira para as pequenas empresas iniciarem um novo fluxo de trabalho necessário para a adoção eficaz do BIM	1	0.72
BA9	As empresas preferem concentrar-se nos projectos (*em curso/construção*) em vez de considerarem, avaliarem e implementarem o BIM	1	0.70
BA 10	Dificuldade em encontrar intervenientes no projeto com as competências necessárias para participar na aplicação do BIM	1	0.66
BA 11	Falta de regulamentação governamental para apoiar plenamente a implementação do BIM	1	0.71
BA 12	Falta de procura e desinteresse dos clientes relativamente à utilização da tecnologia BIM na conceção e construção do projeto	1	0.74
BA 13	Falta de casos reais na Faixa de Gaza ou noutras áreas próximas na região que tenham sido implementados utilizando o BIM e que tenham provado um retorno positivo do investimento	1	0.67
BA 14	Falta de interesse na Faixa de Gaza em manter o estado do edifício ao longo da vida após a conclusão da fase de execução	1	0.64
BA 15	Falta de arquitectos/engenheiros com competências na utilização de programas BIM	1	0.72
BA 16	Falta de educação ou formação sobre a utilização do BIM, seja na universidade ou em qualquer centro de formação governamental ou privado	1	0.68
BA 17	A relutância dos arquitectos/engenheiros em aprender novas aplicações devido à sua cultura educativa e à sua tendência para os programas com que lidam	1	0.77

BA 18	Relutância em formar arquitectos/engenheiros devido aos requisitos de formação onerosos em termos de tempo e dinheiro	1	0.66

Variância total explicada

Usando o resultado da iteração 2, havia quatro valores próprios superiores a 1 (Figura 4.11). O critério do valor próprio indica que cada componente explica pelo menos um item/variável da variabilidade, pelo que apenas os componentes com valores próprios superiores a um devem ser retidos (Larose, 2006; Field, 2009). O critério de raiz latente para alguns factores a derivar indicaria que havia quatro componentes (factores) a extrair para essas variáveis. Os resultados foram tabulados na Tabela (4.19). A solução de quatro componentes explicou uma soma da variância com o componente 1 contribuindo com 41,70 %; o componente 2 contribuindo com 9,95 %; o componente 3 contribuindo com 9,78 %; e o componente 4 contribuindo com 7,40 %. Todos os restantes factores não são significativos.

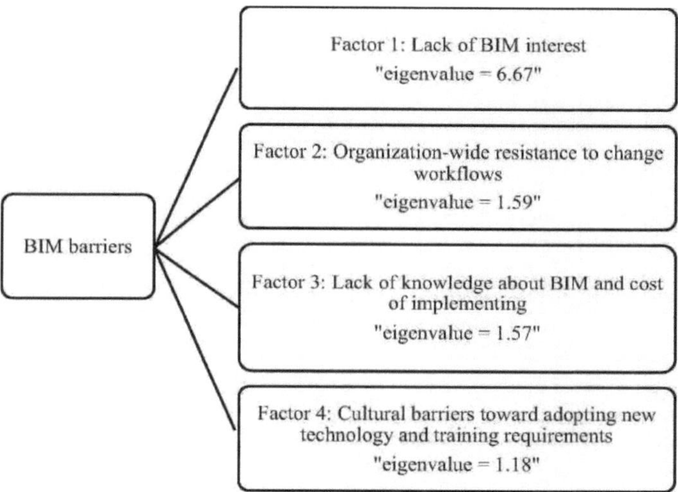

Figura (4.11): Os quatro componentes (factores) das barreiras BIM

Os quatro componentes foram depois rodados através da abordagem de rotação varimax (ortogonal). Isto não altera a solução subjacente nem as relações entre os itens/variáveis. Em vez disso, apresenta o padrão de cargas de uma forma que é mais fácil de interpretar os factores (componentes) (Reinard, 2006; Field, 2009; Zaiontz, 2014). A solução rotacionada revelou que a solução de quatro componentes explicou uma soma da variância com o componente 1 contribuindo com 23,90 %; o componente 2 contribuindo com 16,59 %; o componente 3 contribuindo com 16,25 %; e o componente 4 contribuindo com 12,08 %. Estes quatro componentes (factores) explicaram 68,83% da variância total para a rotação varimax.

Tabela (4.19): Variância total explicada das barreiras BIM

Componente	Valores próprios iniciais			Extração Somas de cargas quadradas			Somas de cargas quadráticas de rotação		
	Total	% de variação	Acumulado %	Total	% de variação	Acumulado %	Total	% de variação	Acumulado %
1	6.67	41.70	41.70	6.67	41.70	41.70	3.82	23.90	23.90
2	1.59	9.95	51.65	1.59	9.95	51.65	2.65	16.59	40.50
3	1.56	9.78	61.43	1.56	9.78	61.43	2.60	16.25	56.75
4	1.18	7.40	68.83	1.18	7.40	68.83	1.93	12.08	68.83
5	0.77	4.79	73.62						
6	0.58	3.63	77.25						
7	0.55	3.46	80.71						
8	0.51	3.16	83.87						
9	0.47	2.92	86.79						
10	0.41	2.58	89.37						
11	0.36	2.25	91.62						
12	0.32	2.02	93.64						
13	0.30	1.90	95.54						
14	0.28	1.77	97.31						
15	0.24	1.52	98.82						
16	0.19	1.18	100						

Gráfico Scree

O gráfico scree plot apresentado na Figura (4.12) é um gráfico dos valores próprios em relação a todos os factores. Este gráfico também pode ser utilizado para decidir sobre alguns factores que podem ser derivados. O ponto de interesse é aquele em que a curva começa a ficar plana. Pode ver-se que a curva começa a achatar-se entre os factores 4 e 5. Note-se também que o fator 5 tem um valor próprio inferior a 1, pelo que só foram retidos quatro factores para serem extraídos.

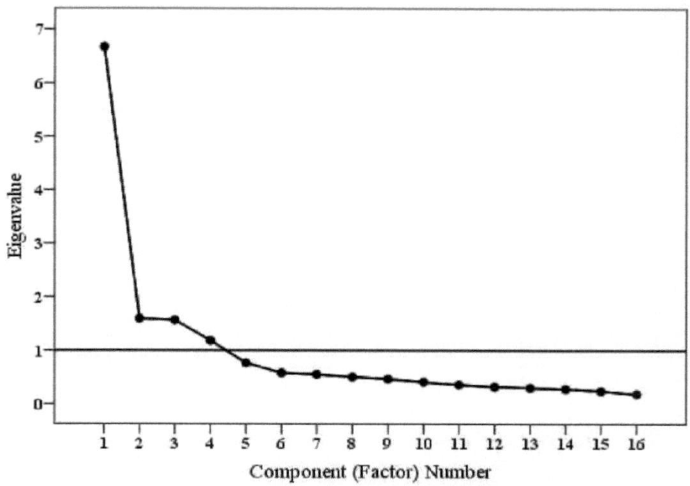

Figura (4.12): Gráfico Scree para os factores das barreiras BIM

Matriz de componentes (factores) rodados

A tabela (4.20) mostra as cargas factoriais após a rotação de 16 itens/variáveis (dos 18 itens/variáveis originais) nos quatro factores extraídos e rodados. O padrão das cargas factoriais deve ser examinado para identificar itens/variáveis que tenham estruturas complexas (*a estrutura complexa ocorre quando um item/variável tem cargas ou correlações elevadas (0,50 ou mais) em mais do que um fator/componente).* Se um item/variável tiver uma estrutura complexa, deve ser retirado da análise (Reinard, 2006; Field, 2009; Zaiontz, 2014). De acordo com os resultados da iteração 2, nenhum dos itens/variáveis demonstrou uma estrutura complexa e, como se pode ver na Tabela (4.20), a carga fatorial para cada item/variável é superior a 0,5. Os itens/variáveis estão listados por ordem da dimensão das suas cargas factoriais.

Nomear os factores

Uma vez obtido um padrão interpretável de cargas, os factores ou componentes devem ser designados de acordo com o seu conteúdo substantivo ou núcleo. Os factores devem ter nomes e conteúdos concetualmente distintos. Os itens/variáveis com cargas mais elevadas num fator devem desempenhar um papel mais importante na designação do fator. Os quatro componentes (factores) foram designados da seguinte forma

Fator 1: "*Falta de interesse no BIM".*
Fator 2: "*Resistência de toda a organização à mudança dos fluxos de trabalho.* "
Fator 3: "*Falta de conhecimentos sobre o BIM e custo de implementação.* "
Fator 4: *Barreiras culturais à adoção de novas tecnologias e requisitos de formação.* "

Medidas de fiabilidade para cada fator

Depois de os factores terem sido extraídos e rodados, foi necessário verificar se os itens/variáveis em cada fator formado explicam coletivamente a mesma medida dentro das dimensões-alvo (Doloi, 2009). Se os itens/variáveis formarem verdadeiramente o fator (componente) identificado, entende-se que devem ter uma correlação razoável entre si, mas não uma correlação perfeita. O teste alfa de Cronbach (*Ca*) foi realizado para cada componente (fator) da seguinte forma

Fator 1 "*Falta de interesse pelo BIM*" com itens/variáveis: BA 12, BA 13, BA 11, BA 14, BA 15 e BA 16.
Fator 2 "*Resistência de toda a organização à mudança dos fluxos de trabalho*" com itens/variáveis: BA 8, BA 7, BA 9 e BA 10.
Fator 3 "*Falta de conhecimento sobre BIM e custo de implementação*" com itens/variáveis: BA 2, BA3,BA 1,e BA5.
Fator 4: "*Barreiras culturais à adoção de novas tecnologias e requisitos de formação*" com itens/variáveis: BA 17, e BA 18.

Quanto mais elevado for o valor de *Ca,* maior será a consistência interna e vice-versa. Um alfa de 0,60 ou superior é o nível mínimo aceitável. De preferência, o alfa será de 0,70 ou superior (Field, 2009; Weiers, 2011; Garson, 2013). De acordo com os resultados que foram tabulados na Tabela (4.20), o *Ca* para o fator 1 é 0,87; *o Ca* para o fator 2 é 0,82; *o Ca* para o fator 3 é 0,80 e *o Ca* para o fator 4 é 0,69. Estes resultados são considerados aceitáveis.

Tabela (4.20): Resultados da análise de factores . para as barreiras BIM

Não.	Factores de barreira BIM (Componentes)	Carga do fator	Valores próprios	variância % explicada	Alfa de Cronbach (*Ca*)
Componente/Fator 1: *Falta de interesse pelo BIM*					
BA 12	Falta de procura e desinteresse dos clientes relativamente à utilização da tecnologia BIM na conceção e construção do projeto	0.81			
BA 13	Falta de casos reais na Faixa de Gaza ou noutras áreas próximas na região que tenham sido implementados utilizando o BIM e que tenham provado um retorno positivo do investimento	0.78			
BA 11	Falta de regulamentação governamental para apoiar plenamente a implementação do BIM	0.74	6.67	41.70	0.87
BA 14	Falta de interesse na Faixa de Gaza em manter o estado do edifício ao longo da vida após a conclusão da fase de implementação	0.72			
BA 15	Falta de arquitectos/engenheiros com competências na utilização de programas BIM	0.72			
BA 16	Falta de educação ou formação sobre a utilização do BIM, seja na universidade ou em qualquer centro de formação governamental ou privado	0.61			
Compo	it/fator dois: *resistência de toda a organização à mudança dos fluxos de trabalho*				
BA8	Falta de capacidade financeira para as pequenas empresas iniciarem um novo fluxo de trabalho necessário para a adoção eficaz do BIM	0.80			
BA7	A resistência das empresas e das instituições a qualquer pode ocorrer uma mudança no sistema de fluxo de trabalho e a recusa de adotar uma nova tecnologia	0.75			
BA9	As empresas preferem concentrar-se nos projectos (*em curso/construção*) em vez de considerarem, avaliarem e implementarem o BIM	0.74	1.59	9.95	0.82

Tabela (4.20): Resultados da análise de factores para as barreiras BIM

BA 10	Dificuldade em encontrar intervenientes no projeto com as competências necessárias para participar na aplicação do BIM	0.65			
Componente/Fator Três: *Falta de conhecimento sobre BIM e custo de implementação*					
BA2	Falta de sensibilização das partes interessadas para o BIM	0.85			
BA3	Falta de conhecimentos sobre como aplicar o software BIM	0.83			
BA 1	Custos elevados necessários para comprar software BIM e custos das actualizações de hardware necessárias	0.66	1.57	9.78	0.80
BA5	Falta de sensibilização para os benefícios que o BIM pode trazer aos gabinetes de engenharia, empresas e projectos	0.61			
Componente/Fator Quatro: *Barreiras culturais à adoção de novas tecnologias e requisitos de formação*					
BA 17	A relutância dos arquitectos/engenheiros em aprender novas aplicações devido à sua cultura educativa e à sua tendência para os programas com que lidam	0.85	1.18	7.40	0.69
BA 18	Relutância em formar arquitectos/engenheiros devido aos requisitos de formação onerosos em termos de tempo e dinheiro	0.72			

4.6.2.2 Os factores extraídos

A próxima secção interpretará e discutirá cada um dos componentes (factores) extraídos da seguinte forma:

Fator 1: Falta de interesse pelo BIM

O primeiro fator, denominado *Falta de interesse pelo BIM,* explica 41,70% da variância total e contém seis itens/variáveis. A maioria dos itens/variáveis tinha cargas factoriais relativamente elevadas (> 0,61). Os seis itens/variáveis são os seguintes

1. *Falta de procura e desinteresse por parte dos clientes relativamente à utilização da tecnologia BIM na conceção e construção do projeto* (BA 12), com uma carga fatorial = 0,81.
2. *Falta de casos reais na Faixa de Gaza ou noutras áreas próximas na região que tenham sido implementados utilizando o BIM e que tenham provado um retorno positivo do investimento* (BA 13), com uma carga do fator = 0,78.
3. *Falta de regulamentação governamental para apoiar plenamente a implementação do BIM* (BA 11), com uma carga fatorial = 0,74.
4. *Falta de interesse na Faixa de Gaza em manter o estado do edifício ao longo da sua vida após a conclusão da fase de implementação* (BA 14), com uma carga fatorial = 0,72.
5. *Falta de Arquitectos/Engenheiros com competências na utilização de programas BIM* (BA 15), com uma carga fatorial = 0,72.
6. *Falta de educação ou formação sobre a utilização do BIM, seja na universidade ou em qualquer centro de formação governamental ou privado* (BA 16), com uma carga fatorial = 0,61.

O nome deste fator foi escolhido de acordo com as correlações entre estes seis itens/variáveis. O *interesse* é um sentimento que faz com que a atenção se concentre num objeto, evento ou processo. A ausência de interesse no BIM tem um efeito poderoso na sua não adoção na indústria da AEC na Faixa de Gaza. A adoção do BIM tem estado estreitamente ligada aos indivíduos interessados (Lindblad, 2013). Assim, a principal razão para a não utilização do BIM é o facto de os clientes e outros membros da equipa de projeto não terem solicitado a utilização do BIM. Além disso, se um membro de uma equipa de projeto estiver a utilizar o BIM enquanto os outros continuam a fazer as coisas à maneira antiga, o benefício será limitado (Khosrowshahi e Arayici, 2012; Lof e Kojadinovic, 2012; Crowley, 2013; Aibinu e Venkatesh, 2014). Para que o investimento valha a pena, alguém tem de quebrar o impasse. Esse alguém é frequentemente o governo. Mas há uma aparente ausência de liderança e orientação governamental para promover a utilização do BIM e desenvolver as competências técnicas adequadas entre as empresas do sector da AEC na Faixa de Gaza. Os estudos de Ku e Taiebat (2011); Lahdou e Zetterman (2011); Weygant (2011); Mitchell e Lambert (2013); Aibinu e Venkatesh (2014) apontaram a *falta de regulamentação governamental para apoiar plenamente a aplicação do BIM* como um obstáculo substancial à adoção do BIM. A falta de casos reais que tenham sido implementados através da utilização do BIM na Faixa de Gaza ou noutras áreas próximas na região é também uma razão importante para a falta de incentivo à adoção do BIM. Como se pode ver nos resultados, o item/variável com a carga mais elevada deste primeiro fator (componente) é "*Falta de procura e desinteresse dos clientes em relação à utilização da tecnologia BIM na conceção e construção do projeto*" (BA 12), e o item/variável com a carga mais baixa deste primeiro fator (componente) é *"Falta de educação ou formação sobre a utilização do BIM, seja na universidade ou em qualquer centro de formação governamental ou privado"* (BA 16).

A "*falta de procura e desinteresse dos clientes em relação à utilização da tecnologia BIM na conceção e construção do projeto*" (BA 12), o item/variável mais elevado, com uma carga fatorial de 0,81, pode constituir uma barreira elevada à adoção do BIM na indústria AEC na Faixa de Gaza. Um dos problemas no desenvolvimento de modelos BIM é o cliente. O proprietário/cliente do projeto pode não estar interessado no BIM, ou não ter conhecimento do BIM, ou não ser capaz de lidar com modelos BIM. A procura por parte dos clientes pode desempenhar um papel vital na condução das práticas para progredir no sentido do BIM. A baixa procura por parte dos clientes resulta da falta de conhecimento do BIM ou mesmo de incertezas relativamente ao BIM para determinados benefícios. Os clientes estão a perder os benefícios do BIM (Tse *et al.*, 2005; Gu *et al.*, 2008; Keegan, 2010; Kjartansdottir, 2011; Khosrowshahi e Arayici, 2012; Lof e Kojadinovic, 2012; Crowley, 2013; Lindblad, 2013; Aibinu e Venkatesh, 2014). Alguns inquiridos afirmaram que utilizarão o BIM se houver um requisito dos clientes (especialmente clientes de grandes projectos). O National BIM Report 2013 da NBS identificou as cinco principais razões citadas pelas organizações que ainda não adoptaram o BIM, e a primeira barreira foi o facto de não haver procura por parte dos clientes (NBS, 2013).

A "Falta de educação ou formação sobre a utilização do BIM, seja na universidade ou em qualquer centro de formação governamental ou privado" (BA 16), o item/variável mais baixo, com uma carga de fator de 0,61, pode desempenhar um papel fundamental na não adoção do BIM na indústria AEC na Faixa de Gaza. Há uma falta de integração do BIM nos serviços de educação e formação existentes na Faixa de Gaza, embora algumas universidades em todo o mundo estejam a oferecer cursos para várias aplicações BIM. O ensino da arquitetura e da engenharia reflecte geralmente as necessidades do mercado de trabalho. O BIM não é apenas mais um CAD; é a mudança da apresentação de informações sobre o edifício para a representação dessas informações. Crowley (2013) salientou no seu estudo a importância da educação e formação em BIM para a indústria AEC.

Fator 2: Resistência de toda a organização à mudança dos fluxos de trabalho

O segundo fator, denominado *Resistência da organização à mudança dos fluxos de trabalho,* explica 9,95% da variação total e contém quatro itens/variáveis. A maioria dos itens/variáveis tinha cargas factoriais relativamente elevadas (> 0,65). Os quatro itens/variáveis são os seguintes

1. *Falta de capacidade financeira para as pequenas empresas iniciarem um novo fluxo de trabalho necessário para a adoção eficaz do BIM* (BA 8), com uma carga fatorial = 0,80.
2. *A resistência das empresas e instituições a qualquer mudança pode ocorrer no sistema de fluxo de trabalho e na recusa de adoção de uma nova tecnologia* (BA 7), com uma carga do fator = 0,75.
3. *As empresas preferem centrar-se nos projectos (em construção) em vez de considerarem, avaliarem e implementarem o BIM* (BA 9), com uma carga fatorial = 0,74.
4. *Dificuldade de encontrar intervenientes no projeto com as competências necessárias para participar na aplicação do BIM* (BA 10), com uma carga do fator = 0,65.

O nome deste fator foi escolhido de acordo com as correlações entre estes quatro itens/variáveis. A adoção do BIM exige a mudança da prática tradicional de trabalho (Davidson, 2009; Arayici *et al.*, 2009; Gu e London, 2010). Em contrapartida, a resistência de toda a organização relativamente à necessidade de investimento em infra-estruturas, formação e novas ferramentas de software seria um fator importante que afecta a adoção do BIM na indústria da AEC na Faixa de Gaza. Os projectistas, promotores, empreiteiros e gestores de construção também tendem a concentrar-se na sua área e a proteger os seus interesses no processo de construção, o que conduz à presença de uma indústria fragmentada (Johnson e Laepple, 2003). A cultura de implementação decide a eficácia de um novo conceito. Para incorporar o BIM, é necessária uma cultura de mente aberta. Na indústria da construção, onde os gestores de projeto passam a maior parte do tempo no local, têm a liberdade de trabalhar à sua maneira. No entanto, no caso do BIM, estes gestores de projeto têm de aderir a orientações e processos rigorosos. Por conseguinte, existe resistência à mudança. A adoção bem sucedida do BIM não é apenas uma questão de software; é também uma questão de mudança organizacional. Por outras palavras, para uma adoção BIM bem sucedida, as organizações devem desenvolver e gerir os seus fluxos de trabalho para diferentes tarefas durante todas as fases do ciclo de vida do projeto. Uma organização deve olhar internamente para entender seus sistemas operacionais e identificar como o BIM pode agregar valor às suas atividades diárias (Davidson, 2009; Arayici *et al.*, 2005; Gu *et al.*, 2008; Yan e Damian, 2008; Arayici *et al.*, 2009; Becerik-Gerber *et al.*, 2011; Gu e London, 2010; Khosrowshahi e Arayici, 2012). Conforme demonstrado pelos resultados, o item/variável com a carga mais elevada deste primeiro fator (componente) é "*Falta de capacidade financeira para as pequenas empresas iniciarem um novo fluxo de trabalho necessário para a adoção eficaz do BIM*" (BA 8), e o item/variável com a carga mais baixa deste primeiro fator (componente) é "*Dificuldade em encontrar partes interessadas no projeto com a competência necessária para participar na aplicação do BIM*" (BA 10).

A "falta de capacidade financeira das pequenas empresas para iniciarem um novo fluxo de trabalho necessário para a adoção eficaz do BIM" (BA 8), o item/variável mais elevado, com uma carga de fator de 0,80, é um obstáculo à adoção do BIM na indústria AEC na Faixa de Gaza. E o que prova ser uma barreira à adoção do BIM é o preço do software e a incompatibilidade com outro software. Como já foi referido em estudos anteriores, Arayici *et al.* (2009); Khosrowshahi e Arayici (2012); Elmualim e Gilder (2013); Thurairajah e Goucher (2013); e Aibinu e Venkatesh (2014) apontaram a força desta barreira à adoção do BIM. Por último, mas não menos importante, a empresa que está a implementar o BIM tem de alterar o processo de trabalho. Para efetuar as alterações necessárias no processo, haverá um custo. Assim, as empresas (especialmente as pequenas empresas) estão mais preocupadas com as despesas que se seguem à implementação do BIM. No entanto, o BIM tem de ser visto na perspetiva do valor acrescentado. A implementação do software BIM pode causar uma mudança radical na forma como a empresa de AEC funciona, mas os benefícios a longo prazo são irrefutáveis.

A "Dificuldade em encontrar partes interessadas no projeto com as competências necessárias para participar na aplicação do BIM" (BA 10), o item/variável mais baixo, com uma carga fatorial de 0,65, pode ser um obstáculo à adoção do BIM na indústria da AEC na Faixa de Gaza. Como se verificou anteriormente, os resultados do objetivo 1 do estudo indicaram que o nível de conhecimento sobre o BIM na indústria AEC na Faixa de Gaza é muito baixo; e a falta de coesão entre as partes interessadas dificulta a melhoria do nível de conhecimento. As empresas e as disciplinas também estão a trabalhar separadamente e a interagir apenas através da troca de documentos de construção. Se um membro de uma equipa de projeto utilizar o BIM enquanto os outros continuam a fazer as coisas à maneira antiga, os benefícios serão limitados. O BIM permite e exige uma maior integração entre as disciplinas e as empresas. Têm de trabalhar em conjunto como um só. Lahdou e Zetterman (2011) afirmam que a utilização do BIM é acompanhada por um novo método que permite relações mais parecidas com as de uma parceria entre as partes interessadas. Estas relações de colaboração podem criar mais coesão entre as partes interessadas, facilitando assim o trabalho conjunto para um objetivo comum de implementação do BIM. Por outras palavras, a colaboração de todas as diferentes partes interessadas é necessária para que o BIM seja bem sucedido; para inserir, extrair, atualizar ou modificar informações no modelo BIM nas várias fases do ciclo de vida das instalações (Sebastian, 2011).

Fator 3: Falta de conhecimentos sobre BIM e custo de implementação

O terceiro fator, denominado *Falta de conhecimentos sobre o BIM e custo de implementação,* explica 9,78% da variância total e contém quatro itens. A maioria dos itens/variáveis tinha cargas factoriais relativamente elevadas (> 0,61). Os quatro itens/variáveis são os seguintes

1. *Falta de sensibilização para o BIM por parte das partes interessadas* (BA 2), com uma carga fatorial = 0,85.
2. *Falta de conhecimento sobre como aplicar o software BIM* (BA 3), com uma carga do fator = 0,83.
3. *Custos elevados necessários para a aquisição de software BIM e custos das actualizações de hardware necessárias* (BA 1), com uma carga do fator = 0,66.
4. *Falta de sensibilização para os benefícios que o BIM pode trazer para os gabinetes de engenharia, empresas e projectos* (BA 5), com uma carga fatorial = 0,61.

O nome deste fator foi escolhido de acordo com as correlações entre estes quatro itens/variáveis. De acordo com muitos estudos relacionados com o BIM, existe uma procura premente de uma maior sensibilização e compreensão do BIM em todo o sector da AEC. A falta de conhecimentos sobre o BIM conduziu a uma lenta adoção desta tecnologia e a uma gestão ineficaz da sua adoção (Mitchell e Lambert, 2013; NBS, 2013). Existe uma falta significativa de compreensão do BIM (os conceitos fundamentais do BIM) e das suas aplicações práticas ao longo da vida dos projectos. Há também uma falta de competências técnicas que os profissionais precisam de ter para utilizar o software BIM, bem como a falta de conhecimento de como implementar o software BIM para ser útil nos processos de construção. De acordo com isto, é evidente que existe uma necessidade significativa de educação e formação BIM. Por outro lado, as empresas estão preocupadas com os custos de implementação do BIM. Há vários exemplos dos elevados custos necessários para implementar o BIM, tais como (1) o licenciamento de software; (2) os custos para melhorar a capacidade do servidor para se adequar a ter requisitos de TI tão elevados; (3) a taxa de manutenção contínua; (4) o custo da criação adequada de um modelo de construção; e (5) os custos de formação (Keegan, 2010; Aibinu e Venkatesh, 2013). Conforme demonstrado nos resultados, o item/variável com a carga mais elevada deste primeiro fator (componente) é a "*Falta de sensibilização das partes interessadas para o BIM*" (BA 2), e o item/variável com a carga mais baixa deste primeiro fator (componente) é a "*Falta de sensibilização para os benefícios que o BIM pode trazer aos gabinetes de engenharia, empresas e projectos*" (BA 5).

A "falta de sensibilização das partes interessadas para o BIM" (BA 2), o item/variável mais elevado, com uma carga fatorial de 0,85, constitui uma barreira intransponível à adoção do BIM na indústria AEC na Faixa de Gaza. Como se verificou anteriormente, os resultados do objetivo 1 indicaram que o nível de conhecimento sobre o BIM na indústria AEC na Faixa de Gaza é muito baixo. Esta barreira foi mencionada na revisão da literatura como um obstáculo muito elevado à adoção do BIM, de acordo com os estudos de Kassem *et al.* (2012) e Lof e Kojadinovic (2012) no Reino Unido e na Suécia. Thurairajah e Goucher (2013) também afirmaram que existe uma falta geral de conhecimento e compreensão do que é o BIM no Reino Unido, apesar de alguns destinos terem adotado o BIM no seu trabalho. O mesmo resultado foi demonstrado na Austrália por Newton e Chileshe (2012), e Mitchell e Lambert (2013), onde afirmaram que as pessoas na Austrália sofrem de uma falta de conhecimento sobre o BIM e as suas capacidades distintivas no domínio da indústria da construção.

A "Falta de sensibilização para os benefícios que o BIM pode trazer para os gabinetes de engenharia, empresas e projectos" (BA 5), o item/variável mais baixo, com uma carga fatorial de 0,61, pode ser um obstáculo à adoção do BIM na indústria AEC na Faixa de Gaza. Esta barreira foi mencionada na revisão da literatura como uma forte barreira BIM, de acordo com os estudos de Arayici *et al.* (2009), Kassem *et al.* (2012), Khosrowshahi e Arayici (2012), Aibinu e Venkatesh (2013) e Elmualim e Gilder (2013). Os profissionais da indústria AEC apresentam um certo grau de hesitação na implementação do BIM num projeto devido à falta de conhecimento sobre o BIM e as suas capacidades distintivas no domínio da indústria da construção, onde os benefícios do BIM ainda são muitas vezes mal compreendidos ou desconhecidos por aqueles que não o utilizam nas suas obras (Lof e Kojadinovic, 2012; Mitchell e Lambert, 2013).

Fator 4: Barreiras culturais à adoção de novas tecnologias e requisitos de formação

O quarto fator, denominado *Barreiras culturais à adoção de novas tecnologias e requisitos de formação,* explica 7,40 % da variação total e contém dois itens/variáveis. Os dois itens/variáveis tinham cargas factoriais relativamente elevadas (> 0,72).

1. A relutância dos arquitectos/engenheiros em aprender novas aplicações devido à sua cultura educativa e ao seu preconceito em relação aos programas com que lidam (BA 17), com uma carga fatorial = 0,85.
2. Relutância em dar formação a arquitectos/engenheiros devido aos elevados custos da formação em termos de tempo e dinheiro (BA 18), com uma carga fatorial = 0,72.

O nome do fator foi escolhido de acordo com as correlações entre estes dois itens/variáveis no âmbito deste fator. Como já foi referido, a cultura de implementação decide a eficácia de um novo conceito. Para incorporar o BIM, é necessária uma cultura de abertura. Na indústria AEC, os arquitectos/engenheiros estão habituados a utilizar determinados programas e têm a liberdade de trabalhar à sua maneira. No caso do BIM, no entanto, estes arquitectos/engenheiros têm de aprender novos programas relativos ao software BIM e aderir a directrizes rigorosas, pelo que existe uma resistência à mudança da sua forma de trabalhar (Arayici *et al.*, 2005; Yan e Damian, 2008; Arayici *et al.*, 2009; Becerik-Gerber *et al.*, 2011; Gu e London, 2010; Khosrowshahi e Arayici, 2012). Por outro lado, a maioria das empresas considera que a formação em BIM é demasiado dispendiosa e requer muito tempo. Por conseguinte, há relutância em formar os arquitectos e os engenheiros (Arayici *et al.*, 2009; Becerik-Gerber *et al.*, 2011; Khosrowshahi e Arayici, 2012; Elmualim e Gilder, 2013). Como mostram os resultados, o item/variável com a carga mais elevada deste primeiro fator (componente) é "*A relutância dos Arquitectos/Engenheiros em aprender novas aplicações devido à sua cultura educacional e ao seu preconceito em relação aos programas com que estão a lidar"* (BA 17), e o item/variável com a carga mais baixa deste primeiro fator (componente) é *"Relutância em formar Arquitectos/Engenheiros devido aos requisitos de formação dispendiosos em termos de tempo e dinheiro"* (BA 18).

"A relutância dos Arquitectos/Engenheiros em aprender novas aplicações devido à sua cultura educativa e ao seu preconceito em relação aos programas com que estão a lidar" (BA 17) é o item/variável mais elevado do fator 4, com uma carga fatorial de 0,85. Ao adotar o BIM, é vital que os indivíduos recebam formação suficiente na utilização da nova tecnologia para poderem contribuir para o ambiente de trabalho em mudança (Aranda-Mena *et al.*, 2007; Gu *et al.*, 2008). A relutância em aprender o BIM pode dever-se a várias razões, incluindo (1) os Arquitectos e Engenheiros pensam que o BIM é um sistema complexo e delicado; (2) os Arquitectos e Engenheiros preferem continuar a usar os programas tradicionais e recusam-se a aprender novos programas, especialmente se usarem esses programas tradicionais durante muito tempo; (3) por vezes, a idade dos Arquitectos e Engenheiros desempenha um papel importante na sua aceitação em aprender novas aplicações; ou (4) talvez não tenham tempo suficiente para aprender novas aplicações. Esta barreira foi mencionada na revisão da literatura como uma das barreiras significativas à adoção do BIM, de acordo com os estudos de Davidson (2009); Arayici *et al.* (2005); Gu *et al.* (2008); Yan e Damian (2008); Arayici *et al.* (2009); Becerik-Gerber *et al.* (2011); Gu e London (2010); Khosrowshahi e Arayici (2012).

"A relutância em formar arquitectos/engenheiros devido aos requisitos de formação onerosos em termos de tempo e dinheiro" (BA 18) é o item/variável mais baixo do fator 4, com uma carga fatorial de 0,72. Yan e Damian (2008) revelaram que a maioria das empresas do seu estudo que não utilizavam o BIM acreditava que a formação em BIM seria demasiado dispendiosa em termos de tempo e dinheiro. McGraw- Hill Construction (2009) e Lof e Kojadinovic (2012) sublinharam que o tempo de formação necessário para trabalhar eficientemente com o BIM é um dos principais desafios à adoção do BIM. Kaner *et al.* (2008); Keegan (2010); e Aibinu e Venkatesh (2013) concordaram que os custos iniciais necessários para a formação dos indivíduos para poderem lidar com o BIM são muito elevados, sendo este o principal desafio à adoção do BIM na indústria da AEC.

4.7 Teste das hipóteses de investigação

Foram colocadas algumas hipóteses para estudar as relações entre algumas variáveis para apoiar a adoção do BIM na indústria AEC na Faixa de Gaza. De acordo com a Figura (4.13), foram testadas cinco hipóteses através da aplicação do coeficiente de correlação produto-momento de Pearson (coeficiente de correlação de Pearson). O coeficiente de correlação de Pearson foi utilizado para medir a força e a direção da relação (associação/ correlação linear) entre duas variáveis quantitativas, em que o valor (r = 1) significa uma correlação positiva perfeita e o valor (r = -1) significa uma correlação negativa perfeita. Cada hipótese foi testada separadamente. As quatro variáveis na Figura (4.13) representam partes do questionário, sendo que o questionário foi construído a partir das cinco partes seguintes:

- **Primeira parte:** *está relacionada com os dados demográficos do inquirido e com o seu desempenho profissional.*
- **Segunda parte:** *avaliar o nível de consciencialização do BIM pelos profissionais do sector da AEC na Faixa de Gaza.*
- **Terceira parte:** *investigar a importância das funções BIM no sector da AEC na Faixa de Gaza.*
- **Quarta parte:** *investigar o valor dos benefícios do BIM no sector da AEC na Faixa de Gaza.*
- **Quinta parte:** *investigar as barreiras BIM no sector da AEC na Faixa de Gaza.*

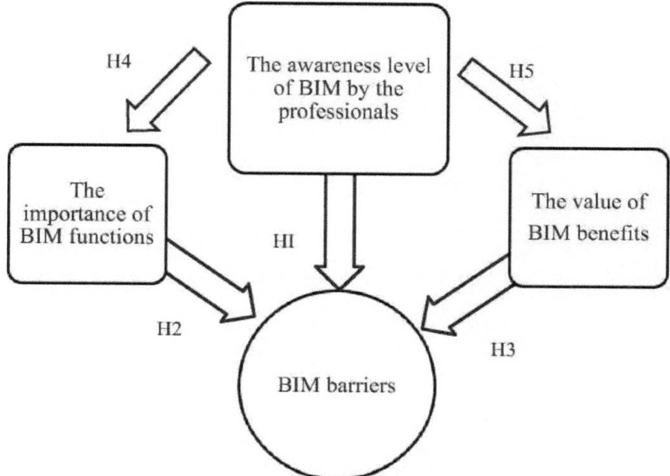

Figura (4.13): Modelo de hipóteses (Fonte: O investigador, 2015)

4.7.1 A correlação entre o nível de conhecimento do BIM e as barreiras ao BIM

HI: Existe uma relação inversa, estatisticamente significativa a um nível < 0,05, entre o nível de consciencialização do BIM pelos profissionais e as barreiras BIM no sector da AEC na Faixa de Gaza.

Para testar a hipótese, foi utilizado o coeficiente de correlação de Pearson para medir a força e a direção da relação (associação/ correlação linear) entre *"O nível de sensibilização dos profissionais para o BIM"* e *"Barreiras BIM na indústria AEC na Faixa de Gaza"*. "De acordo com os resultados do teste apresentados na Tabela (4.21), "O *nível de consciencialização do BIM pelos profissionais*" está negativamente relacionado com "*Barreiras BIM na indústria AEC na Faixa de Gaza*", com um coeficiente de correlação de Pearson de (r = -0,79) e o valor de significância é inferior a 0,05 (*valor P* < 0,05), pelo que a relação é estatisticamente significativa a um valor < 0,05 (conforme indicado pelo asterisco duplo após o coeficiente). Consequentemente, a hipótese Hl é aceite.

Quanto mais próximo (r) for de +1, mais forte é a correlação positiva, enquanto que quanto mais próximo (r) for de -l, mais forte é a correlação negativa. Assim, pode afirmar-se que a relação entre "*O nível de sensibilização dos profissionais para o BIM*" e "*Barreiras BIM no sector da AEC na Faixa de Gaza*" é uma relação fortemente negativa porque (r = -0,79). Este resultado significa que, quando uma variável aumenta o seu valor, o valor da segunda variável diminui. Por outras palavras, o aumento do nível de sensibilização dos profissionais para o BIM reduzirá os obstáculos ao BIM no sector da AEC na Faixa de Gaza.

Como se verificou anteriormente neste capítulo, os resultados indicaram que o nível de conhecimento sobre o BIM por parte dos profissionais do sector da AEC na Faixa de Gaza é muito baixo. Os resultados também mostraram que a falta de conhecimento do BIM constitui uma forte barreira ao BIM no sector da AEC na Faixa de Gaza. A falta de conhecimentos sobre o BIM conduziu a uma lenta aceitação desta tecnologia e a uma gestão ineficaz da sua adoção (Mitchell e Lambert, 2013; NBS, 2013).

Tabela (4.21): O coeficiente de correlação entre o nível de consciencialização do BIM pelos profissionais e as barreiras BIM na indústria AEC na Faixa de Gaza

Campo	Estatísticas	Barreiras BIM no sector da AEC na Faixa de Gaza
O nível de sensibilização para o BIM por parte dos profissionais do sector da AEC na Faixa de Gaza	Correlação de Pearson (*r*)	-0.79
	P-valor Sig. (bicaudal)	0.00
	N	270
**. *A correlação é significativa ao nível de 0,01 (bicaudal).*		

4.7.2 A correlação entre a importância das funções BIM e as barreiras BIM

H2: Existe uma relação inversa, estatisticamente significativa a um nível < 0,05, entre a importância das funções BIM e as barreiras BIM no sector da AEC na Faixa de Gaza.

Para testar a hipótese, foi utilizado o coeficiente de correlação de Pearson para medir a força e a direção da relação (associação/ correlação linear) entre "a *importância das funções BIM*" e "*barreiras BIM na indústria AEC na Faixa de Gaza". "*De acordo com os resultados do teste apresentados na Tabela (4.22), "*a importância das funções BIM*" está negativamente relacionada com "*barreiras BIM na indústria de AEC na Faixa de Gaza*", com um coeficiente de correlação de Pearson de (r = -0,36) e o valor de significância é inferior a 0,05 (*valor P* < 0,05), pelo que a relação é estatisticamente significativa a um valor < 0,05 (como indicado pelo asterisco duplo após o coeficiente). Consequentemente, a hipótese H2 é aceite.

Quanto mais próximo (r) for de +1, mais forte é a correlação positiva, enquanto que quanto mais próximo (r) for de -1, mais forte é a correlação negativa. Assim, pode dizer-se que a relação entre "*a importância das funções BIM*" e "*barreiras BIM na indústria AEC na Faixa de Gaza*" é uma relação negativa intermédia porque (r = -0,36). Este resultado significa que, quando uma variável aumenta o seu valor, o valor da segunda variável diminui. Por outras palavras, quando a importância e a necessidade das funções BIM aumentam para os profissionais da indústria de AEC na Faixa de Gaza, tal reduzirá os obstáculos à adoção do BIM na indústria de AEC na Faixa de Gaza.

Como se verificou anteriormente neste capítulo, os resultados indicaram que as funções BIM são significativamente importantes para os profissionais do sector da AEC na Faixa de Gaza. O BIM tem uma vasta gama de aplicações nos processos de conceção, construção e exploração. O BIM está a transformar a forma como arquitectos, engenheiros, empreiteiros e outros profissionais da construção trabalham atualmente na indústria (Baldwin, 2012; Mandhar e Mandhar, 2013).

Tabela (4.22): O coeficiente de correlação entre a importância das funções BIM e as barreiras BIM na indústria AEC na Faixa de Gaza

Campo	Estatísticas	Barreiras BIM no sector da AEC na Faixa de Gaza
A importância das funções BIM	Correlação de Pearson (*r*)	-0.36**
	Valor P (Sig.) (bicaudal)	0.00

Tabela (4.22): O coeficiente de correlação entre a importância das funções BIM e as barreiras BIM na indústria AEC na Faixa de Gaza

Campo	Estatísticas	Barreiras BIM no sector da AEC na Faixa de Gaza
	Tamanho da amostra (*N*)	270
**. *A correlação é significativa ao nível de 0,01 (bicaudal).*		

4.7.3 A correlação entre o valor dos benefícios do BIM e as barreiras ao BIM

H3: Existe uma relação inversa, estatisticamente significativa a um nível < 0,05, entre o valor dos benefícios do BIM e as barreiras do BIM no sector da AEC na Faixa de Gaza.

Para testar a hipótese, foi utilizado o coeficiente de correlação de Pearson para medir a força e a direção da relação (associação/ correlação linear) entre "*O valor dos benefícios BIM*" e "*Barreiras BIM na indústria AEC na Faixa de Gaza*". "De acordo com os resultados do teste apresentados no Quadro (4.23), "*O valor dos benefícios BIM*" está negativamente relacionado com "*Barreiras BIM na indústria AEC na Faixa de Gaza*", com um coeficiente de correlação de Pearson de (r = -0,34) e o valor de significância é inferior a 0,05 (*valor P* < 0,05), pelo que a relação é estatisticamente significativa a um valor < 0,05 (como indicado pelo asterisco duplo a seguir ao coeficiente). Consequentemente, a hipótese H3 é aceite.

Quanto mais próximo (r) for de +1, mais forte é a correlação positiva, enquanto que quanto mais próximo (r) for de -1, mais forte é a correlação negativa. Assim, pode dizer-se que a relação entre "*o valor dos benefícios do BIM*" e "*as barreiras do BIM no sector da AEC na Faixa de Gaza*" é uma relação negativa intermédia porque (r = -0,34). Este resultado significa que, quando uma variável aumenta o seu valor, o valor da segunda variável diminui. Por outras palavras, quando o valor dos benefícios do BIM aumenta para os profissionais do sector AEC na Faixa de Gaza, tal reduzirá os obstáculos à adoção do BIM no sector AEC na Faixa de Gaza.

Como se verificou anteriormente neste capítulo, os resultados indicaram que os benefícios do BIM são significativamente valiosos para os profissionais do sector da AEC na Faixa de Gaza. A utilização do BIM pode aumentar o valor de um edifício, encurtar a duração do projeto, fornecer estimativas de custos fiáveis, produzir instalações prontas para o mercado e otimizar a gestão e manutenção das instalações (Eastman *et al.* ,2011; Aibinu e Venkatesh, 2013).

Tabela (4.23): Coeficiente de correlação entre o valor dos benefícios BIM e as barreiras BIM na indústria AEC na Faixa de Gaza

Campo	Estatísticas	Barreiras BIM no sector da AEC na Faixa de Gaza
O valor dos benefícios do BIM	Correlação de Pearson (r)	-0.34**
	Valor P (Sig.) (bicaudal)	0.00
	Tamanho da amostra (*N*)	270
** *A correlação é significativa ao nível de 0,01 (bicaudal).*		

4.7.4 A correlação entre o nível de conhecimento do BIM pelos profissionais e a importância das funções BIM

H4: Existe uma relação positiva, estatisticamente significativa a um nível < 0,05, entre o nível de sensibilização dos profissionais para o BIM e a importância das funções BIM no sector da AEC na Faixa de Gaza.

Para testar a hipótese, foi utilizado o coeficiente de correlação de Pearson para medir a força e a direção da relação (associação linear/correlação) entre "*o nível de consciencialização do BIM pelos profissionais*" e "*a importância das funções BIM*". "De acordo com os resultados do teste apresentados na Tabela (4.24), "*o nível de consciencialização do BIM pelos profissionais*" está positivamente relacionado com "*a importância das funções do BIM*", com um coeficiente de correlação de Pearson de ($r = 0{,}58$) e o valor de significância é inferior a 0,05 (*valor-P* < 0,05), pelo que a relação é estatisticamente significativa a um valor < 0,05 (conforme indicado pelo asterisco duplo após o coeficiente). Consequentemente, a hipótese H4 é aceite.

Quanto mais próximo (r) estiver de +1, mais forte é a correlação positiva, enquanto que quanto mais próximo (r) estiver de -1, mais forte é a correlação negativa. De acordo com isto, pode dizer-se que a relação entre "*o nível de consciencialização do BIM pelos profissionais*" e "*a importância das funções BIM*" é uma relação positiva intermédia porque ($r = 0{,}58$). Este resultado significa que, quando uma variável aumenta de valor, a segunda variável também aumenta de valor.

Por outras palavras, o aumento do nível de sensibilização dos profissionais para o BIM aumentará a importância das funções BIM para os profissionais da indústria AEC na Faixa de Gaza. Como se verifica nos resultados anteriores deste capítulo, existe uma grande falta de compreensão do BIM (os conceitos fundamentais do BIM) e das suas aplicações práticas ao longo do ciclo de vida dos projectos por parte dos profissionais da indústria AEC na Faixa de Gaza.

Tabela (4.24): O coeficiente de correlação entre o nível de consciencialização do BIM pelos profissionais da indústria AEC na Faixa de Gaza e a importância das funções BIM

Campo	Estatísticas	Importância das funções BIM
O nível de sensibilização para o BIM por parte dos profissionais do sector da AEC na Faixa de Gaza	Correlação de Pearson (r)	0.58
	Valor P (Sig.) (bicaudal)	0.00
	Tamanho da amostra (N)	270
***. A correlação é significativa ao nível de 0,01 (bicaudal).*		

4.7.5 A correlação entre o nível de conhecimento do BIM pelos profissionais e o valor dos benefícios do BIM

H5: Existe uma relação positiva, estatisticamente significativa a um nível < 0,05, entre o nível de sensibilização dos profissionais para o BIM e o valor dos benefícios do BIM no sector da AEC na Faixa de Gaza.

Para testar a hipótese, foi utilizado o coeficiente de correlação de Pearson para medir a força e a direção da relação (associação linear/correlação) entre "*o nível de consciencialização do BIM pelos profissionais*" e "*o valor dos benefícios do BIM*". "De acordo com os resultados do teste apresentados na Tabela (4.25), "*o nível de consciencialização do BIM pelos profissionais*" está positivamente relacionado com "*o valor dos benefícios do BIM*", com um coeficiente de correlação de Pearson de $r = 0{,}52$ e o valor de significância é inferior a 0,05 (*P-value* < 0,05), pelo que a relação é estatisticamente significativa a um valor < 0,05 (conforme indicado pelo asterisco duplo após o coeficiente). Consequentemente, a hipótese H5 é aceite.

Quanto mais próximo (r) estiver de +1, mais forte é a correlação positiva, enquanto que quanto mais próximo (r) estiver de -1, mais forte é a correlação negativa. De acordo com isto, pode dizer-se que a relação entre "*o nível de consciencialização do BIM pelos profissionais*" e "*o valor dos benefícios do BIM*" é uma correlação positiva intermédia porque ($r = 0{,}52$). Este resultado significa que, quando uma variável aumenta o seu valor, a segunda variável também aumenta o seu valor.

Por outras palavras, o aumento do nível de sensibilização dos profissionais para o BIM aumentará o valor dos benefícios do BIM para os profissionais do sector da AEC na Faixa de Gaza. Como se verifica nos resultados anteriores deste capítulo, existe uma enorme falta de conhecimento sobre o BIM e as suas capacidades únicas por parte dos profissionais do sector da AEC na Faixa de Gaza.

Tabela (4.25): O coeficiente de correlação entre o nível de consciencialização do BIM pelos profissionais da indústria AEC na Faixa de Gaza e o valor dos benefícios do BIM

Campo	Estatísticas	Valor dos benefícios do BIM
O nível de sensibilização para o BIM por parte dos profissionais do sector da AEC na Faixa de Gaza	Correlação de Pearson (*r*)	0.52**
	Valor P (Sig.) (bicaudal)	0.00
	Tamanho da amostra (*N*)	270
**. *A correlação é significativa ao nível de 0,01 (bicaudal).*		

4.7.6 Hipóteses relacionadas com o perfil dos inquiridos (análise dos inquiridos)

H6: Existem diferenças estatisticamente significativas atribuídas aos dados demográficos dos inquiridos e ao seu modo de trabalho, ao nível de < 0,05, entre as médias das suas opiniões sobre o tema da aplicação do BIM na indústria AEC na Faixa de Gaza.

Esta hipótese pretendia analisar as diferenças nas opiniões dos inquiridos relativamente à investigação sobre a aplicação do BIM na indústria AEC na Faixa de Gaza devido a vários factores. Estas coisas são (1) o género, (2) a qualificação educacional, (3) o local de estudo, (4) a especialização, (5) a natureza do local de trabalho, (6) a localização do local de trabalho, (7) o campo atual/o emprego atual, e (8) os anos de experiência.

O teste t de amostras independentes e o teste de análise de variância (ANOVA) de uma via foram utilizados para determinar se existiam ou não diferenças estatisticamente significativas entre as opiniões dos inquiridos. Foi também utilizado o método de Scheffe (procedimento de comparação múltipla). Todos os testes utilizados são testes paramétricos baseados na distribuição normal.

4.7.6.1 Uma análise tendo em conta o género

O teste t para amostras independentes fornece um teste estatístico para determinar se as médias de dois grupos são iguais ou não. O valor crítico de $t = 1{,}97$, em que o grau de liberdade $(df) = [N\text{-}2] = [270\text{-}2] = 268$ (*N* é o tamanho da amostra) ao nível de significância (probabilidade) $(a) = 0{,}05$ (Field, 2009; Weiers, 2011). Assim, foi utilizado o *teste t para* amostras independentes para testar as diferenças entre as opiniões dos inquiridos, tendo em conta o seu género (masculino e feminino).

Como mostra a Tabela (4.26), o *valor P* do teste de Levene é superior a 0,05 em cada campo e em todos os campos em conjunto. Assim, as variâncias dos dois grupos (masculino e feminino) não são significativamente diferentes (os grupos são homogéneos). Além disso, de acordo com os resultados do *teste t para* amostras independentes, como se mostra na Tabela (4.26), os valores de significância para cada campo e para todos os campos em conjunto não são significativos (*valor P* > 0,05). Os valores absolutos do *teste t* para cada campo e para todos os campos em conjunto também são inferiores ao *valor crítico* de *t* (1,97).

Assim, não existem diferenças estatisticamente significativas atribuídas ao género dos inquiridos ao nível de < 0,05 entre as médias das suas opiniões sobre o tema da investigação da aplicação do BIM na indústria AEC na Faixa de Gaza.

Tabela (4.26): Resultados do teste t de amostras independentes em relação ao género dos inquiridos

Campo	Teste de Levene para igualdade de variâncias		teste *t*	Valor de *p*	Média	
	F	*Valor P* (Sig.)			Homens (N=222)	Mulheres (N=48)
O nível de sensibilização dos profissionais para o BIM	3.11	0.08	-0.31	0.76	1.82	1.86
A importância das funções BIM	0.04	0.84	-1.04	0.30	3.61	3.73
O valor dos benefícios do BIM	0.03	0.86	-1.35	0.18	3.58	3.72
A força das barreiras BIM	0.28	0.60	-1.10	0.27	3.57	3.69
Todos os domínios	0.07	0.80	-1.41	0.16	3.35	3.47

Valor crítico de t: ao grau de liberdade (df) = [N-2] = [270-2] = 268 e ao nível de significância (Probabilidade) 0,05 é igual a "1,97".
**. A diferença média é significativa ao nível de 0,05*

4.7.6.2 Uma análise tendo em conta as habilitações literárias

A análise unidirecional da variância (ANOVA)/ (*teste F*) fornece um teste estatístico paramétrico para determinar se as médias de vários grupos (mais de dois) são iguais ou não (utilizando o *rácio F*). O valor crítico de *F* no grau de liberdade (*df*) = [(K-1), (N-K)] ao nível de significância (probabilidade) (*a*) = 0,05 (Field, 2009; Weiers, 2011). Por conseguinte, foi utilizada uma ANOVA unidirecional para testar as diferenças entre as opiniões dos inquiridos, tendo em conta as suas habilitações literárias (licenciatura, mestrado ou doutoramento).

De acordo com os resultados do teste, como mostra a Tabela (4.27), o *valor P* para o teste de Levene é superior a 0,05 em cada campo dos quatro campos, bem como em todos os campos em conjunto. Assim, as variâncias dos grupos não são significativamente diferentes (os grupos são homogéneos). Relativamente ao *teste F*, os valores de significância para cada campo dos quatro campos, bem como para todos os campos em conjunto, não são significativos (*P-value* > 0,05). Os valores do *teste* F em cada campo dos quatro campos, bem como em todos os campos em conjunto, são também inferiores ao *valor crítico* de *F* (3,03).

Assim, não existem diferenças estatisticamente significativas atribuídas à qualificação educacional dos inquiridos ao nível de < 0,05 entre as médias das suas opiniões sobre o tema da investigação da aplicação do BIM na indústria AEC na Faixa de Gaza.

Tabela (4.27): Resultados da Análise de Variância (ANOVA)/ (Teste F) unidirecional relativamente às habilitações literárias dos inquiridos

Campo	Teste de homogeneidade das variâncias		Teste *F*	*Valor P* (Sig.)	Média		
	Levene Estatística	*Valor P* (Sig.)			Bacharelato (N=195)	Mestre (N=71)	Doutoramento
O nível de sensibilização dos profissionais para o BIM	2.17	0.12	1.62	0.20	1.78	1.97	1.86

A importância das funções BIM	0.30	0.74	2.32	0.10	3.58	3.78	3.70
O valor dos benefícios do BIM	0.91	0.40	1.27	0.28	3.57	3.69	3.88
A força das barreiras BIM	0.87	0.42	0.41	0.66	3.57	3.64	3.43
Todos os domínios	0.76	0.47	1.93	0.15	3.34	3.48	3.46

Valor crítico de F: ao grau de liberdade (df) = [(K-1), (N-K)] = [(3-1), (270-2)] = [2,267] e ao nível de significância (Probabilidade) 0,05 é igual a "3,03".
**. A diferença média é significativa ao nível de 0,05.*

4.7.6.3 Uma análise tendo em conta o local de estudo

A análise unidirecional da variância (ANOVA)/ (teste F) fornece um teste estatístico paramétrico para determinar se as médias de vários grupos (mais de dois) são iguais ou não (utilizando o *rácio F*). O valor crítico de *F* no grau de liberdade (*df*) = [(K-1), (N-K)] ao nível de significância (probabilidade) (*a*) = 0,05 (Field, 2009; Weiers, 2011). Por conseguinte, foi utilizada uma ANOVA unidirecional para testar as diferenças entre as opiniões dos inquiridos, tendo em conta o seu local de estudo (Faixa de Gaza, Cisjordânia ou fora da Palestina).

De acordo com os resultados do teste, como mostra a Tabela (4.28), o *valor P* para o teste de Levene é superior a 0,05 em cada campo dos quatro campos, bem como em todos os campos em conjunto. Assim, as variâncias dos grupos não são significativamente diferentes (os grupos são homogéneos). Relativamente ao *teste F*, os valores de significância para o segundo campo (a importância das funções BIM), bem como para todos os campos em conjunto, são significativos (*P-value* < 0,05). Os valores do *teste F* para o segundo campo e todos os campos em conjunto são também superiores ao *valor crítico* de *F* (3,03).

Assim, existem diferenças estatisticamente significativas atribuídas ao local de estudo dos inquiridos ao nível de < 0,05 entre as médias das suas opiniões sobre o tema "a importância das funções BIM", bem como o tema "a investigação sobre a aplicação BIM na indústria AEC na Faixa de Gaza".

Por conseguinte, foi utilizado o teste Scheffe para comparações múltiplas entre as médias das opiniões dos inquiridos tendo em conta o seu local de estudo (Field, 2009; Weiers, 2011). De acordo com os resultados do teste, como mostra a Tabela (4.29), há uma diferença entre as médias das opiniões dos inquiridos que estudaram "fora da Palestina" e os inquiridos que estudaram na "Faixa de Gaza" sobre o campo da "importância das funções BIM" a favor dos inquiridos que estudaram "fora da Palestina".

A tabela (4.30) mostra que existe uma diferença em todos os domínios do tema "a investigação sobre a aplicação do BIM na indústria AEC na Faixa de Gaza". A diferença aqui é também entre os meios das opiniões dos inquiridos que estudaram "fora da Palestina" e os inquiridos que estudaram na "Faixa de Gaza", a favor dos inquiridos que estudaram "fora da Palestina".

Tabela (4.28): Resultados da Análise de Variância (ANOVA)/ (Teste F) de uma via relativamente ao local de estudo dos inquiridos

Campo	Teste de homogeneidade das variâncias		*F - teste*	*Valor P (Sig.)*	Média		
	Estatística de Levene	*Valor P* (Sig.)			Faixa de Gaza (N=196)	Cisjordânia (N=9)	Fora da Palestina (N=65)
O nível de sensibilização dos profissionais para o BIM	0.81	0.45	2.73	0.07	1.77	2.15	1.97
A importância das funções BIM	1.57	0.21	3.46	0.03	3.57	3.69	3.82
O valor dos benefícios do BIM	1.67	0.19	2.10	0.12	3.55	3.71	3.74
A força das barreiras BIM	0.34	0.71	0.93	0.39	3.56	3.74	3.67
Todos os domínios	0.76	0.47	3.63	0.03	3.32	3.51	3.51

Valor crítico de F: ao grau de liberdade (df) = [(K-1), (N-K)] = [(3-1), (270-2)] = [2,267] e ao nível de significância (Probabilidade) 0,05 é igual a "3,03".
**. A diferença média é significativa ao nível de 0,05.*

Tabela (4.29): Resultados do teste Scheffe para comparações múltiplas devido ao local de estudo dos inquiridos para o campo "A importância das funções BIM"

Diferença média	Faixa de Gaza	Cisjordânia	Fora da Palestina
Faixa de Gaza		-0.13	-0.26*
Cisjordânia	0.13		-0.13
Fora da Palestina	0.26*	0.13	

Tabela (4.30): Resultados do teste Scheffe para comparações múltiplas devido ao local de estudo dos inquiridos para todos os campos da "investigação sobre a aplicação do BIM na indústria AEC na Faixa de Gaza"

Diferença média	Faixa de Gaza	Cisjordânia	Fora da Palestina
Faixa de Gaza		-0.19	-0.19*
Cisjordânia	0.19		0.00
Fora da Palestina	0.19*	0.00	

4.7.6.4 Uma análise tendo em conta a especialização

A análise de variância unidirecional (ANOVA)/ (teste F) fornece um teste estatístico paramétrico para determinar se as médias de vários grupos (mais de dois) são iguais ou não (utilizando o *rácio F*). O valor crítico de *F* no grau de liberdade (*df*) = [(K-1), (N-K)] ao nível de significância (probabilidade) (*a*) = 0,05 (Field, 2009; Weiers, 2011). Por conseguinte, foi utilizada a ANOVA de uma via para testar as diferenças entre as opiniões dos inquiridos, tendo em conta a sua especialização (arquiteto, engenheiro civil, engenheiro eletrotécnico, engenheiro mecânico ou qualquer outra especialização relacionada com a indústria AEC).

De acordo com os resultados do teste, como mostra a Tabela (4.31), o *valor P* para o teste de Levene é superior a 0,05 em cada campo dos quatro campos, bem como em todos os campos em conjunto. Assim, as variâncias dos grupos não são significativamente diferentes (os grupos são homogéneos). Relativamente ao *teste F*, os valores de significância para o primeiro campo (o nível de consciencialização do BIM pelos profissionais), bem como para os campos em conjunto, são significativos (*P-value* < 0,05). Os valores do teste *F* para o primeiro campo e para todos os campos em conjunto são também superiores ao *valor crítico* de *F* (2,41).

Assim, existem diferenças estatisticamente significativas atribuídas ao local de estudo dos inquiridos ao nível de < 0,05 entre as médias das suas opiniões sobre "o nível de sensibilização dos profissionais para o BIM", bem como o tema "a investigação sobre a aplicação do BIM na indústria AEC na Faixa de Gaza".

Assim, foi utilizado o teste Scheffe para comparações múltiplas entre as médias das opiniões dos inquiridos tendo em conta a sua especialização (Field, 2009; Weiers, 2011). De acordo com os resultados do teste, como mostra a Tabela (4.32), existe uma diferença entre as médias das opiniões dos inquiridos que são "Engenheiros Civis" e os inquiridos que são "Engenheiros Electrotécnicos" sobre o campo do "nível de consciencialização do BIM pelos profissionais" a favor dos inquiridos que são "Engenheiros Civis".

A Tabela (4.33) mostra que existe uma diferença entre as médias das opiniões dos inquiridos sobre todos os domínios da "investigação sobre a aplicação do BIM na indústria AEC na Faixa de Gaza". A diferença é entre as médias das opiniões dos inquiridos que são "Arquitectos" e dos inquiridos que são "Engenheiros Electrotécnicos" a favor dos inquiridos que são "Arquitectos". Há também uma diferença entre as médias das opiniões dos inquiridos que são "Engenheiros civis" e dos inquiridos que são "Engenheiros electrotécnicos" a favor dos inquiridos que são "Engenheiros civis".

Tabela (4.31): Resultados da Análise de Variância (ANOVA)/ (Teste F) de uma via relativamente à especialização dos inquiridos

Campo	Teste de homogeneidade das variâncias		Teste *F*	Valor *de p*	Média				
	Estatística de Levene	*Valor P* (Sig.)			Arquiteto (N=83)	Civil (N=129)	Elétrico (N=41)	Mecânica (N=14)	Outros (N-3)
O nível de sensibilização dos profissionais para o BIM	0.92	0.45	4.01	0.00	1.80	1.97	1.45	1.79	1.85
A importância das funções BIM	3.18	0.10	1.75	0.14	3.62	3.72	3.42	3.46	3.77
O valor dos benefícios do BIM	1.03	0.39	1.90	0.11	3.64	3.64	3.40	3.54	4.28
A força das barreiras BIM	1.71	0.15	1.30	0.27	3.66	3.62	3.46	3.31	3.61
Todos os domínios	1.83	0.12	2.73	0.03	3.40	3.44	3.17	3.23	3.67

Valor crítico deF: ao grau de liberdade (df) = [(K-1), (N-K)] = [(5-1), (270-5)] = [4,265] e ao nível de significância (Probabilidade) 0,05 é igual a "2,41".
**. A diferença média é significativa ao nível de 0,05.*

Tabela (4.32): Resultados do teste Scheffe para comparações múltiplas devido à especialização dos inquiridos para o campo "O nível de consciencialização do BIM pelos profissionais"

Diferença média	Arquiteto	Civil	Elétrico	Mecânica	Outros
Arquiteto		-0.17	0.35	0.00	-0.05
Civil	0.17		* 0.53	0.18	0.12
Elétrico	-0.35	-0.53*		-0.35	-0.40

Mecânica	0.00	-0.18	0.35		-0.06

Tabela (4.32): Resultados do teste Scheffe para comparações múltiplas devido à especialização dos inquiridos para o campo "O nível de consciencialização do BIM pelos profissionais"

Diferença média	Arquiteto	Civil	Elétrico	Mecânica	Outros
Outros	0.05	-0.12	0.40	0.06	

Tabela (4.33): Resultados do teste Scheffe para comparações múltiplas devido à especialização dos inquiridos em todos os domínios de "The investigation into BIM application in the AEC industry in Gaza strip"

Diferença média	Arquiteto	Civil	Elétrico	Mecânica	Outros
Arquiteto		-0.04	0.23*	0.16	-0.27
Civil	0.04		0.27*	0.20	-0.24
Elétrico	-0.23*	-0.27*		-0.07	-0.51
Mecânica	-0.16	-0.20	0.07		-0.44
Outros	-0.16	0.24	0.51	0.44	

4.7.6.5 Uma análise que tenha em conta a natureza do local de trabalho

A análise de variância unidirecional (ANOVA)/ (teste F) fornece um teste estatístico paramétrico para determinar se as médias de vários grupos (mais de dois) são iguais ou não (utilizando o *rácio F*). O valor crítico de *F* no grau de liberdade (*df*) = [(K-l), (N-K)] ao nível de significância (probabilidade) (*a*) = 0,05 (Field, 2009; Weiers, 20ll). Por conseguinte, foi utilizada uma ANOVA unidirecional para testar as diferenças entre as opiniões dos inquiridos tendo em conta a natureza do seu local de trabalho (consultor, ONG, contratante, governamental ou outros locais de trabalho).

De acordo com os resultados do teste, como mostra a Tabela (4.34), o *valor P* para o teste de Levene é superior a 0,05 em cada campo dos quatro campos, bem como em todos os campos em conjunto. Assim, as variâncias dos grupos não são significativamente diferentes (os grupos são homogéneos). Relativamente ao *teste F*, os valores de significância para o primeiro campo "o nível de consciencialização do BIM pelos profissionais", o segundo campo "a importância das funções BIM" e todos os campos em conjunto são significativos (*P-value* < 0,05). O valor do *teste F* para o primeiro campo, o segundo campo e todos os campos em conjunto também são superiores ao *valor crítico* de *F* (2,4l).

Assim, existem diferenças estatisticamente significativas atribuídas à natureza do local de trabalho dos inquiridos ao nível de um < 0,05 entre as médias das suas opiniões sobre "o nível de sensibilização dos profissionais para o BIM", "a importância das funções do BIM" e o tema da "investigação sobre a aplicação do BIM na indústria AEC na Faixa de Gaza".

Por conseguinte, foi utilizado o teste Scheffe para comparações múltiplas entre as médias das opiniões dos inquiridos tendo em conta as suas especializações (Field, 2009; Weiers, 20ll). De acordo com os resultados do teste, conforme mostrado na Tabela (4.35), existe uma diferença entre as médias das opiniões dos inquiridos que trabalham para "ONGs" e os inquiridos que trabalham para "outros" locais de trabalho (de acordo com a Tabela (4.l) dos dados demográficos dos inquiridos, o "outro" local de trabalho era a Associação de Engenheiros) sobre o campo do "nível de consciencialização do BIM pelos profissionais" a favor dos inquiridos que trabalham para "ONGs".

De acordo com os resultados do teste apresentados na Tabela (4.36), existe também uma diferença entre as médias das opiniões dos inquiridos que trabalham para "ONGs" e dos inquiridos que trabalham para cada um dos locais de trabalho contratados, governamentais e outros (Associação de Engenheiros) sobre o campo da "importância das funções BIM" a favor dos inquiridos que trabalham para "ONGs".

A Tabela (4.37) mostra que existe uma diferença entre as médias das opiniões dos inquiridos sobre todos os domínios da "investigação sobre a aplicação do BIM na indústria da AEC na Faixa de Gaza". A diferença é entre as médias das opiniões dos inquiridos que trabalham para "ONGs" e os inquiridos que trabalham para cada um dos locais de trabalho governamentais e outros (Associação de Engenheiros) a favor dos inquiridos que trabalham para "ONGs".

Tabela (4.34): Resultados da Análise de Variância (ANOVA)/ (Teste F) unidirecional relativamente à natureza do local de trabalho, para os inquiridos

Campo	Teste de homogeneidade das variâncias		Teste F	Valor de p	Média				
	Estatística de Levene	*Valor P* (Sig.)			Consultor (N=81)	ONG (N=42)	Contratante (N=66)	Governamental (N=52)	Outros (N=29)
O nível de sensibilização dos profissionais para o BIM	0.17	0.95	3.60	0.01	1.90	2.12	1.80	1.71	1.49
A importância das funções BIM	1.35	0.25	2.69	0.03	3.66	3.91	3.60	3.48	3.50
O valor dos benefícios do BIM	2.04	0.09	2.12	0.08	3.65	3.79	3.62	3.51	3.36
A força das barreiras BIM	0.70	0.59	2.14	0.08	3.64	3.82	3.53	3.50	3.44
Todos os domínios	2.95	0.20	4.21	0.00	3.42	3.61	3.35	3.26	3.17

Valor crítico de F: ao grau de liberdade (df = [(K-1), (N-K)] = [(5-1), (270-5)] = [4,265] e ao nível de significância (Probabilidade) 0,05 é igual a "2,41".
**. A diferença média é significativa ao nível de 0,05.*

Tabela (4.35): Resultados do teste Scheffe para comparações múltiplas devido à natureza do local de trabalho dos inquiridos para o campo "O nível de consciencialização do BIM pelos profissionais"

Diferença média	Consultor	ONG	Empreiteiro	Governamental	Outros
Consultor		-0.22	0.09	0.19	0.40
ONG	0.22		0.31	0.41	* 0.62
Empreiteiro	-0.09	-0.31		0.10	0.31
Governamental	-0.19	-0.41	-0.10		0.21
Outros	-0.40	-0.62	-0.31	-0.21	

Tabela (4.36): Resultados do teste Scheffe para comparações múltiplas devido à natureza do local de trabalho dos inquiridos para o campo "A importância das funções BIM"

Diferença média	Consultor	ONG	Empreiteiro	Governamental	Outros
Consultor		-0.25	0.06	0.18	0.16
ONG	0.25		0.31	_ * 0.43	* 0.41
Empreiteiro	-0.06	*-0.31		0.12	0.10
Governamental	-0.18	*-0.43	-0.12		-0.02
Outros	-0.16	*-0.41	-0.10	0.02	

Tabela (4.37): Resultados do teste Scheffe para comparações múltiplas devido à natureza do local de trabalho dos inquiridos para todos os domínios de "The investigation into BIM application in the AEC industry in Gaza strip

Diferença média	Consultor	ONG	Empreiteiro	Governamental	Outros
Consultor		-0.19	0.07	0.16	0.25
ONG	0.19		0.25	_ * 0.34	*0.44

Empreiteiro	-0.07	-0.25		0.09	0.18
Governamental	-0.16	*-0.34	-0.09		0.09
Outros	-0.25	-0.44	-0.18	-0.09	

4.7.6.6 Uma análise que tenha em conta a localização do local de trabalho

A análise de variância unidirecional (ANOVA)/ (teste F) fornece um teste estatístico paramétrico para determinar se as médias de vários grupos (mais de dois) são iguais ou não (utilizando o *rácio F*). O valor crítico *deF*: no grau de liberdade (*df*) = [(K-l), (N-K)] ao nível de significância (probabilidade) (*a*) = 0,05 (Field, 2009; Weiers, 20ll). Por conseguinte, foi utilizada uma ANOVA unidirecional para testar as diferenças entre as opiniões dos inquiridos tendo em conta a localização do seu local de trabalho (Norte, Gaza, Médio, KhanYounis e Rafah).

De acordo com os resultados do teste, como mostra a Tabela (4.38), o *valor P* para o teste de Levene é superior a 0,05 em cada campo dos quatro campos, bem como em todos os campos em conjunto. Assim, as variâncias dos grupos não são significativamente diferentes (os grupos são homogéneos). Relativamente ao *teste F*, o valor de significância para o primeiro campo "o nível de consciencialização do BIM por parte dos profissionais" é significativo (*P-value* < 0,05). O valor do *teste F* para o primeiro campo é também superior ao *valor crítico* de *F* (2,4l).

Assim, existem diferenças estatisticamente significativas atribuídas à localização do local de trabalho dos inquiridos ao nível de a < 0,05 entre as médias das suas opiniões sobre "o nível de consciencialização do BIM pelos profissionais". E, por isso, foi utilizado o teste Scheffe para comparações múltiplas entre as médias das opiniões dos inquiridos tendo em conta a sua localização do local de trabalho (Field, 2009; Weiers, 20ll).

De acordo com os resultados do teste apresentados na Tabela (4.39), existe uma diferença entre as médias das opiniões dos inquiridos que trabalham em "Gaza" e dos inquiridos que trabalham em "Rafah" sobre o domínio "nível de sensibilização dos profissionais para o BIM" a favor dos inquiridos que trabalham em "Gaza".

Tabela (4.38): Resultados da Análise de Variância (ANOVA)/ (Teste F) de uma via relativamente à localização do local de trabalho dos inquiridos

Campo	Teste de homogeneidade das variâncias		Teste *F*	*Valor de p*	Média				
	Estatística de Levene	*Valor P* (Sig.)			Norte (N=21)	Gaza (N=204)	Médio (N=8)	KhanYounis (N=l4)	Rafah (N=23)
O nível de sensibilização dos profissionais para o BIM	2.92	0.20	2.64	0.03	1.84	1.89	1.46	1.83	1.41
A importância das funções BIM	0.48	0.75	1.38	0.24	3.74	3.66	3.62	3.54	3.33
O valor dos benefícios do BIM	0.04	1.00	0.98	0.42	3.73	3.62	3.63	3.53	3.37

Tabela (4.38): Resultados da Análise de Variância (ANOVA)/ (Teste F) unidirecional relativamente à localização do local de trabalho dos inquiridos

Campo	Teste de homogeneidade das variâncias		Teste *F*	Valor de *p*	Média				
	Estatística de Levene	*Valor P* (Sig.)			Norte (N=21)	Gaza (N=204)	Médio (N=8)	KhanYounis (N=14)	Rafah (N=23)
A força das barreiras BIM	2.29	0.06	1.73	0.14	3.72	3.57	3.81	3.28	3.79
Todos os domínios	0.19	0.94	1.06	0.38	3.48	3.39	3.39	3.25	3.21

Valor crítico de F: ao grau de liberdade (df) = [(K-1), (N-K)] = [(5-1), (270-5)] = [4,265] e ao nível de significância (Probabilidade) 0,05 é igual a "2,41".
**. A diferença média é significativa ao nível de 0,05.*

Tabela (4.39): Resultados do teste Scheffe para comparações múltiplas devido à localização do local de trabalho dos inquiridos para o campo "O nível de sensibilização dos profissionais para o BIM"

Diferença média	Norte	Gaza	Médio	KhanYounis	Rafa
Norte		-0.05	0.38	0.01	0.42
Gaza	0.05		0.43	0.06	* 0.48
Médio	-0.38	-0.43		-0.37	0.05
KhanYounis	-0.01	-0.06	0.37		0.41
Rafa	-0.42	* -0. 48	-0.05	-0.41	

4.7.6.7 Uma análise que tenha em conta o domínio atual/o emprego atual

A análise de variância unidirecional (ANOVA)/ (teste F) fornece um teste estatístico paramétrico para determinar se as médias de vários grupos (mais de dois) são iguais ou não (utilizando o *rácio F*). O valor crítico de *F* no grau de liberdade (*df*) = [(K-1), (N-K)] ao nível de significância (probabilidade) (a) = 0,05 (Field, 2009; Weiers, 2011). Por conseguinte, foi utilizada uma ANOVA unidirecional para testar as diferenças entre as opiniões dos inquiridos, tendo em conta a sua área/cargo atual (projetista, supervisor, engenheiro de obra, gestor de projectos ou outros cargos relacionados, como engenheiro de escritório).

De acordo com os resultados do teste, como mostra a Tabela (4.40), o *valor P* para o teste de Levene é superior a 0,05 em cada campo dos quatro campos, bem como em todos os campos em conjunto. Assim, as variâncias dos grupos não são significativamente diferentes (os grupos são homogéneos). Relativamente ao *teste F*, os valores de significância para cada campo dos quatro campos, bem como para todos os campos em conjunto, não são significativos (P-value > 0,05). Os valores do *teste F* em cada campo dos quatro campos, bem como em todos os campos em conjunto, são também inferiores ao *valor crítico* de *F* (2,41).

Assim, não existem diferenças estatisticamente significativas atribuídas ao campo/emprego atual dos inquiridos ao nível de < 0,05 entre as médias das suas opiniões sobre o tema "a investigação da aplicação do BIM na indústria AEC na Faixa de Gaza".

Tabela (4.40): Resultados da Análise de Variância (ANOVA)/ (Teste F) unidirecional relativamente ao campo atual/emprego atual dos inquiridos

Campo	Teste de homogeneidade das variâncias		Teste *F*	Valor *de p*	Média				
	Estatística de Levene	*P* value (Sig.)			Designer (N=73)	Supervisor (N=64)	Engenheiro de obra (N=54)	Gestor de projectos (N=33)	Outros (N=46)
O nível de sensibilização dos profissionais para o BIM	1.77	0.14	2.20	0.07	1.75	1.99	1.92	1.85	1.60
A importância das funções BIM	1.63	0.17	2.26	0.06	3.59	3.72	3.61	3.87	3.43
O valor dos benefícios do BIM	3.63	0.10	0.74	0.57	3.60	3.66	3.59	3.71	3.48
A força das barreiras BIM	0.71	0.58	0.92	0.45	3.67	3.58	3.52	3.70	3.49
Todos os domínios	2.33	0.06	1.72	0.15	3.37	3.43	3.36	3.50	3.22

Valor crítico de F: ao grau de liberdade (df) = [(K-1), (N-K)] = [(5-1), (270-5)] = [4,265] e ao nível de significância (Probabilidade) 0,05 é igual a "2,41".

**. A diferença média é significativa ao nível de 0,05.*

4.7.6.8 Uma análise tendo em conta os anos de experiência

A análise de variância unidirecional (ANOVA)/ (teste F) fornece um teste estatístico paramétrico para determinar se as médias de vários grupos (mais de dois) são iguais ou não (utilizando o *rácio F*). O valor crítico *deF*: no grau de liberdade (*df*) = [(K-1), (N-K)] ao nível de significância (probabilidade) (*a*) = 0,05 (Field, 2009; Weiers, 2011). Assim, foi utilizada a ANOVA de uma via para testar as diferenças entre as opiniões dos inquiridos tendo em conta os seus anos de experiência (Menos de 5 anos, De 5 a menos de 10 anos, e 10 anos e mais).

De acordo com os resultados do teste, como mostra a Tabela (4.41), o *valor P* para o teste de Levene é superior a 0,05 em cada campo dos quatro campos, bem como em todos os campos em conjunto. Assim, as variâncias dos grupos não são significativamente diferentes (os grupos são homogéneos). Relativamente ao *teste F*, os valores de significância para o primeiro campo (o nível de consciencialização do BIM pelos profissionais), o segundo campo (a importância das funções do BIM), o terceiro campo (o valor dos benefícios do BIM) e também todos os campos em conjunto são significativos (*valor P* < 0,05). O valor do teste *F* para cada um dos primeiro, segundo e terceiro domínios, bem como para todos os domínios em conjunto, também é superior ao *valor crítico* de *F* (3,03).

Assim, existem diferenças estatisticamente significativas atribuídas aos anos de experiência dos inquiridos, ao nível de < 0,05, entre as médias das suas opiniões sobre "o nível de sensibilização dos profissionais para o BIM", "a importância das funções do BIM", "o valor dos benefícios do BIM" e o tema "a investigação sobre a aplicação do BIM na indústria AEC na Faixa de Gaza".

Assim, foi utilizado o teste Scheffe para comparações múltiplas entre as médias das opiniões dos inquiridos tendo em conta os seus anos de experiência (Field, 2009; Weiers, 2011). De acordo com os resultados do teste apresentados na Tabela (4.42), existe uma diferença entre as médias das opiniões dos inquiridos que têm experiência "De 5 a menos de 10 anos de experiência" e os inquiridos que têm "Menos de 5 anos de experiência" sobre o campo "o nível de consciencialização do BIM pelos profissionais" a favor dos inquiridos que têm experiência "De 5 a menos de 10 anos". Existe também uma diferença entre os Meios das opiniões dos inquiridos que têm "10 anos de experiência e mais" e dos inquiridos que têm "Menos de 5 anos de experiência" a favor dos inquiridos que têm "10 anos de experiência e mais".

Relativamente ao domínio "importância das funções BIM", a Tabela (4.43) mostra que existe uma diferença entre as médias das opiniões dos inquiridos que têm "10 anos e mais de experiência" e dos inquiridos que têm "menos de 5 anos de experiência" a favor dos inquiridos que têm "10 anos e mais de experiência".

A tabela (4.44) mostra que existe uma diferença entre as médias das opiniões dos inquiridos que têm "10 anos e mais de experiência" e dos inquiridos que têm "Menos de 5 anos de experiência" sobre o domínio "o valor dos benefícios BIM" a favor dos inquiridos que têm "10 anos e mais de experiência".

A Tabela (4.45) mostra que existe uma diferença entre as médias das opiniões dos inquiridos sobre todos os domínios da "investigação sobre a aplicação do BIM na indústria AEC na Faixa de Gaza". A diferença é entre as médias das opiniões dos inquiridos que têm "10 anos de experiência e mais" e os inquiridos que têm "Menos de 5 anos de experiência" a favor dos inquiridos que têm "10 anos de experiência e mais".

Tabela (4.41): Resultados da Análise de Variância (ANOVA)/ (Teste F) de uma via relativamente aos anos de experiência dos inquiridos

Campo	Teste de homogeneidade das variâncias		Teste *F*	Valor *de p*	Média		
	Estatística de Levene	*Valor P* (Sig.)			Menos de 5 anos (N=95)	De 5 a menos de 10 anos (N=88)	10 anos e mais (N=87)
O nível de sensibilização dos profissionais para o BIM	1.23	0.29	6.62	0.00	1.61	1.99	1.91
A importância das funções BIM	1.26	0.29	5.95	0.00	3.48	3.60	3.83
O valor dos benefícios do BIM	4.51	0.10	6.18	0.00	3.45	3.58	3.79
A força das barreiras BIM	0.62	0.54	1.05	0.35	3.51	3.61	3.65
Todos os domínios	2.63	0.07	7.16	0.00	3.23	3.39	3.52

Valor crítico deF: ao grau de liberdade (df) = [(K-1), (N-K)] = [(3-1), (270-2)] = [2,267] e ao nível de significância (Probabilidade) 0,05 é igual a "3,03".
**. A diferença média é significativa ao nível de 0,05.*

Tabela (4.42): Resultados do teste Scheffe para comparações múltiplas em função dos anos de experiência dos inquiridos para o domínio "O nível de sensibilização dos profissionais para o BIM"

Diferença média	Menos de 5 anos	De 5 a menos de 10 anos	10 anos ou mais
Menos de 5 anos		-0.38	St-0.30
De 5 a menos de 10 anos	0.38*		0.08
10 anos ou mais	0.30*	-0.08	

Tabela (4.43): Resultados do teste Scheffe para comparações múltiplas em função dos anos de experiência dos inquiridos no domínio "A importância do BIM, funções "

Diferença média	Menos de 5 anos	De 5 a menos de 10 anos	10 anos ou mais
Menos de 5 anos		-0.12	-0.35
De 5 a menos de 10 anos	0.12		-0.22
10 anos ou mais	S' 0.35	0.22	

Tabela (4.44): Resultados do teste Scheffe para comparações múltiplas em função dos anos de experiência dos inquiridos no domínio "O valor dos benefícios BIM"

Diferença média	Menos de 5 anos	De 5 a menos de 10 anos	10 anos ou mais
Menos de 5 anos		-0.13	-0.34
De 5 a menos de 10 anos	0.13		-0.22
10 anos ou mais	0.34*	0.22	

Tabela (4.45): Resultados do teste Scheffe para comparações múltiplas devido ao local de estudo dos inquiridos para todos os campos de "The investigation into BIM application in the AEC industry in Gaza strip"

Diferença média	Menos de 5 anos	De 5 a menos de 10 anos	10 anos ou mais
Menos de 5 anos		-0.15	-0.28*
De 5 a menos de 10 anos	0.15		-0.13
10 anos ou mais	0.28	0.13	

Com base nos resultados anteriores da sexta hipótese (que foi dividida em oito secções), verificou-se que a hipótese foi rejeitada em relação a três secções (o sexo, as habilitações literárias e a área/o emprego atual dos inquiridos). A mesma hipótese foi aceite em relação às restantes cinco secções (o local de estudo, a especialização, a natureza do local de trabalho, a localização do local de trabalho e os anos de experiência dos inquiridos).

Capítulo 5

Capítulo 5: Conclusões e recomendações

Este capítulo resume o estudo e tem como objetivo fornecer recomendações e conclusões para a adoção da Modelação da Informação da Construção (BIM) na indústria da Arquitetura, Engenharia e Construção (AEC) na Faixa de Gaza. Este capítulo também inclui os benefícios da investigação para o conhecimento, bem como para a indústria AEC, e sugere áreas de investigação futura após uma revisão das limitações deste estudo. Ao revisitar os objectivos da investigação e as principais conclusões, é apresentada uma visão geral para avaliar em que medida os objectivos da investigação foram atingidos.

5.1 Resumo da investigação

Foi realizada uma investigação sobre as perspectivas, os benefícios e os obstáculos à adoção bem sucedida do fluxo de trabalho baseado no BIM na indústria da AEC na Faixa de Gaza. Foi efectuada uma análise exaustiva da literatura para atingir o objetivo do estudo. O objetivo da investigação era desenvolver um entendimento claro sobre o BIM para identificar os diferentes factores que fornecem informações úteis para considerar a adoção da tecnologia BIM em projectos pelos profissionais da indústria AEC na Faixa de Gaza. Os resultados de 270 questionários recolhidos foram analisados quantitativamente e depois apresentados utilizando um método "interpretativo-descritivo" para a análise de dados qualitativos, que contém tabulação, gráfico de barras, gráfico circular e gráfico.

5.2 Conclusões sobre os objectivos, as questões e as hipóteses da investigação

Para atingir o objetivo da investigação, foram delineados cinco objectivos primários, que foram definidos através dos resultados dos questionários recolhidos e analisados. Estes objectivos estão relacionados com as questões de investigação que foram desenvolvidas para aumentar o conhecimento e a familiaridade com o assunto. Os resultados foram os seguintes

5.2.1 Resultados relacionados com o primeiro objetivo

- ***O objetivo era**: Avaliar o nível de consciencialização do BIM por parte dos profissionais da indústria AEC na Faixa de Gaza.* Este objetivo está relacionado com a seguinte questão de investigação:

  ***A primeira questão de investigação:** Qual é o nível de consciencialização do BIM por parte dos profissionais da indústria AEC na Faixa de Gaza?*

Os resultados do estudo do teste RII indicaram que o nível de consciencialização do BIM por parte dos profissionais do sector da AEC na Faixa de Gaza é muito baixo. A maioria dos profissionais do sector da AEC não ouviu falar do BIM e não se apercebeu do seu conceito. Os resultados mostraram que o local de estudo afecta o grau de conhecimento do BIM. Uma enorme percentagem do total de inquiridos que estudaram na Faixa de Gaza (80%) nunca tinha frequentado cursos sobre BIM nas suas universidades. 77% do total de inquiridos que estudaram na Cisjordânia responderam da mesma forma. O rácio mais baixo foi o dos inquiridos que estudaram fora da Palestina, com 75% do total dos inquiridos que nunca frequentaram cursos sobre BIM nas suas universidades. Verifica-se uma falta de interesse em educar o BIM através de cursos nas universidades.

Além disso, de acordo com os inquiridos, o BIM é utilizado individualmente a um nível insignificante, mas não a nível das empresas. Não é aplicado a nível profissional e, por conseguinte, os profissionais não obtêm todos os benefícios do BIM, utilizando apenas algumas vantagens do software BIM, como as vantagens do Revit na fase de projeto.

Quando os inquiridos foram questionados sobre a sua forma de implementação do trabalho na primeira parte do questionário, os resultados provaram que a utilização dos programas 3D na execução de trabalhos pelos profissionais é muito reduzida. Os programas 3D são normalmente utilizados apenas pelos Arquitectos para efeitos de design exterior do edifício ou para efeitos de design interior do edifício e de acordo com o pedido do proprietário. A partir dos resultados, verificou-se que os programas mais utilizados pelos inquiridos para a realização de projectos na indústria AEC são o "Excel" e o "AutoCAD (2D)", o que confirma o resultado da questão anterior, uma vez que mostra uma falta de utilização dos programas (3D).

5.2.2 Resultados relacionados com o segundo objetivo

- ***O objetivo era**: Identificar as principais funções BIM que convenceriam os profissionais a adotar o BIM na indústria AEC na Faixa de Gaza.* Este objetivo está relacionado com a seguinte questão de investigação:

  ***A segunda questão de investigação:** As funções do BIM são importantes do ponto de vista dos profissionais (de acordo com a necessidade dessas funções) na indústria AEC na Faixa de Gaza?*

Os resultados do estudo do teste RII indicaram que as funções BIM são significativamente exigidas e necessárias para os profissionais do sector da AEC na Faixa de Gaza. Algumas funções do BIM eram mais importantes do que outras para os profissionais. As funções BIM que obtiveram a melhor classificação de acordo com a totalidade dos inquiridos são as seguintes (1) Interoperabilidade e tradução da informação (F16); (2) Gestão da mudança (F3); (3) Simulações funcionais para escolher a melhor solução (F2); (4) Modelação e visualização tridimensional (3D) (F1); e (5) Planeamento e monitorização da segurança no local (F8).

Além disso, a análise de factores compilou as funções BIM em três componentes, que são (1) Gestão e utilização de dados no planeamento, operação e manutenção; (2) Design e análise visualizados; e (3) Construção e operação.

5.2.3 Resultados relacionados com o terceiro objetivo

- ***O objetivo era**: Identificar os principais benefícios do BIM que convenceriam os profissionais a adotar o BIM na indústria AEC na Faixa de Gaza.* Este objetivo está relacionado com a seguinte questão de investigação:

  ***A terceira questão de investigação:** Os benefícios do BIM são valiosos do ponto de vista dos profissionais (de acordo com a necessidade dessas funções) na indústria AEC na Faixa de Gaza?*

Os resultados do estudo do teste RII indicaram que os benefícios do BIM são significativamente valiosos para os profissionais do sector da AEC na Faixa de Gaza. Alguns benefícios do BIM eram mais valiosos do que outros para os profissionais. Os benefícios do BIM que obtiveram a melhor classificação de acordo com a totalidade dos inquiridos são os seguintes (1) Melhorar a colaboração da equipa de projeto (engenheiros de arquitetura, de estruturas, mecânicos e electricistas) (BE 3); (2) Melhorar a qualidade do projeto (BE 4); e (3) Melhorar o projeto sustentável e o projeto simples (BE 5).

A análise fatorial também compilou os benefícios do BIM em quatro componentes, que são (1) Controlo dos custos durante todo o ciclo de vida e dados ambientais; (2) Processos mais eficazes; (3) Melhoria do design e da qualidade; e (4) Apoio à tomada de decisões/ Melhor serviço ao cliente.

5.2.4 Resultados relacionados com o quarto objetivo

- **O objetivo era**: *Investigar e classificar as principais barreiras BIM que enfrentam a adoção do BIM na indústria AEC na Faixa de Gaza.* Este objetivo está relacionado com a seguinte questão de investigação:

  A quarta questão de investigação: *As barreiras BIM estão a afetar a adoção do BIM na indústria AEC na Faixa de Gaza?*

As conclusões do estudo do teste RII demonstraram que as barreiras BIM afectam substancialmente a adoção do BIM na indústria AEC na Faixa de Gaza. Os principais obstáculos à adoção do BIM, que obtiveram a classificação máxima de acordo com a totalidade dos inquiridos, são os seguintes (1) Falta de sensibilização para o BIM por parte das partes interessadas (BA 2); (2) Falta de conhecimentos sobre como aplicar o software BIM (BA 3); e (3) Falta de sensibilização para os benefícios que o BIM pode trazer aos gabinetes de engenharia, empresas e projectos (BA 5).

A análise fatorial também compilou as barreiras BIM em quatro componentes, que são (1) Falta de interesse pelo BIM; (2) Resistência de toda a organização à mudança dos fluxos de trabalho; (3) Falta de conhecimentos sobre o BIM e custos de implementação; e (4) Barreiras culturais à adoção de novas tecnologias e requisitos de formação.

5.2.5 Resultados relacionados com o quinto objetivo

- **O objetivo era**: *Estudar algumas hipóteses que possam ajudar a encontrar soluções para a adoção do BIM na indústria AEC na Faixa de Gaza.* Este objetivo está relacionado com as seguintes questões de investigação:

  A quinta questão de investigação: *Qual é o efeito do nível de consciencialização do BIM pelos profissionais na redução das barreiras BIM na indústria AEC na Faixa de Gaza?*

  A sexta questão de investigação: *Qual é o efeito da importância das funções BIM na redução das barreiras BIM na indústria AEC na Faixa de Gaza?*

  A sétima questão de investigação: *Qual é o efeito do valor dos benefícios BIM na redução das barreiras BIM na indústria AEC na faixa de Gaza?*

  A oitava questão de investigação: *Qual é o efeito do nível de consciencialização do BIM pelos profissionais no aumento da importância das funções BIM na indústria AEC na Faixa de Gaza?*

  A nona questão de investigação: *Qual é o efeito do nível de consciencialização do BIM pelos profissionais no aumento do valor dos benefícios do BIM na indústria AEC na Faixa de Gaza?*

  A décima questão de investigação: *Existem diferenças nas respostas dos inquiridos em função dos dados demográficos dos inquiridos?*

Para atingir este objetivo, foram testadas cinco hipóteses através da aplicação do coeficiente de correlação produto-momento de Pearson (coeficiente de correlação de Pearson). Todas elas foram aceites. Quanto à sexta e última hipótese, foi dividida em oito partes. Os resultados das hipóteses foram os seguintes:

Numa primeira fase (para **HI**), a análise de correlação de Pearson revelou que existe uma forte relação negativa entre "*o nível de sensibilização dos profissionais para o BIM*" e "*os obstáculos BIM no sector da AEC na Faixa de Gaza*". "Assim, o aumento do nível de sensibilização dos profissionais para o BIM reduzirá as barreiras BIM no sector da AEC na Faixa de Gaza.

Para (**H2** e **H3**), a análise de correlação de Pearson provou que existe uma relação negativa intermédia entre "*a importância das funções BIM*" e "*os obstáculos BIM na indústria AEC na Faixa de Gaza*". A mesma relação existe também entre "*o valor dos benefícios BIM*" e "*os obstáculos BIM na indústria AEC na Faixa de Gaza*". "Assim, aumentar a importância das funções BIM reduz os obstáculos à adoção do BIM na indústria da AEC na Faixa de Gaza. O mesmo acontecerá quando se aumentar o valor dos benefícios BIM.

Por último (para **H4** e **H5**), a análise de correlação de Pearson comprovou que existe uma relação positiva intermédia entre "*o nível de sensibilização dos profissionais para o BIM*" e "*a importância das funções BIM*" e "*o valor dos benefícios BIM*". "Por conseguinte, o aumento do nível de sensibilização dos profissionais para o BIM aumentará a importância das funções BIM e o valor dos benefícios BIM para os profissionais da indústria AEC na Faixa de Gaza.

A questão (**H6**) referia-se às diferenças nas opiniões dos inquiridos relativamente à investigação sobre a aplicação do BIM na indústria AEC na Faixa de Gaza devido ao *género, à qualificação educacional, ao local de estudo, à especialização, à natureza do local de trabalho, à localização do local de trabalho, à área atual/ao emprego atual* e aos *anos de experiência*. Os resultados foram os seguintes:

C O *teste* t *de* amostras independentes provou que não existem diferenças estatisticamente significativas atribuídas ao género dos inquiridos ao nível de < 0,05 entre as médias das suas opiniões sobre o tema da aplicação do BIM na indústria AEC na Faixa de Gaza. No mesmo contexto, a ANOVA unidirecional confirmou que não existem diferenças estatisticamente significativas associadas a cada uma das *habilitações literárias* e ao *campo/emprego atual* dos inquiridos a um nível de < 0,05 entre as médias das suas opiniões sobre o mesmo assunto. Por conseguinte, a hipótese foi rejeitada relativamente a estas quatro partes.

C Em contraste, a ANOVA unidirecional afirmou que existem diferenças significativas atribuídas a cada um dos *locais de estudo, a especialização, a natureza do local de trabalho, a localização do local de trabalho* e *os anos de experiência* dos inquiridos ao nível de < 0,05 entre as médias das suas opiniões sobre o tema da aplicação do BIM na indústria AEC na Faixa de Gaza. Por conseguinte, foi utilizado o teste Scheffe para comparações múltiplas entre as médias das opiniões dos inquiridos, tendo em conta esta informação relacionada com os mesmos. Como resultado, a hipótese foi aceite relativamente a estas cinco partes.

A tabela (5.1) resume as conclusões do estudo de acordo com os objectivos da investigação, as questões-chave da investigação e as hipóteses da investigação, tal como representadas acima.

Quadro (5.1): resumo das conclusões do estudo

Objectivos da investigação	Questões-chave de investigação	Hipóteses de investigação	Conclusões
1. Avaliar o nível de consciencialização do BIM por parte dos profissionais da indústria AEC na Faixa de Gaza.	RQ1: Qual é o nível de consciencialização do BIM por parte dos profissionais do sector da AEC na Faixa de Gaza?		*V* Os resultados do estudo do teste RII indicaram que o nível de consciencialização do BIM por parte dos profissionais do sector da AEC na Faixa de Gaza é muito baixo. A maioria dos profissionais do sector da AEC não ouviu falar do BIM e não se apercebeu do seu conceito.

2. Identificar as principais funções BIM que convenceriam os profissionais a adotar o BIM na indústria AEC na Faixa de Gaza.	RQ2: As funções do BIM são importantes do ponto de vista dos profissionais (de acordo com a necessidade dessas funções) no sector da AEC na Faixa de Gaza?		*V Os* resultados do estudo do teste RII indicaram que as funções BIM são significativamente exigidas e necessárias para os profissionais do sector da AEC na Faixa de Gaza. As funções *V* BIM que obtiveram a melhor classificação de acordo com a totalidade dos inquiridos são as seguintes 1) *Interoperabilidade: e tradução da informação (Fl. 6):* 2) *Gestão da mudança (F3):* 3) *Simulações funcionais para escolher a melhor solução (F2):* 4) *Modelação* e *visualização tridimensional (3D) (Fl): e* 5) *Planeamento e acompanhamento da segurança no local (F8).* Além disso, a análise de factores compilou as funções BIM em três componentes, que são *1) Gestão e utilização de dados no planeamento, operação e manutenção:* 2) *Conceção e análise visualizadas:* e *3) Construção e exploração.*
3. Identificar os principais benefícios do BIM que convenceriam os profissionais a adotar o BIM na indústria AEC na Faixa de Gaza.	RQ3: Os benefícios do BIM são valiosos do ponto de vista dos profissionais (de acordo com a necessidade destas funções) no sector da AEC na Faixa de Gaza?		*V* Os resultados do estudo do teste RII indicaram que os benefícios do BIM são significativamente valiosos para os profissionais do sector da AEC na Faixa de Gaza. Alguns benefícios do BIM eram mais valiosos do que outros para os profissionais. Os benefícios do *V* BIM que obtiveram a melhor classificação de acordo com a totalidade dos inquiridos são os seguintes
			(1) Melhorar a colaboração da equipa de projeto (engenheiros de arquitetura, de estruturas, mecânicos e electrotécnicos) (BE3): *(2) Melhorar a qualidade da conceção (BE 4):* e *(3) Melhorar a conceção sustentável e a conceção optimizada (BE 5).* *Uma* análise fatorial compilou os benefícios do BIM em quatro componentes, que são *1) Custos durante todo o ciclo de vida e dados ambientais controlados:* *2) Processos mais eficazes:* *3) Conceção e melhoria da qualidade:* e 4) *Apoio à tomada de decisões/Melhor serviço ao cliente.*

4. Investigar e classificar as principais barreiras BIM que se colocam à implementação do BIM no sector da AEC na Faixa de Gaza.	RQ4: As barreiras BIM estão a afetar a adoção do BIM na indústria AEC na Faixa de Gaza?		Os resultados do estudo do teste RII demonstraram que as barreiras BIM estão a afetar substancialmente a adoção do BIM na indústria AEC na Faixa de Gaza. Os principais obstáculos à adoção do BIM, que obtiveram a classificação máxima de acordo com a totalidade dos inquiridos, são os seguintes *1) Falta de sensibilização das partes interessadas para o BIM (BA 2):* *2) Falta de conhecimentos sobre como aplicar o software BIM (BA 3): e* *3) Falta de sensibilização para os benefícios que o BIM pode trazer aos gabinetes de engenharia, empresas e projectos (BA 5).* *Uma* análise fatorial compilou as barreiras BIM em quatro componentes, que são *1) Falta de interesse pelo BIM:* *2) Resistência de toda a organização à mudança dos fluxos de trabalho:* *3) Falta de conhecimento sobre BIM e custo de implementação: e*
			4) Barreiras culturais à adoção de novas tecnologias: e requisitos de formação.

5. Estudar algumas hipóteses que possam ajudar a encontrar soluções para a adoção do BIM na indústria da AEC na Faixa de Gaza.	RQ5: Qual é o efeito do nível de consciencialização do BIM pelos profissionais na redução das barreiras BIM no sector da AEC na Faixa de Gaza? RQ6: Qual é o efeito da importância das funções BIM na redução das barreiras BIM no sector da AEC na Faixa de Gaza? RQ 7: Qual é o efeito do valor dos benefícios BIM na redução das barreiras BIM no sector da AEC na Faixa de Gaza? RQ 8: Qual é o efeito do nível de consciencialização do BIM por parte dos profissionais no aumento da importância das funções BIM no sector da AEC na Faixa de Gaza? RQ 9: Qual é o efeito do nível de consciencialização do BIM por parte dos profissionais no aumento do valor dos benefícios do BIM no sector da AEC na Faixa de Gaza?	Hl: Existe uma relação inversa, estatisticamente significativa a *um valor* < 0,05, entre o nível de consciencialização do BIM pelos profissionais e as barreiras BIM no sector da AEC na Faixa de Gaza. H2: Existe uma relação inversa, estatisticamente significativa a *um valor* < 0,05, entre a importância das funções BIM e as barreiras BIM no sector da AEC na Faixa de Gaza. H3: Existe uma relação inversa, estatisticamente significativa a *um nível* < 0,05, entre o valor dos benefícios do BIM e as barreiras do BIM no sector da AEC na Faixa de Gaza. H4: Existe uma relação positiva, estatisticamente significativa a *um nível* < 0,05, entre o nível de sensibilização dos profissionais para o BIM e o valor dos benefícios do BIM no sector da AEC na Faixa de Gaza.	'*T* (Para Hl), a análise de correlação de Pearson afirmou que existe uma forte relação negativa entre *"o nível de sensibilização dos profissionais para o BIM"* e *"as barreiras BIM na indústria AEC na Faixa de Gaza"*. "Assim, o aumento do nível de sensibilização dos profissionais para o BIM reduzirá as barreiras BIM no sector da AEC na Faixa de Gaza. (Para H2 e H3), a análise de correlação de Pearson provou que existe uma relação negativa intermédia entre *"a importância das funções BIM"* e *"barreiras BIM na indústria AEC na Faixa de Gaza"*. A mesma relação existe também entre *"o valor dos benefícios BIM"* e *"os obstáculos BIM na indústria AEC na Faixa de Gaza"*. "Assim, aumentar a importância das funções BIM reduz os obstáculos à adoção do BIM na indústria da AEC na Faixa de Gaza. O mesmo acontecerá quando se aumentar o valor dos benefícios BIM. (Para H4 e H5), a análise de correlação de Pearson comprovou que existe uma relação positiva intermédia entre *"o nível de consciencialização do BIM pelos profissionais"* e *"a importância das funções BIM"* e *"o valor dos benefícios BIM"*. "Por conseguinte, o aumento do nível de sensibilização dos profissionais para o BIM aumentará a importância das funções BIM e o valor dos benefícios BIM para os profissionais do sector da AEC na Faixa de Gaza. A (H6) diz respeito às diferenças nas opiniões dos inquiridos relativamente à investigação sobre a aplicação do BIM na indústria AEC na Faixa de Gaza devido ao *género, à qualificação educacional, ao estudo*

	RQ 10: Existem diferenças nas respostas dos inquiridos em função dos dados demográficos dos inquiridos?	H5: Existe uma relação positiva, estatisticamente significativa a *um nível* < 0,05, entre o nível de sensibilização dos profissionais para o BIM e a importância das funções BIM no sector da AEC na Faixa de Gaza. H6: Existem diferenças estatisticamente significativas atribuídas aos dados demográficos dos inquiridos e ao seu modo de trabalho ao nível de < 0,05 entre as médias das suas opiniões sobre o tema da aplicação do BIM na indústria AEC na Faixa de Gaza.	*O local de trabalho, a especialização, a natureza do local de trabalho, a localização do local de trabalho, a área atual/o emprego atual* e *os anos de experiência*. Os resultados foram os seguintes: - O teste de amostras independentes provou que não existem diferenças estatisticamente significativas atribuídas ao *género* dos inquiridos ao nível de < 0,05 entre as médias das suas opiniões sobre o tema da aplicação do BIM na indústria AEC na faixa de Gaza. No mesmo contexto, a ANOVA unidirecional confirmou que não existem diferenças estatisticamente significativas associadas a cada uma das *habilitações literárias* e ao *campo/emprego atual* dos inquiridos a *um nível de* < 0,05 entre as médias das suas opiniões sobre o mesmo assunto. Por conseguinte, a hipótese foi rejeitada relativamente a estas quatro partes. - Em contrapartida, a ANOVA unidirecional afirmou que existem diferenças significativas atribuídas a cada um dos *locais de estudo, a especialização, a natureza do local de trabalho, a localização do local de trabalho* e *os anos de experiência* dos inquiridos ao nível de < 0,05 entre as médias das suas opiniões sobre o tema da aplicação do BIM na indústria AEC na Faixa de Gaza. Por conseguinte, foi utilizado o teste Scheffe para comparações múltiplas entre as médias das opiniões dos inquiridos, tendo em conta esta informação relacionada com os mesmos. Como resultado, a hipótese foi aceite relativamente a estas cinco partes.

5.3 Recomendações

Com base nos objectivos alcançados com esta investigação, tal como referido anteriormente, as recomendações que se seguem foram elaboradas em resultado dos resultados da investigação. As recomendações são as seguintes

5.3.1 Educação e formação para aumentar a sensibilização e o interesse pelo BIM

A chave para qualquer programa de mudança bem sucedido é o apoio de *peritos* ou de quaisquer organismos que formem Arquitectos e Engenheiros, como a Ordem dos Engenheiros ou quaisquer centros de formação especializados, durante o processo de mudança. A formação profissional inicial deve ser feita por um perito, um formador, ou mesmo um guru BIM ou um centro de formação especializado na adoção e implementação do BIM.

As empresas envolvidas no desenvolvimento da tecnologia BIM disponibilizam *cursos em linha* através dos seus sítios Web. Estes cursos em linha têm como objetivo prestar apoio à formação técnica e fornecer as explicações necessárias para utilizar o BIM de forma eficiente. Estes sítios Web também publicam relatórios periódicos para explicar as novidades da tecnologia BIM e mostrar a sua utilidade para a indústria AEC. É uma forma garantida de assegurar que a aprendizagem utiliza as ferramentas BIM de forma adequada e correcta. Deste modo, os profissionais da indústria AEC podem tirar o máximo partido da utilização das ferramentas BIM.

A Ordem dos Engenheiros tem de desempenhar um papel na identificação do conceito de BIM, das suas funções e benefícios, bem como na promoção da adoção do BIM. Tal pode ser feito através da realização de diferentes workshops e da oferta de cursos de formação técnica sobre a aplicação correcta do BIM.

As instituições académicas e as universidades devem assumir a liderança para destacar novas formas de envolver o BIM na indústria da AEC. A solução recomendada consiste em aproveitar ativamente as competências educativas e de investigação das universidades. Esta abordagem não só acelerará a competência e a adoção do BIM, como também alinhará o nível e a calibração dos futuros profissionais da indústria que saem das universidades e proporcionará uma estrutura para o desenvolvimento da aprendizagem ao longo da vida em torno do BIM. Existem diferentes experiências de universidades em todo o mundo no que respeita ao BIM, nomeadamente

Algumas universidades e academias do Qatar, dos Estados Unidos, do Reino Unido, da Austrália, da Dinamarca, de Singapura, de Hong Kong, da China e de outros países começaram a oferecer cursos de BIM para estudantes de licenciatura e pós-graduação em Arquitetura e Engenharia (BD white paper, 2012; NBIMS-US, 2012; CIC, 2012; China BIM Union, 2013; NBS, 2013; BIM User Day, 2015).

Universidade do Qatar tomou a iniciativa de facilitar métodos modernos e inovadores na indústria da construção do Golfo, estabelecendo uma plataforma de conhecimentos sobre BIM com o governo, a investigação e os peritos da indústria. As suas principais actividades são os Qatar BIM User Days, uma série de workshops de um dia organizados periodicamente pela Universidade do Qatar e centrados nas quatro principais componentes do BIM: processo, tecnologia, pessoas e política. Cada dia proporcionou apresentações de peritos sobre um componente, permitindo debates aprofundados e a participação do público. O público inclui (faculdades de Arquitetura e Engenharia, consultores, empreiteiros, agências governamentais, ONG, clientes e qualquer uma das partes interessadas em qualquer projeto de construção) (BIM UserDay, 2015).

A Associação de Antigos Alunos da Faculdade de Arquitetura da Universidade de Cartum organizou uma semana de BIM com o Fórum de Arquitetura do Sudão (SAF) no início do corrente ano (2015). O objetivo era lançar luz sobre o campo do BIM e a possibilidade da sua aplicação no Sudão e incluiu alguns eventos e workshops. Esta semana activou as relações entre o meio académico e a prática profissional no domínio da arquitetura através do estabelecimento de um diálogo que incentivou a troca de conhecimentos, experiências e ideias. O programa recebeu um conferencista da Universidade da Flórida, que detém a experiência de mais de vinte anos no domínio do BIM. Também aplicou três workshops de formação com o objetivo de inserir o BIM na prática profissional e no desenvolvimento da indústria da construção no Sudão (SAF, 2015).

5.3.2 Mudar a cultura organizacional

A adoção bem sucedida do BIM não tem apenas a ver com software; tem também a ver com a mudança organizacional. Para que a adoção do BIM seja bem sucedida, as organizações têm de agir positivamente no sentido da mudança necessária.

f **Adotar primeiro, depois implementar**

Estar disposto a mudar: um dos primeiros passos recomendados para adotar o BIM é aceitar a mudança e aprender novos métodos de execução de projectos. As empresas devem decidir e escolher uma data para mudar do CAD para o BIM e nunca mais olhar para trás, bem como estabelecer uma visão que adopte o conceito BIM. Devem garantir que todos os requisitos necessários para a adoção do BIM estão prontos. É imperativo que a atitude de mudança seja adoptada por todos, desde a gestão de topo até aos membros do pessoal na prática.

f **Gestão da mudança e da transição**

A transição para o fluxo de trabalho BIM não é um processo que deva ser rápido e repentino. A implementação da abordagem BIM deve ser lenta e constante para evitar impactos negativos nos processos de fluxo de trabalho já existentes. Por outras palavras, mais claras, a mudança deve ser gradual e constante, adoptando o BIM numa base de projeto a projeto (como exemplo, mas não como uma limitação). Assim, seria mais fácil derrubar quaisquer barreiras psicológicas, sociais e financeiras à adoção do BIM.

f **Investimento em formação**

Relativamente à tecnologia, é fundamental escolher as ferramentas BIM adequadas ao modo de trabalho da clínica. Recomenda-se testar as versões de teste dos fornecedores e submetê-las a várias funções para avaliar a adequação das ferramentas antes de tomar uma decisão final sobre qual utilizar. Os requisitos de hardware também devem ser adequados ao novo software. Formar os profissionais certos e atribuir-lhes tarefas, funções e responsabilidades em conformidade com a implementação do novo fluxo de trabalho BIM e ser paciente com o processo de aprendizagem. Um utilizador não pode tornar-se subitamente avançado e proficiente; o utilizador necessita de experiência e exposição contínua às novas ferramentas para se tornar um especialista.

5.3.3 Prestar apoio governamental adequado

Os organismos governamentais devem tomar medidas progressivas para aplicar o BIM no sector da AEC na Faixa de Gaza. Por exemplo:

f Gerar um roteiro/plano de implementação claro para a implementação do BIM, incluindo questões que exigem consideração para que as organizações progridam na escada de maturidade do BIM.

f Identificar as etapas incrementais e possíveis entre as etapas principais.

J Fornecer referências jurídicas para a melhoria das empresas, uma vez que a ausência de documentos contratuais BIM normalizados está a impedir as pessoas de adoptarem e utilizarem o BIM com segurança no sector da construção (Weygant, 2011; Eastman et al., 2008; Mitchell e Lambert, 2013).

Existem diferentes exemplos de estratégias e planos dos governos de vários países do mundo, tais como:

Em 2011, o governo do Reino Unido publicou um mandato BIM na "Estratégia Governamental para a Construção", declarando que "o BIM 3D totalmente colaborativo será um requisito mínimo" até 2016 (Livro Branco da BD, 2012; Khosrowshahi e Arayici, 2012).

O Município do Dubai decidiu, a partir do dia 1 de janeiro de 2014, aplicar o BIM nos trabalhos de Arquitetura e de Mecânica, Eletricidade e Canalização (MEP), sendo os gabinetes de consultoria legalmente responsáveis pelo processo de aplicação (Dubai Municipality, 2014). A aplicação do BIM será feita por fases, sendo que a primeira fase inclui (Dubai Municipality, 2013):

a. Os edifícios com mais de 40 pisos.
b. Área de edifícios com mais de 300 000 sc. Ft.
c. Edifícios especializados, como hospitais, universidades e similares.
d. Todos os edifícios fornecidos através de uma sucursal estrangeira.

5.4 Benefícios da investigação para o conhecimento e o sector da AEC

A novidade desta investigação reside no facto de destacar a aplicação do BIM na Faixa de Gaza, na Palestina. A investigação contribuiu para a indústria AEC, simplificada da seguinte forma

a) A investigação contribuirá para o conhecimento existente sobre o BIM, ao desenvolver uma compreensão clara da adoção do BIM na Faixa de Gaza, na Palestina.
b) O estudo apresentou resultados dignos de nota na investigação sobre a aplicação do BIM no sector da AEC. A investigação identificou o nível de sensibilização para o BIM por parte dos profissionais do sector, as funções mais importantes e os benefícios mais valiosos do BIM para o sector da AEC na Faixa de Gaza, bem como os obstáculos à aplicação do BIM no sector da AEC.
c) O estudo estabeleceu uma boa plataforma para futuros investigadores identificarem formas significativas de fornecer soluções para os desafios identificados e facilitar uma transição mais suave e bem sucedida na adoção de tecnologias e inovações BIM na indústria da AEC.
d) Os resultados da investigação podem ajudar o sector da AEC a compreender a questão da aplicação do BIM. Ajudarão as empresas e os decisores políticos, especialmente o governo, a identificar o futuro da adoção e da política do BIM na Faixa de Gaza, na Palestina.
e) Os resultados desta investigação também podem ser utilizados para fins de educação e sensibilização adequados. Poderiam ser integrados nos programas de ensino das disciplinas relacionadas com a AEC. Este benefício melhoraria a compreensão dos estudantes sobre o BIM e a sua aplicação.

5.5 Limitações e estudos futuros

Embora a investigação tenha sido cuidadosamente preparada e tenha atingido o seu objetivo, houve algumas limitações.

f *Em primeiro lugar,* devido ao limite geográfico, esta investigação foi realizada apenas numa população que vive na faixa de Gaza, na Palestina. Foi difícil pensar numa amostra da mesma população na Cisjordânia. Devido ao limite de tempo, também foi difícil pensar em utilizar o correio eletrónico para enviar e receber os questionários. O envolvimento da população de outras zonas da Palestina ajudaria a generalizar os resultados.

f *Em segundo lugar,* a falta de estudos relacionados com o BIM na Palestina e na região circundante limitou de alguma forma a discussão dos resultados.

f *Por último,* o estudo adoptou o conceito de BIM de forma abrangente. Incluiu todas as partes que participam no sector da AEC e estudou o BIM em todas as fases do ciclo de vida das instalações. O investigador teve de o fazer porque esta investigação é o primeiro passo nos estudos sobre o BIM nesta área. No entanto, seria preferível que o estudo fosse realizado numa determinada fase do projeto de construção ou que o tema BIM fosse abordado na perspetiva de um grupo específico.

Por conseguinte, recomenda-se que os futuros investigadores estudem a aplicação do BIM noutras áreas na Palestina. Devem também especificar melhor os seus estudos, por exemplo, estudar a adoção do BIM na perspetiva do consultor ou na perspetiva do empreiteiro. O estudo também pode ser realizado sobre a utilização do BIM numa fase definida da indústria AEC, como a fase de projeto. Além disso, como parte de qualquer investigação futura, sugere-se a criação de um modelo BIM para qualquer projeto de construção que tenha sido construído da forma tradicional (sem BIM). Posteriormente, o investigador pode estudar uma etapa definida (como a estimativa de custos ou a quantidade de materiais) para efetuar uma comparação entre os resultados em ambos os casos (antes e depois do BIM).

Referências

Referências

Abbasnejad, B., & Moud, H. I. (2013). BIM e desafios básicos associados às suas definições, interpretações e expetativas. *Revista Internacional de Investigação e Aplicações de Engenharia (IJERA)*, Vol. 3: No. 2, pp. 287-294.

Abeyasekera, S. (2013). *Quantitative analysis approaches to qualitative data: why, when, and how.* Reino Unido: Centro de serviços estatísticos, University ofReading.

Abukhater, A. (2013). Ahmed Abukhater. GIS meets BIM: delivering end-to-end solutions for government and infrastructure: http://www.ahmedabukhater.com/#!GIS-Meets- BIM-Delivering-End-to-End-Solutions-for-Government-and-Infrastructure/cqis/AB92C669-6C91-47B6-845C-177F3D543F97 (Acedido em 30 de março de 2014).

AGC. (2005). *The contractors' guide to BIM.* Disponível em: www.agc.org. http://www.tpm.com/wp-content/uploads/2013/02/AGC_Guide_to_BIM.pdf (Acedido em 27 de março de 2014).

Ahmad, A. M., Demian, P., & Price, A. D. (2012). Planos de implementação do BIM: uma análise comparativa. *Smith, S. Actas da 28ª edição anual da ARCOM.* Edimburgo, Reino Unido: Association ofResearchers in Construction, pp. 33-42.

Aibinu, A., & Venkatesh, S. (2013). Status da adoção do BIM e a experiência bim dos consultores de custos na Austrália. *Sociedade Americana de Engenheiros Civis (ASCE)*, Vol. 140: No. 3, pp. 1-10.

Allen Consulting Group. (2010). *Productivity in the buildings network: assessing the impacts of building information models.* Sydney: The Built Environment Innovation and Industry Council.

Aranda-Mena, G., Fraser, J., Chevez, A., Crawford, J., Kumar, A., Froese, T., et al. (2007). *Relatório Final / Business Drivers for BIM.* Austrália: Centro de Investigação Cooperativa para a Inovação na Construção.

Arayici, Y., Aouad, G., & Ahmed, V. (2005). Engenharia de requisitos para sistemas TIC integrados e inovadores para o sector da construção. *Construction Innovation*, Vol. 5: No.3, pp.179 -200.

Arayici, Y., Khosrowshahi, F., Ponting, A. M., & Mihindu, S. (2009). Towards implementation of building information modeling in the construction industry. *Actas da Quinta Conferência Internacional sobre Construção no Século XXI "colaboração e integração em Engenharia, Gestão e Tecnologia".* "Istambul, Turquia: Universidade Técnica do Médio Oriente e Universidade Internacional da Florida, pp. 1342-1351.

Ashcraft, H. W. (2008). Building Information Modeling: um quadro de colaboração. *Construction Lawyer*, Vol. 28: No. 3, pp. 1-14.

Azhar, S., & Brown, J. (2009). BIM para análises de sustentabilidade. Revista Internacional de Educação e Pesquisa em Construção, Vol. 5: No. 4, pp: 276-292.

Azhar, S. (2011). Building Information Modeling (BIM): tendências, benefícios, riscos e desafios para a indústria AEC. *Liderança e Gestão em Engenharia*, Vol. 11:No.3,pp.241-252.

Azhar, S., Hein, M., & Sketo, B. (2008a). Building Information Modeling (BIM): benefícios, riscos e desafios. *Actas da 43ª Conferência Nacional Anual do ASC, Flagstaff, AZ.*

Auburn, Alabama: The Associated Schools of Construction (ASC), pp. 1-11.

Azhar, S., Nadeem, A., Mok, J. Y., & Leung, B. H. (2008b). Building Information Modeling (BIM): um novo paradigma para a modelação e simulação visual interactiva de projectos de construção. *Primeira Conferência Internacional sobre Construção nos Países em Desenvolvimento (ICCIDC-I).* Karachi, Paquistão: Advancing and Integrating Construction Education, Research & Practice, pp. 435-446.

Baldwin, M. (2012). Planos de implementação e execução do BIM. *BIM Journal*, Vol. 3: No. 35, pp.73-76.

Barlish, K., & Sullivan, K. (2012). Como medir os benefícios do BIM - Uma abordagem de estudo de caso. *Automação na Construção*, Vol. 24, pp. 149-159.

Livro branco da BD. (2012). *Investir no BIM: um guia para arquitectos; Livro Branco da BD.* Reino Unido: Building design white papers.

Becerik-Gerber, B., DDes, & Kent, D. (2010). Implementação da entrega integrada de projetos e modelagem de informações de construção em um pequeno projeto comercial. *Internacional Anual das Escolas Associadas de Construção, e Grupo de Trabalho CIB, 89.* Boston, Massachusetts: Wentworth Institute ofTechnology, pp. 1-6.

Becerik-Gerber, B., Jazizadeh, F., Li, N., & Calis, G. (2011). Áreas de aplicação e requisitos de dados para a gestão de instalações com base no BIM. *Journal of Construction Engineering and Management*, Vol. 138: No. 3, pp. 431-442.

Bernstein, P. G., & Pittman, J. H. (2004). *Barriers to the adoption of building information modeling in the building industry, Autodesk building solutions, white paper.* EUA: Autodesk, Inc.

BIFM. (2012). *BIM and FM: bridging the gap for success.* Reino Unido: O Instituto Britânico de Gestão de Instalações.

Dia do Utilizador BIM. (2015). *"Implementação do BIM - Pessoas, Processos, Tecnologia, Política. "* O 5º Dia do Utilizador BIM do Qatar. Disponível em: http://www.bimuserday.com/ (Acedido em 1 de março de 2015).

Both, P., & Kindsvater, A. (2012). Potenciais e barreiras para a implementação do BIM no mercado alemão de AEC: resultados de uma análise do mercado atual. *Actas da 30.ª Conferência eCAADe.* Moscovo, Rússia: ISCCBE, pp. 151-158.

Bourque, L., & Fielder, E. P. (2003). *How to conduct self-administered and mail surveys, 2nd Edition.* Califórnia: SAGE Publications, Inc.

Broquetas, M. (2010). *Using BIM as a project management tool / how can BIM improve the delivery of complex construction projects?*, MSc Thesis, International Project Management, University of Applied Sciences, Stuttgart.

Construção inteligente (2010). *Constructing the business case building information modelling.* Londres, Reino Unido: British Standards Institution.

Passadiço. (2011). Enfrentar o desafio BIM do Reino Unido, transformando os processos de construção com a Causeway. *BIM Journal*, Vol. 3, pp. 11-12.

Cheng, J. C., & Ma, L. Y. (2013). Um sistema baseado em BIM para estimativa e planeamento de resíduos de demolição e renovação. *Waste Management*, Vol. 33: No. 6, pp. 1539-1551.

União BIM da China. (2013). *Aliança estratégica de inovação tecnológica da indústria chinesa sobre o modelo de informação da construção*. Academia de Investigação da Construção da China. Disponível em: http://www.bimunion.org/html/yw/index.html (Acedido em 1 de maio de 2015).

CIC. (2012). *BIM em Hong Kong*. Conselho da Indústria da Construção (CIC). Disponível em: http://www.hkcic.org/eng/SearchResults.aspx?QueryExpr=BIM&ResultsPage=1&langType=1033 (Acedido em 15 de maio de 2015).

CRC para a Inovação na Construção. (2007). *Adotar o BIM para a gestão de instalações: soluções para a gestão da Ópera de Sydney*. Brisbane, Austrália: Centro de Investigação Cooperativa para a Inovação na Construção, Icon.Net Pty Ltd.

Crowley, C. (2013). Identificar oportunidades para os técnicos de medição para melhorar e expandir o papel tradicional da medição através da adoção da modelação da informação da construção. *Encontro CITA BIM*. Irlanda: The Construction IT Alliance, pp. 71-77.

Davidson, A. R. (2009). A study of the deployment and impact of Building Information Modelling software in the construction industry. *e-Engineering - Journal of Undergraduate Research (University of Leeds)*. Londres: Disponível em: http://www.engineering.leeds.ac.uk/e-engineering/documents/AndrewDavidson.pdf (Acedido em 15/10/2014).

Dillman, D. A., Smyth, J. D., & Christian, L. M. (2000). *Mail and internet surveys: the tailored design method, 2nd Edition.* Nova Iorque: John Wiley and Sons, Inc.

Doloi, H. (2008). Analysing the novated design and construct contract from the client's, design team's and contractor's perspectives. *Construction Management and Economics*,Vol. 26:No. 11,pp. 1181-1196.

Doloi, H. (2009). Análise dos critérios de pré-qualificação na seleção de empreiteiros e seus impactos no sucesso do projeto. *Construction Management and Economics*, Vol. 27: No. 12, pp. 1245-1263.

Município do Dubai. (2013). Município de *Negócios/Planeamento e Construção/Circulares de Construção*. Município do Dubai. Disponível em: http://www.dm.gov.ae/ (Acedido em 1 de março de 2015).

Dzambazova, T., Krygiel, E., & Demchak, G. (2009). *Introducing Revit Architecture 2010 "BIM for beginners," 1st Edition.* Indianápolis, Indiana: Wiley Publishing, Inc.

Eastman, C., Teicholz, P., Sacks, R., & Liston, K. (2008). *BIM Handbook " a guide to Building Information Modeling for owners, managers, designers, Engineers, and contractors".* Hoboken, New Jersey: John Wiley & Sons, Inc.

Eastman, C., Teicholz, P., Sacks, R., & Liston, K. (2011). *BIM Handbook " a guide to Building Information Modeling for owners, managers, designers, Engineers, and contractors," 2nd Edition.* Hoboken, New Jersey: John Wiley & Sons, Inc.

Ellis, B. A. (2006). *Building Information Modeling: an informational tool for stakeholders.* Washington: Sociedade dos Engenheiros Militares Americanos (SAME).

Elmualim, A., & Gilder, J. (2013). BIM: inovação na gestão do projeto, influência e desafios da implementação. *Architectural Engineering and Design Management*, Vol. 10:No. 1080, pp. 1745-2007.

Farnsworth, C. B., Beveridge, S., Miller, K. R., & Christofferson, J. P. (2014). Aplicação, vantagens e métodos associados ao uso do BIM na construção comercial. *Revista Internacional de Educação e Pesquisa em Construção*, Vol. 10: No. 1080, pp. 1557-8771.

Field, A. (2009). *Discovering statistics using SPSS, 3ª edição.* Londres: SAGE Publications Ltd.

Fischer, M., & Kunz, J. (2004). *Relatório técnico CIFE #156 "o âmbito e o papel da tecnologia da informação na construção".* Stanford: Centro CIFE de Engenharia de Instalações Integradas/ Universidade de Stanford.

Garson, G. D. (2013). *Validade e fiabilidade (Statistical Associates Blue Book Series 12), Kindle Edition.* EUA: Statistical Associates Publishers.

Ghauri, P. N., & Gronhaug, K. (2010). *Research methods in business studies, 4ª edição.* Nova Iorque: Financial Times Prentice Hall.

Gokstorp, M. (2012). *Implementação do BIM e potenciais benefícios para os gestores de instalações.* Dissertação de Mestrado, Departamento de Engenharia Civil e Ambiental, Chalmers University ofTechnology, Goteborg, Suécia.

Gray, M., Gray, J., Teo, M., Chi, S., & Cheung, Y. (2013). Modelação da informação da construção: um inquérito internacional. *WBC13 "Congresso Mundial da Construção"* (pp. 1-15). Austrália: Brisbane, QueenslandUniversity ofTechnolgy (QLD).

Grys, R., & Westhorpe, M. (2012). O gestor BIM. *BIM Journal*, Vol. 3: No. 33, pp. 6368.

GSA. (2007). *GSA building information modeling guide series 01 - overview.* Washington: The National 3D-4D-BIM program- General services administration.

Gu, N., & London, K. (2010). Compreender e facilitar a adoção do BIM na indústria AEC. *Automation in Construction*, Vol. 19: No. 8, pp. 988-999.

Gu, N., Singh, V., London, K., & Brankovic, L. (2008). BIM: expectativas e uma verificação da realidade. *Actas da 12.ª Conferência Internacional sobre Computação em Engenharia Civil e de Construção e da Conferência Internacional de 2008 sobre Tecnologias da Informação na Construção* (pp. 1-6). Beijing, China: Repositório Digital QUT, Icon.Net Pty Ltd.

Hair, J. F., Hult, G. M., Ringle, C. M., & Sarstedt, M. (2013). *Uma cartilha sobre modelagem de equações estruturais de mínimos quadrados parciais (PLS-SEM), 1ª edição. Los Angeles: SAGE Publications, Inc.*

Hardin, B. (2009). *BIM e gestão da construção: ferramentas, métodos e fluxos de trabalho comprovados, 1ª Edição.* Indiana: Wileypublishing, Inc.

Hardy, M. A., & Bryman, A. (2009). *The handbook of data analysis, Paperback Edition.* Londres: SAGE Publications Ltd.

Hergunsel, M. F. (2011). *Benefícios da Modelação de Informação da Construção para gestores de construção e calendarização baseada em BIM.* Dissertação de Mestrado, Engenharia Civil, Worcester Polytechnic Institute (WPI), E.U.A.

Holness, G. V. (2006). Future direction of the design and construction industry " Building inform". *ASHRAF Journal*, Vol. 48: No. 8, pp. 38 - 46.

Howard, R., & Bjo'rk, B.-C. (2008). Building Information Modelling - Experts' views on standardisation and industry deployment. *Advanced Engineering Informatics*, Vol. 22:

No.2, pp. 271-280.

Irizarry, J., Karan, E. P., & Jalaei, F. (2013). Integração de BIM e GIS para melhorar a monitorização visual da gestão da cadeia de abastecimento da construção. *Automação na Construção*, Vol.31, pp.241-254.

Joannides, M. M., Olbina, S., & Issa, R. R. (2012). Implementação de Building Information Modeling em programas acreditados em Arquitetura e educação de construção. *International Journal of Construction Education and Research*, Vol. 8: No. 2, pp. 83100.

Johnson, R. E., & Laepple, E. S. (2003). *Inovação digital e mudança organizacional na prática do design.* Texas: Centro CRS, Universidade A&M do Texas.

Jung, Y., & Joo, M. (2011). Estrutura de Modelação da Informação da Construção (BIM) para implementação prática. *Automação na Construção*, Vol. 20: No. 2, pp. 126-133.

Kaiser, H. F. (1974). Um índice de simplicidade fatorial. *Psychometrika*, Vol. 39: No. 1, pp. 3136.

Kaner, I., Sacks, R., Kassian, W., & Quitt, T. (2008). Case studies of BIM adoption for precast concrete design by mid-sized structural engineering firms. *ITcon*, Vol. 13: edição especial de estudos de casos de utilização do BIM, pp. 303-323.

Karlshoj, J. (2012). Notjust CAD ++. *BIM Journal*, Vol. 3: No. 28, pp. 39-42.

Kassem, M., Brogden, T., & Dawood, N. (2012). BIM e planeamento 4D: um estudo holístico das barreiras e dos motores para uma adoção generalizada. *KICEM Journal of Construction Engineering and Project Management*, Vol. 2: No. 4, pp: 1-10.

Keegan, C. J. (2010). *Building information modeling in support of space planning and renovation in colleges and universities*. Dissertação de Mestrado, Gestão de Projectos de Construção, Faculdade do Instituto Politécnico de Worcester (WPI), E.U.A.

Khosrowshahi, F., & Arayici, Y. (2012). Roteiro para a implementação do BIM na indústria da construção do Reino Unido. *Engineering, Construction and Architectural Management*, Vol. 19: No. 6, pp. 610-635.

Kjartansdottir, I. B. (2011). *Adoção do BIM na Islândia e sua relação com a construção enxuta.* Dissertação de Mestrado, Gestão da Construção, Escola de Ciências e Engenharia, Universidade de Reiquiavique, Islândia.

Kolpakov, A. (2012). O verde é bom. *BIM Journal*, Vol. 3: No. 30, pp. 49-54.

Krygiel, E., Nies, B., & McDowell, S. (2008). *Green BIM: Successful sustainable design with building information modeling, 1st Edition.* Indianápolis: John Wiley & Sons, Inc.

Ku, K., & Taiebat, M. (2011). Experiências e expectativas BIM: a perspetiva dos construtores. *International Journal of Construction Education and Research*, Vol. 7: No. 3,pp. 175-197.

Lahdou, R., & Zetterman, D. (2011). *BIM para gestores de projeto; Como os gestores de projeto podem utilizar o BIM em projectos de construção*. Dissertação de Mestrado, Divisão de Gestão da Construção, Tecnologia de Visualização, Departamento de Engenharia Civil e Ambiental, Chalmers University ofTechnology, Goteborg, Suécia.

Larose, D. T. (2006). *Data mining methods and models, 1st Edition.* Hoboken, Nova Jersey: John Wiley & Sons, Inc.

Lavrakas, P. J. (2008). *Encyclopedia of Survey Research Methods*. Estados Unidos: SAGE Publications, Inc.

Lee, S., Yu, J., & Jeong, D. (2014). Modelo de aceitação do BIM em organizações de construção. *Journal of Management in Engineering*, Vol. 31: No. 3, pp. 1- 13.

Levine, D. M., Krehbiel, T. C., & Berenson, M. L. (2009). *Business statistics: a first course, 5ª edição*. Boston: Pearson.

Lin, Y.-C. (2014). Sistema de gestão do conhecimento baseado em BIM 3D para construção: um estudo de caso. *Journal of Civil Engineering and Management*, Vol. 20: No. 2, pp. 186-200.

Lindblad, H. (2013). *Estudo do processo de implementação do BIM em projectos de construção/análise das barreiras que limitam a adoção do BIM na indústria AEC*. Dissertação de Mestrado, Departamento de Gestão Imobiliária e da Construção, Arquitetura e Ambiente de Construção, ABE, Design Arquitetónico e Gestão de Projectos de Construção, KTH Arquitetura e Ambiente de Construção, Estocolmo.

Liu, Y., & Salvendy, G. (2009). Efeitos dos erros de medição nas medições psicométricas em estudos de ergonomia: Implications for correlations, ANOVA, linear regression, fator analysis, and linear discriminant analysis. *Ergonomia*, Vol. 52: No. 5, pp.499-511.

Lof, M. B., & Kojadionovic, I. (2012). *Possibilidade de utilização doBIM na fase de produção de projectos de construção*. Dissertação de Mestrado, Departamento de Gestão de Imóveis e Construção, Arquitetura e Ambiente de Construção, ABE, Design Arquitetónico e Gestão de Projectos de Construção, Skanska, Suécia.

Lorch, R. (2012). BIM e o interesse público. *Building Research & Information*, Vol. 40: No. 6, pp. 643-644.

Lorimer, J. (2011). *Modelação da informação da construção: Porque é que precisamos do BIM?* De NBS. Disponível em: http://www.thenbs.com/topics/bim/articles/whyDoWeNeedBIM.asp (Acedido em 12 de abril de 2014).

Homem e Máquina. (2014). *Colaborar de forma eficaz e fornecer melhores modelos de projeto, construção e operacionais (white paper.) Reino* Unido: Man and Machine white papers/ Autodesk.

Malleson, A. (2013). *BIMsurvey: resumo das conclusões (relatório nacional sobre o BIM)*. Reino Unido: NBS e RIBA Enterprises.

Mandhar, M., & Mandhar, M. (2013). Biming the Architectural curricula - integrando a modelação da informação da construção (BIM) no ensino da Arquitetura. *Revista Internacional de Arquitetura (IJA)*, Vol. 1: No. 1, pp. 1-20.

McGraw-Hill Construction. (2007). *Interoperabilidade no sector da construção; relatório de mercado inteligente*. Nova Iorque: McGraw-Hill.

McGraw-Hill Construction. (2008). *Building Information Modeling: transforming design and construction to achieve greater industry productivity; smart market report*. Nova Iorque: McGraw-Hill.

McGraw-Hill Construction. (2009). *The business value ofBIM: Getting building information modeling to the bottom line; smart market report*. Nova Iorque: McGraw-Hill.

McGraw-Hill Research and Analytics. (2009). *Sustainable construction waste management:*

creating value in the built environment; smart market report. América do Norte: McGraw-Hill.

Mitchell, D., & Lambert, S. (2013). BIM: regras de engajamento. *Congresso Mundial de Construção do CIB (Cib Bc13).* Brisbane, Austrália: Cibwbc, pp. 1-5.

Naoum, S. G. (2007). *Dissertation research and writing for construction students, 2nd Edition.* Oxford: Butterworth-Heinemann.

Nassar, K. (2010). O efeito da modelação da informação de construção na exatidão das estimativas. *A sexta conferência anual de investigação da AUC.* Cairo: The American University, Disponível em: http://ascpro.ascweb.org/chair/paper/CPRT155002010.pdf (Acedido em 10 de fevereiro de 2014).

NBIMS-US. (2007). *National BIM Standard - the United States™ versão 1 "Transformando a cadeia de fornecimento de construção através de trocas de informações abertas e interoperáveis."* Estados Unidos: Instituto Nacional de Ciências da Construção, building SMART alliance™.

NBIMS-US. (2012). *Norma Nacional BIM - Estados Unidos™ versão 2 "Omniclass, uma estratégia para classificar o ambiente construído".* Estados Unidos: Instituto Nacional de Ciências da Construção, building SMART alliance™.

NBS. (2012). *NBSInternationalBIMreport.* Reino Unido: A biblioteca nacional do BIM.

NBS. (2013). *NBSInternationalBIMreport.* Reino Unido: A biblioteca nacional do BIM.

Nepal, M., Staub-French, S., & Pottinger, R. (2012). Fornecer suporte de consulta para alavancar o BIM para a construção. *O congresso de investigação sobre construção 2012.* West Lafayette, Indiana, Estados Unidos: Sociedade Americana de Engenheiros Civis (ASCE), pp. 767-777.

Newton, K., & Chileshe, N. (2012). Sensibilização, utilização e benefícios da adoção da modelação da informação da construção (BIM) - o caso das organizações de construção do Sul da Austrália. *Actas da 28.ª Conferência Anual da ARCOM.* Edimburgo, Reino Unido: Association ofResearchers in Construction Management, pp. 3-12.

Park, J., Park, J., Kim, J., & Kim, J. (2012). Building Information Modelling based energy performance assessment system (An assessment of the Energy Performance Index in Korea). *Inovação na Construção*, Vol. 12: No. 3, pp. 1471-4175.

Qi, J., Issa, R. R., Olbina, S., & Hinze, J. (2013). Utilização do BIM no projeto para evitar quedas de trabalhadores da construção civil. *Journal of Computing in Civil Engineering*, Vol. 10: No. 1061,pp. 1943-5487.

RAIC. (2007). *Modelação da Informação da Construção (BIM).* Canadá: RAIC practice builder/ Autodesk.

RCS. (2014). *Conceção de engenharia e risco de projeto: fazer mais do primeiro para assumir menos do segundo (RCS - Rapid Construction Solutions).* Baku, Azerbaijão: Grupo MacKay.

Reinard, J. C. (2006). *Communication Research Statistics.* EUA: SAGE Publications, Inc.

RIBA. (2012). *Sobreposição BIM ao plano geral de trabalho do RIBA.* London: Instituto Real dos Arquitectos Britânicos.

SAF5. (2015). *Defendendo a modelação da informação da construção (BIM)*. Fórum de Arquitetura do Sudão. Disponível em: http://www.saf.com.sd/ (Acedido em 1 de maio de 2015).

Salkind, N. J. (2010). *Encyclopedia of research design (capa dura)*. Londres, Reino Unido: SAGE Publications, Inc.

Sambasivan, M., & Soon, Y. W. (2007). Causes and effects of delays in Malaysian construction industry (Causas e efeitos dos atrasos na indústria da construção da Malásia). *International Journal of Project Management*, Vol. 25: No. 5, pp.517-526.

Sanguinetti, P., Abdelmohsen, S., Lee, J., Lee, J., Sheward, H., & Eastman, C. (2012). Arquitetura de sistema geral para BIM: Uma abordagem integrada para projeto e análise. *Advanced Engineering Informatics*, Vol. 26: No. 2, pp. 317-333.

Sarno, F. (2012). Gestão integrada do ciclo de vida BIM. *BIM Journal*, Vol. 3: No. 29, pp. 4348.

Schade, J., Olofsson, T., & Schreyer, M. (2011). Tomada de decisões num processo de conceção baseado em modelos. *Construction Management and Economics*, Vol.29: No. 4, pp. 371-382.

Sebastião, R. (2011). Mudança de papéis dos clientes, arquitectos e empreiteiros através do BIM. *Engineering, Construction and Architectural Management*, Vol. 18: No.2, pp. 176187.

Sebastian, R., & Berlo, L. v. (2010). Tool for benchmarking BIM performance of design, engineering and construction firms in the Netherlands (Ferramenta para avaliação comparativa do desempenho BIM de empresas de projeto, engenharia e construção nos Países Baixos). *Architectural Engineering and Design Management*, Vol. 6: No. 4, pp. 254-263.

Smith, D. (2007). Uma introdução à Modelação da Informação da Construção (BIM). *Journal of Building Information Modeling (JBIM)* ,pp. 12-14.

Smith, D. K., & Tardif, M. (2009). *Building Information Modeling: a strategic implementation guide for Architects, Engineers, constructors, and real estate asset managers.* Hoboken, Nova Jersey: John Wiley & Sons, Inc.

Smith, J., O'Keeffe, N., Georgiou, J., & Love, P. E. (2004). Auditoria dos custos de construção durante a conceção do edifício: um estudo de caso do planeamento de custos em ação. *Managerial Auditing Journal*, Vol. 19: No. 2, pp. 259-271.

Stanley, R., & Thurnell, D. (2014). Os benefícios e as barreiras à implementação do 5d BIM para a pesquisa de quantidades na Nova Zelândia. *Australasian Journal of Construction Economics and Building*, Vol. 14:No. 1,pp. 105-117.

Estado de Ohio. (2010). *Protocolo de modelação da informação de construção do Estado do Ohio.* Ohio: Departamento de Serviços Administrativos do Ohio.

Succar, B. (2009). Enquadramento da Modelação da Informação da Construção: Uma base de investigação e fornecimento para as partes interessadas do sector. *Automação na Construção*, Vol. 18: No. 3, pp. 357-375.

Thomas, S. J. (2004). *Using web and paper questionnaires for data-based decision making from design to interpretation of the results.* Mumbai, Índia: Corwin.

Thomson, D. B., & Miner, R. G. (2006). BIM: Os riscos contratuais estão a mudar com a tecnologia. *Consulting-Specifying Engineer*, Vol. 40: No. 2, pp. 54-66.

Thurairajah, N., & Goucher, D. (2013). Vantagens e desafios da utilização do BIM: a perspetiva de um consultor de custos. *Actas da 49ª Conferência Internacional Anual da ASC*. Birmingham, Reino Unido: Associated Schools of Construction, pp. 1-8.

Treiman, D. J. (2009). *Quantitative data analysis: doing social research to test ideas, 1.ª edição*. Estados Unidos da América: Jossey-Bass (uma marca Wiley).

Tse, T.-c. K., Wong, K.-d. A., & Wong, K.-w. F. (2005). The utilization of building information models in nd modeling: a study of data interfacing and adoption barriers. *ITcon*, Vol. 10: Special issue from 3D to nD modelling, pp. 85-110.

Wang, M. (2011). *Modelação da informação da construção (BIM): métodos de interoperabilidade de construção de sítios*. Dissertação de Mestrado, Gestão Interdisciplinar de Projectos de Construção, Faculdade do Instituto Politécnico de Worcester, E.U.A.

Weygant, R. S. (2011). *Desenvolvimento de conteúdos BIM: normas, estratégias e melhores práticas*. New Jersy, EUA: John Wiley & Sons, Inc.

Wong, K.-d., & Fan, Q. (2013). Modelação da Informação da Construção (BIM) para a conceção de edifícios sustentáveis. *Facilities*, Vol. 31: No. 3/4, pp. 138-157.

Yan, H., & Damian, P. (2008). Benefits and Barriers of Building Information Modelling. *12ª Conferência Internacional sobre Computação na Construção Civil (INCITE 2008)* (pp. 1-5). Beijing, China: ITconEvents.

Zaiontz, C. (2014). *Análise de factores*. Estatísticas reais usando o Excel. Disponível em: http://www.real- statistics.com/multivariate-statistics/fator-analysis/ (Acedido em 20 de março de 2015).

Zhang, J., & Hu, Z. (2011). Solução integrada de análise e gestão baseada em BIM e 4D para conflitos e problemas de segurança estrutural durante a construção: 1. Princípios e metodologias. *Automação na Construção*, Vol. 20: No. 2, pp. 155166.

Zhang, S., Teizer, J., Lee, J.-K., Eastman, C. M., & Venugopal, M. (2013). Building Information Modeling (BIM) e segurança: verificação automática de segurança de modelos e cronogramas de construção. *Automação na Construção*, Vol. 29, pp. 183-195.

Zhenzhong, H., Jianping, Z., & Ziyin, D. (2008). Simulação do processo de construção e análise de segurança com base no modelo de informação da construção e na tecnologia 4D. *Tsinghua Science and Technology*, Vol. 13: No. S1, pp. 266-272.

Apêndices

Apêndice A: Questionário (inglês)

Objeto: Inquérito por questionário sobre: "**An investigation into Building Information Modeling (BIM) application in Architecture, Engineering and Construction (AEC) industry in Gaza strip"**; Dissertação apresentada em cumprimento parcial dos requisitos para obtenção do grau de Mestre em Gestão de Projectos de Construção, Engenharia Civil

Objetivo da investigação; desenvolver uma compreensão clara sobre o BIM para identificar os diferentes factores que fornecem informações úteis para considerar a adoção da tecnologia BIM em projectos pelos profissionais da indústria AEC na faixa de Gaza, na Palestina.

Grupo-alvo: Engenheiros que trabalham na área da conceção, supervisão, construção e manutenção de edifícios ***(Arquitectos, Engenheiros Civis, Engenheiros Mecânicos, Engenheiros Electrotécnicos e qualquer outro profissional com uma especialização relacionada).***

O questionário é composto por cinco secções principais. ***O preenchimento do questionário não requer conhecimentos prévios sobre BIM. O*** que lhe é exigido é a resposta e a avaliação de determinados pontos com precisão e objetividade, de acordo com a sua perspetiva e experiência no domínio da indústria da Arquitetura, Engenharia e Construção (AEC) à luz da realidade atual da Faixa de Gaza. A validade dos resultados do questionário depende inteiramente da exatidão das suas respostas. Agradecemos desde já o vosso precioso tempo e contribuição para este trabalho de investigação.

Com os melhores cumprimentos,
Lina Ahmed Ata AbuHamra,
Candidato ao Mestrado em Gestão de Projectos de Construção, Engenharia Civil, Universidade Islâmica de Gaza (IUG)
(janeiro, 2015)

Parte 1; Dados demográficos dos inquiridos e forma de implementação do seu trabalho

Assinale (V) a opção correcta nas perguntas seguintes:

	Nome (facultativo)	....				
1.	**Género**	Homem	Mulher			
2.	**Habilitações literárias**	Solteiro	☐ Mestre	☐ Doutoramento		
3.	**Local de estudo**	☐ Faixa de Gaza	☐ Cisjordânia	Fora da Palestina		
4.	**Especialização**	Arquiteto	☐ Civil	☐ Eléctrica	☐ Mecânica	☐ Outros (....)
5.	**Natureza do local de trabalho**	☐ Consultor	☐ ONG	Empreiteiro	Empreiteiro	☐ Outros (....)
6.	**Localização do local de trabalho**	☐ Norte	☐ Gaza	Médio	☐ Khan Younis	☐ Rafah

7.	Campo atual - presentjob	☐ Designer	□ Supervisor	Engenheiro de instalações	Gestor de projectos	□ Outros (.....)
8.	Anos de experiência	Menos de 5 anos	De 5 a menos de 10 anos		10 anos ou mais	
9.	Percentagem de implementação do trabalho através de programas 3D	Menos de 25%	De 25% a menos de 50%		☐ De 50% a menos de 70%	70% e mais
10.	Que ferramenta de software utiliza para realizar projectos?	(Pode escolher mais do que uma resposta)				
		AutoCAD (2D)	□ Sketchup	☐ Revit	☐ Excel	MS Project
		AutoCAD (3D)	3D Max	□ ArchiCAD	□ Outros (..............)	

Parte 2: O nível de sensibilização para o BIM por parte dos profissionais do sector AEC

Número	Artigo	1. Nunca	2. Pouco	3. Um pouco	4. Muito	5. Muito
A1	Li algumas pesquisas e estudos sobre o BIM.					
A2	Alguns dos meus cursos na universidade falavam sobre BIM.					
A3	Tenho uma boa ideia sobre o conceito da tecnologia BIM.					
A4	Tenho um elevado índice de informação sobre a utilização da tecnologia BIM na gestão de projectos de Engenharia.					
A5	Tenho uma ideia sobre como utilizar os programas de tecnologia BIM.					
A6	Sei que os programas Revit e ArchiCAD são tecnologia BIM técnicas.					
A7	Utilizo a tecnologia BIM no meu trabalho.					
A8	Penso que a tecnologia BIM é importante para o sector da AEC na Faixa de Gaza.					
A9	Penso que a tecnologia BIM tem um impacto positivo no ambiente sustentável.					

Até que ponto é consistente com os seguintes itens? Por favor, assinale (V) à frente do número que reflecte o seu ponto de vista.

Parte 3

Como classificaria os seguintes itens em termos da sua importância e da necessidade dos mesmos na AEC na Faixa de Gaza? Por favor, assinale (V) à frente do número que reflecte o seu ponto de vista. ....

Número	Item	1. Sem importância	2. De pouca importância	3. Moderadamente importante	4. Importante	5. Muito importante
Fl	Modelação e visualização tridimensional (3D)					
F2	Simulações funcionais para escolher a melhor solução (por *exemplo, Iluminação, energia, e quaisquer outras informações sobre sustentabilidade*)					
F3	Gestão de alterações (*qualquer alteração ao projeto de construção será automaticamente reproduzida em cada vista, como plantas, secções e alçados*)					
F4	Revisões visualizadas de construtibilidade/ Simulação de edifícios (*um modelo estrutural 3D, bem como um modelo 3D de serviços mecânicos, eléctricos e de canalização (MEP)*)					
F5	Planeamento visualizado a quatro dimensões (4D) e sequenciação da construção					
F6	Estimativa de custos com base em modelos (*5D*)					
F7	Planeamento e utilização de locais com base em modelos					
F8	Planeamento e controlo da segurança no local					
F9	Levantamento de quantidades de materiais e mão de obra com base em modelos					
F10	Criação de um modelo "as-built" que contém todos os dados necessários para gerir e explorar o edifício (*facility management*)					
Fil	Expansão/ampliação futura das instalações e infra-estruturas					
F12	Programação da manutenção através do modelo as-built					
F13	Otimização energética do edifício					
F14	Relatório de problemas e arquivo de dados através de um modelo 3D do edifício					
F15	Gerir metadados (*fornecer informações sobre o conteúdo de um item individual*) através de um modelo 3D do edifício					
F16	Interoperabilidade e tradução da informação (*entre os profissionais*) dentro do mesmo sistema/programa					

Parte 4

Como classificaria os seguintes itens relativamente aos seus benefícios para a indústria da AEC na Faixa de Gaza? Por favor, assinale (V) à frente do número que reflecte o seu ponto de vista.

Número	Artigos	l.Extremamente baixo Benéfico	2. Pouco benéfico	3. moderadamente benéfico	4. altamente benéfico	5. extremamente benéfico
BE 1	Melhorar a realização da ideia de um projeto pelo proprietário através de um modelo 3D do edifício					
BE2	Apoiar a tomada de decisões de conceção, comparando diferentes alternativas de conceção num modelo 3D					

BE3	Melhorar a colaboração da equipa de conceção (*engenheiros de arquitetura, de estruturas, mecânicos e eléctricos*)					
BE4	Melhorar a qualidade da conceção (redução de erros/reconcepção e gestão das alterações à conceção)					
BE5	Melhorar a conceção sustentável e a conceção optimizada					
BE6	Melhorar a conceção da segurança					
BE7	Melhorar a seleção dos componentes de construção em função da qualidade e dos custos (por exemplo, *tipos de portas e janelas, tipo de cobertura das paredes exteriores, etc.*)					
BE8	Melhorar a compreensão da sequência das actividades de construção					
BE9	Melhorar a coordenação do trabalho com os subcontratantes e fornecedores (*cadeia de abastecimento*)					
BE 10	Aumentar a qualidade dos componentes pré-fabricados (*fabricados digitalmente)* e reduzir os seus custos					
BE 11	Melhorar o planeamento e o controlo da segurança no local/ reduzir os riscos					
BE 12	Aumentar a precisão da programação e do planeamento					
BE 13	Aumentar a precisão da estimativa de custos					
BE 14	Melhorar a comunicação entre as partes envolvidas no projeto					
BE 15	Reduzir as ordens de alteração/ variação na fase de construção					
BE 16	Reduzir os conflitos entre as partes interessadas (*deteção de conflitos*)					
BE 17	Reduzir a duração e o custo global do projeto					
BE 18	Melhorar a aplicação de técnicas de construção optimizadas para obter soluções sustentáveis para reduzir os resíduos de materiais durante a construção e a demolição					
BE 19	Facilidade de recuperação de informação durante toda a vida do edifício através do modelo 3D as-built					
BE 20	Melhorar a gestão e o funcionamento do edifício para manter a sua sustentabilidade, apoiando a tomada de decisões sobre questões relacionadas com o edifício					
BE21	Aumentar a coordenação entre os diferentes sistemas operacionais do edifício (*como o sistema de segurança e alarme, a iluminação, o ar condicionado, etc.*)					
BE 22	Melhorar a eficiência energética e a sustentabilidade do edifício					
BE 23	Melhorar o planeamento da manutenção *(preventiva e curativa)*/estratégia de manutenção das instalações					

BE 24	Controlar eficazmente os custos de todo o ciclo de vida do ativo					
BE 25	Aumentar os lucros através da comercialização das instalações através de um modelo 3D					
BE 26	Melhorar a gestão de emergências *(elaborar planos para evitar os riscos e fazer face a catástrofes como incêndios, terramotos, etc.)*					

Parte 5

A maior caraterística do BIM é a criação de uma base de dados única e integrada através de um modelo 3D virtual do edifício, onde podem ser registadas todas as decisões de conceção e construção. Todas as equipas de projeto podem aceder a todos os conteúdos da base de dados de acordo com a sua autoridade. **Por outro lado, a aplicação do BIM necessita de muitos factores para obter as características acima mencionadas, tais como** (São necessários novos programas para a aplicação do BIM, disposições necessárias no local de trabalho para adotar esta nova tecnologia, bem como a necessidade de cooperação entre todas as partes envolvidas no projeto e outros requisitos). *Consequentemente, e de acordo com o seu conhecimento da situação atual da indústria AEC na Faixa de Gaza:*

Como classificaria os seguintes obstáculos à aplicação do BIM? Assinale (V) à frente do número que reflecte o seu ponto de vista.

Número	Barreira BIM	1. Muito fraco	2. Fraco	3. Resistência média	3. Forte	5. Muito forte
BA 1	Custos elevados necessários para comprar software BIM e custos das actualizações de hardware necessárias					
BA2	Falta de sensibilização das partes interessadas para o BIM					
BA3	Falta de conhecimentos sobre como aplicar o software BIM					
BA4	Os profissionais pensam que o atual sistema CAD e outros programas convencionais satisfazem as necessidades de conceção e execução do trabalho e completam o projeto de forma eficiente					
BA5	Falta de sensibilização para os benefícios que o BIM pode trazer aos gabinetes de engenharia, empresas e projectos					
BA6	Falta de colaboração efectiva entre as partes interessadas no projeto para trocar as informações necessárias para a aplicação do BIM, devido à natureza fragmentada da indústria AEC na Faixa de Gaza					
BA7	A resistência das empresas e instituições a qualquer mudança pode ocorrer no sistema de fluxo de trabalho e na recusa de adotar uma nova tecnologia					
BA8	Falta de capacidade financeira para as pequenas empresas iniciarem um novo fluxo de trabalho necessário para a adoção eficaz do BIM					
BA9	As empresas preferem concentrar-se nos projectos (*em curso/construção*) em vez de considerarem, avaliarem e implementarem o BIM					
BA 10	Dificuldade em encontrar intervenientes no projeto com as competências necessárias para participar na aplicação do BIM					
BA 11	Falta de regulamentação governamental para apoiar plenamente a implementação do BIM					

BA 12	Falta de procura e desinteresse dos clientes relativamente à utilização da tecnologia BIM na conceção e construção do projeto					
BA 13	Falta de casos reais na Faixa de Gaza ou noutras áreas próximas na região que tenham sido implementados utilizando o BIM e que tenham provado um retorno positivo do investimento					
BA 14	Falta de interesse na Faixa de Gaza em manter o estado do edifício ao longo da vida após a conclusão da fase de execução					
BA 15	Falta de arquitectos/engenheiros com competências na utilização de programas BIM					
BA 16	Falta de educação ou formação sobre a utilização do BIM, seja na universidade ou em qualquer centro de formação governamental ou privado					
BA 17	A relutância dos arquitectos/engenheiros em aprender novas aplicações devido à sua cultura educativa e à sua tendência para os programas com que lidam					
BA 18	Relutância em formar arquitectos/engenheiros devido aos requisitos de formação onerosos em termos de tempo e dinheiro					

Muito obrigado pelo vosso precioso tempo e esforço neste inquérito

Apêndice B: Questionário (árabe)

<u>الموضوع</u>: استبانة حول "البحث في تطبيق تكنولوجيا نمذجة معلومات البناء (BIM) في صناعة التصميم وتشييد البناء في قطاع غزة" استكمالا لمتطلبات الحصول على درجة الماجستير في إدارة المشاريع الهندسية.

- **<u>الهدف الرئيسي من البحث</u>:** تطوير فهم واضح حول اعتماد تكنولوجيا BIM وبناء نموذج نظري لتحديد العوامل المختلفة التي توفر معلومات مفيدة للنظر في اعتماد هذه التكنولوجيا من قبل المهندسين في المشاريع في صناعة التصميم والتشييد في قطاع غزة في فلسطين.
- **<u>الفئة المستهدفة</u>:** المهندسون الذي يعملون في مجال تصميم المباني، والإشراف، والتنفيذ، والصيانة (**المعماري، والمدني، والكهربائي، والميكانيكي، وأي تخصص ذو علاقة**).
- **<u>ماهية الإستبانة</u>:** تتكون الاستبانة من خمسة أقسام رئيسية، **<u>لا تتطلب تعبئة الاستبانة معرفة مسبقة عن تكنولوجيا BIM</u>**، وإنما المطلوب هو التقييم لنقاط معينة بكل دقة وموضوعية وفقا لوجهة نظرك، والخبرة في مجال العمل الهندسي الخاص بالتصميم وتشييد البناء في ضوء الواقع الفعلي في قطاع غزة. مدى صحة نتائج الاستبانة يعتمد اعتماداً كلياً على دقة إجابتك. لكم كل الشكر مقدما على المساهمة في هذا العمل البحثي.

أطيب التحيات،

لينا أحمد عطا أبو حمرة، مهندسة معمارية/ وباحثة للحصول على درجة الماجستير في إدارة المشاريع الهندسية (الهندسة المدنية)، الجامعة الإسلامية – غزة، قطاع غزة، فلسطين، يناير، 2015

الجزء الأول: معلومات خاصة بالمهندس الذي يقوم بتعبئة الإستبانة وطريقة أدائه للعمل

❖ **يرجى وضع علامة (√) أمام الخيار المناسب في الأسئلة التالية.**

	الإسم (اختياري)	....				
.1	**الجنس**	☐ ذكر	☐ أنثى			
.2	**المؤهل العلمي**	☐ بكالوريوس	☐ ماجستير		☐ دكتوراه	
.3	**بلد الحصول على المؤهل العلمي**	☐ قطاع غزة	☐ الضفة الغربية		☐ الخارج (.......)	
.4	**التخصص**	☐ مهندس معماري	☐ مهندس مدني	☐ مهندس كهربائي	☐ مهندس ميكانيكي	☐ أخرى (........)
.5	**طبيعة مكان العمل**	☐ استشارات هندسية	☐ مؤسسات دولية	☐ مقاولات	☐ قطاع حكومي	☐ أخرى (........)
.6	**موقع العمل**	☐ الشمال	☐ غزة	☐ الوسطى	☐ خانيونس	☐ رفح
.7	**مجال وظيفتك الحالية**	☐ مصمم	☐ مهندس مشرف	☐ مهندس موقع	☐ مدير مشاريع	☐ أخرى (.........)
.8	**سنوات الخبرة**	☐ أقل من 5 سنوات	☐ من 5 إلى أقل من 10 سنـوات		☐ 10 سنوات فأكـثر	

9.	نسبة أداءك لعملك باستخدام برامج النظام الثلاثي الأبعاد (3D)؟	☐ أقل من 25%	☐ من 25 إلى أقل من 50%	☐ من 50 إلى أقل من 75%	☐ 75% فأكثـــر
10.	البرامج التي تستخدمها في عملك لإنجاز المشاريع؟	(يرجى تحديد جميع البرامج المستخدمة):			
		☐ أوتوكاد ثنائي الأبعاد (2D)	☐ اسكتش أب	☐ ريفيت Revit	☐ إكسل / ☐ MS بروجكيت
		☐ أوتوكاد ثلاثي الأبعاد (3D)	☐ 3D ماكس	☐ أرشيكاد (أركيكاد)	☐ أخرى (.................)

الجزء الثاني: درجة المعرفة بتكنولوجيا نمذجة معلومات البناء (BIM) وتطبيقه في العمل في قطاع غزة

❖ **إلى أي درجة تتفق مع البنود التالية؟ يرجى وضع علامة (√) أمام الرقم الذي تراه مناسبا.**

الرقم	البند	1.إطلاقا	2.بدرجة قليلة	3.بدرجة متوسطة	4. بدرجة كبيرة	5. بدرجة كبيرة
1	قرأت قبل ذلك بعض الأبحاث والدراسات الخاصة بتكنولوجيا نمذجة معلومات البناء (BIM)					
2	تناولت بعض مساقات دراستي في الجامعة موضوع تكنولوجيا نمذجة معلومات البناء(BIM)					
3	لدي فكرة جيدة حول مفهوم تكنولوجيا BIM					
4	معدل معلوماتي عالي بخصوص استخدام تكنولوجيا BIM في إدارة المشاريع الهندسية					
5	لدي فكرة حول كيفية استخدام وتطبيق برامج تكنولوجيا BIM					
6	لدي علم مسبق بأن برنامج ريفيت Revit ، وبرنامج أرشيكاد ArchiCAD هما من برامج تكنولوجيا BIM					
7	أستخدم برامج تكنولوجيا BIM في العمل					
8	أعتقد بأن لتكنولوجيا BIM أهمية لصناعة التصميم وتشييد البناء في قطاع غزة					
9	أعتقد أن لتكنولوجيا BIM تأثير إيجابي على البيئة المستدامة					

الجزء الثالث

❖ **ما تقييمك للبنود التالية من حيث أهميتها والحاجة لها في صناعة التصميم وتشييد البناء في قطاع غزة؟ يرجى وضع علامة (√) أمام الرقم الذي تراه مناسبا.**

الرقم	البند	1. غير مهم	2. قليل الأهمية	3. معتدل الأهمية	4. مهم	5. هام جدا
1	نمذجة وتصور المبنى بشكل ثلاثي الأبعاد					
2	المحاكاة لأمور معينة تؤثر على المبنى المراد إنشاؤه من خلال نموذج إفتراضي ثلاثي الأبعاد ، وذلك بهدف اختيار الحل الأفضل. مثل محاكاة الإضاءة، والطاقة وغيرها					
3	إدارة التغيير في التصميم (في حال حدث تغيير على تصميم المبنى، فإن التعديل سيظهر تلقائيا في كلا من: المساقط، والواجهات، والمقاطع)					
4	محاكاة البناء بغرض فهم كيفية البناء والتنفيذ من خلال نموذج افتراضي ثلاثي الأبعاد (إنشائي، وميكانيكي، وكهربائي) للمبنى المراد تنفيذه					
5	عمل جدول زمني مصور لمراحل البناء وذلك بربط الجدول الزمني بنموذج افتراضي ثلاثي الأبعاد للمبنى					
6	تقدير التكاليف لمكونات المبنى وعملية البناء بالاعتماد على نموذج افتراضي ثلاثي الأبعاد					
7	تخطيط موقع البناء بشكل سليم وتنظيم وترتيب أماكن المعدات ومواد البناء					
8	التخطيط للأمن والسلامة ومراقبة ذلك في موقع البناء					
9	حساب الكميات اللازمة من مواد البناء وحساب عدد العمال اللازم لإتمام العمل وذلك بالاعتماد على نموذج افتراضي ثلاثي الأبعاد للمبنى					
10	استخدام نموذج ثلاثي الأبعاد للمبنى (مطابق للواقع) يحتوي على كافة البيانات اللازمة بهدف إدارة وتشغيل المبنى					
11	إدارة التوسع المستقبلي للمنشأة بشكل سليم (على سبيل المثال إدارة التمديد في البنية التحتية بشكل مدروس في حالة توسيع المبنى وتطويره ، بالإضافة لغيرها من المرافق الخاصة بالمبنى)					
12	جدولة الصيانة اللازمة للمبنى من خلال توفير جميع البيانات الخاصة بمكونات المبنى					
13	ترشيد استهلاك الطاقة للمبنى					
14	كتابة التقارير وأرشفة البيانات في قاعدة بيانات واحدة متكاملة من خلال نموذج ثلاثي الأبعاد للمبنى					
15	توفير معلومات تفصيلية حول أي بند يخص المبنى في جميع مراحل دورة حياته					
16	نقل البيانات دون فقد أي منها ما بين المهندسين (المعماري، والإنشائي، والكهربائي، والميكانيكي) الذين يستخدمون نظام برامج واحد					

الجزء الرابع

❖ ما تقييمك للبنود التالية من حيث فائدتها في صناعة التصميم والبناء في قطاع غزة؟ يرجى وضع علامة (√) أمام الرقم الذي تراه مناسبا.

الرقم	البند	1.مفيد بدرجة قليلة جدا	2.مفيد بدرجة قليلة	3.مفيد بدرجة متوسطة	4.مفيد بدرجة كبيرة	5.مفيد بدرجة كبيرة جدا
1	تقوية إدراك المالك لفكرة التصميم من خلال نموذج افتراضي ثلاثي الأبعاد للمبنى					
2	دعم اتخاذ القرار للمهندسين والمالك بشأن خيارات التصميم من خلال المقارنة بين بدائل التصميم المختلفة بالاعتماد على نموذج افتراضي ثلاثي الأبعاد للمبنى					
3	تعزيز التعاون ما بين أعضاء فريق التصميم (المعماري، والإنشائي، والميكانيكي، والكهربائي)					
4	تحسين جودة التصميم (تقليل الأخطاء/ تقليل إعادة التصميم، وإدارة التغييرات في التصميم)					
5	تحسين التصميم المستدام الذي يقلل من الفواقد ويزيد من قيمة المبنى					
6	تحسين التصميم الذي يدعم الأمن والسلامة					
7	تحسين اختيار مكونات البناء بعناية بما يتلائم مع الجودة والتكاليف (مثل أنوع الأبواب والشبابيك، نوع تكسية الجدران الخارجية، وغيرها)					
8	زيادة القدرة على فهم تسلسل أعمال التشييد للمبنى					
9	تعزيز تنسيق العمل مع مقاولي الباطن/ والموردين للمواد اللازمة للبناء					
10	زيادة جودة تصميم مكوّنات المبنى المسبقة الصنع والجاهزة للتركيب في الموقع وتقليل تكاليفها					
11	تحسين تخطيط الأمن والسلامة والمراقبة في الموقع/ الحد من المخاطر في الموقع					
12	زيادة دقة الجدولة الزمنية والتخطيط لأعمال تشييد البناء					
13	زيادة دقّة تقدير تكاليف تشييد البناء					
14	تحسين الاتصال بين الأطراف المشاركة في المشروع					
15	تقليل أوامر التغيير (Change/ Variation orders) في مرحلة البناء					
16	تقليل النزاعات بين الأطراف المشاركة في المشروع					
17	تقليل المدّة الإجمالية والتكلفة الإجمالية للمشروع					
18	تحسين استخدام وتطبيق تقنيات البناء التي تضمن الحصول على حلول مستدامة للحد من هدر المواد أثناء البناء والهدم					
19	سهولة استرجاع المعلومات الخاصة بكامل حياة المبنى من خلال نموذج ثلاثي الأبعاد مطابق للمبنى					

الرقم	البند	1.مفيد بدرجة قليلة جدا	2.مفيد بدرجة قليلة	3.مفيد بدرجة متوسطة	4.مفيد بدرجة كبيرة	5.مفيد بدرجة كبيرة جدا
20	تحسين إدارة وتشغيل المبنى للحفاظ على استدامته من خلال دعم اتخاذ القرارات (للمسؤولين عن المبنى) بشأن المسائل المتعلقة بالمبنى					
21	زيادة التنسيق بين أنظمة التشغيل المختلفة المستخدمة في المبنى مثل: (النظام الأمني والإنذار، الإضاءة، التكييف، وغيرها)					
22	تعزيز كفاءة استدامة المبنى					
23	تحسين التخطيط للصيانة (الوقائية، والعلاجية) بشكل دائم للمنشأة					
24	السيطرة على التكاليف الكاملة للمنشأة وإدارتها على نحو فعال					
25	زيادة الأرباح من خلال التسويق للمبنى باستخدام نموذج ثلاثي الأبعاد مطابق له ويحتوي على البيانات اللازمة الخاصة به					
26	تحسين إدارة الطوارئ (وضع خطط لتجنب المخاطر والتعامل مع الكوارث مثل الحرائق، والزلازل، وغيرها)					

الجزء الخامس

أكثر ما يميز تكنولوجيا نمذجة معلومات البناء (BIM) هو عمل قاعدة بيانات واحدة متكاملة من خلال نموذج افتراضي ثلاثي الأبعاد للمبنى يسجل فيها كافة قرارات التصميم والإنشاء. ويمكن الوصول إلى كل محتوياتها من كافة فرق العمل في المشروع كل حسب صلاحياته.

من جهة أخرى، يحتاج تطبيق BIM للعديد من الأمور بهدف الحصول على الميزة المذكورة أعلاه ، ومن هذه الأمور : **(البرامج الجديدة اللازمة لتطبيقه، والترتيبات اللازم إعدادها داخل مكان العمل لتبني هذه التكنولوجيا الجديدة، بالإضافة إلى ضرورة التعاون بين كافة الأطراف المشاركة في المشروع، وغيرها من الاحتياجات).**

❖ **وبناء على ذلك، وبحسب معرفتك للوضع الحالي لصناعة التصميم وتشييد البناء في قطاع غزة:**
ما تقييمك للعوائق التالية أمام تطبيق تكنولوجيا BIM؟ يرجى وضع علامة (√) أمام الرقم الذي تراه مناسبا.

الرقم	العائق	1.ضعيف جدا	2.ضعيف	3.متوسط القوة	4.قوي	5.قوي جدا
1	ارتفاع التكاليف اللازمة لشراء برامج BIM، فضلا عن تكاليف تحديثات الأجهزة اللازمة لتتناسب مع هذه البرامج					
2	عدم المعرفة بتكنولوجيا BIM من قبل أصحاب المصلحة في المشروع					
3	عدم المعرفة بكيفية تطبيق برامج BIM					

الرقم	العائق	1.ضعيف جدا	2.ضعيف	3.متوسط القوة	4.قوي	5.قوي جدا
4	الاعتقاد بأن البرامج التقليدية المستخدمة حاليا هي برامج تفي بحاجة المهندسين لأداء العمل وإنجاز المشروع بكفاءة، ولا توجد حاجة لبرامج جديدة مثل برامج BIM					
5	عدم المعرفة بفوائد BIM التي يمكن أن تعود على المكاتب الهندسية والشركات والمشاريع					
6	عدم وجود تعاون فعّال بين أصحاب المصلحة في المشروع لتبادل المعلومات اللازمة لتطبيق BIM نظرا للطبيعة المجزأة لصناعة التصميم وتشييد البناء في قطاع غزة					
7	مقاومة الشركات والمؤسسات لأي تغيير يمكن أن يطرأ على نظام سير العمل فيها، ورفض تبنّي أي تكنولوجيا جديدة					
8	نقص القدرة المالية للشركات الصغيرة اللازمة لبدء سير العمل الجديد اللازم لتطبيق تكنولوجيا BIM على نحو فعّال					
9	تفضيل الشركات للتركيز على مشاريع قيد العمل (تحت الإنشاء) بدلا من بذل الوقت للنظر في أمر BIM وتقييمه وتطبيقه					
10	صعوبة العثور على أطراف مشاركة في المشروع تكون لديها الكفاءة المطلوبة للمشاركة في تطبيق تكنولوجيا BIM					
11	عدم وجود أنظمة حكومية تدعم تطبيق BIM بشكل كامل					
12	عدم طلب المالك استخدام تكنولوجيا BIM في تصميم وتنفيذ المشروع وبالتالي لا يوجد دافع للتفكير باعتماده في العمل					
13	عدم وجود بناء حقيقي في قطاع غزة أو في أماكن مجاورة في المنطقة تم تنفيذه بواسطة تكنولوجيا BIM وأثبت عائدا إيجابيا للاستثمار					
14	عدم الاهتمام في قطاع غزة بمتابعة حالة المبنى على مدى الحياة بعد الانتهاء من مرحلة تنفيذه					
15	عدم وجود مهندسين متخصصين ذوي خبرة في استخدام برامج BIM					
16	عدم التعليم أو التدريب على استخدام BIM سواء بالجامعة أو أي مراكز تدريبية حكومية أو خاصة					
17	عدم رغبة المهندسين لتعلم تطبيقات جديدة بسبب ثقافتهم التعليمية، وتحيزهم تجاه البرامج المألوفة لديهم					
18	التردد في تدريب المهندسين نظرا لمتطلبات التدريب المكلفة من ناحية الوقت والمال					

شكرا جزيلا على وقتك الثمين والجهد المبذول في هذا الاستطلاع

Apêndice C: Coeficiente de correlação

Tabela (C1): O coeficiente de correlação entre cada parágrafo/item do domínio e o domínio total (O, primeiro, domínio é o nível de consciencialização do BIM pelos profissionais)

Número	Item	Coeficiente de Pearson	Valor *de p*
A1	Li algumas pesquisas e estudos sobre o BIM.	0.83	0.00*
A2	Alguns dos meus cursos na universidade falavam sobre BIM.	0.68	0.00*
A3	Tenho uma boa ideia sobre o conceito da tecnologia BIM.	0.89	0.00*
A4	Tenho um elevado índice de informação sobre a utilização da tecnologia BIM na gestão de projectos de Engenharia.	0.83	0.00*
A5	Tenho uma ideia sobre como utilizar os programas de tecnologia BIM.	0.89	0.00*
A6	Sei que os programas Revit e ArchiCAD são técnicas de tecnologia BIM.	0.81	0.00*
A7	Utilizo a tecnologia BIM no meu trabalho.	0.69	0.00*
A8	Penso que a tecnologia BIM é importante para o sector da AEC na Faixa de Gaza.	0.87	0.00*
A9	Penso que a tecnologia BIM tem um impacto positivo no ambiente sustentável.	0.89	0.00*

Tabela (C2): Coeficiente de correlação entre cada parágrafo do domínio e o domínio total (o segundo domínio é a importância do BIM, funções)

Número	Artigos	Coeficiente de Pearson	Valor *de p*
F1	Modelação e visualização tridimensional (3D)	0.71	0.00*
F2	Simulações funcionais para escolher a melhor solução (por *exemplo, Iluminação, energia, e quaisquer outras informações sobre sustentabilidade*)	0.49	0.00*
F3	Gestão de alterações (*qualquer alteração ao projeto de construção será automaticamente reproduzida em cada vista, como plantas, secções e alçados*)	0.65	0.00*
F4	Revisões visualizadas de construtibilidade/ Simulação de edifícios (*um modelo estrutural 3D, bem como um modelo 3D de serviços mecânicos, eléctricos e de canalização (MEP)*)	0.63	0.00*
F5	Programação visualizada em quatro dimensões (4D) e sequenciamento de construção	0.73	0.00*
F6	Estimativa de custos com base em modelos (*5D*)	0.50	0.00*
F7	Planeamento e utilização de locais com base em modelos	0.59	0.00*
F8	Planeamento e controlo da segurança no local	0.65	0.00*
F9	Levantamento de quantidades de materiais e mão de obra com base em modelos	0.60	0.00*
F10	Criação de um modelo "as-built" que contém todos os dados necessários para gerir e explorar o edifício (*facility management*)	0.68	0.00*
F11	Expansão/ampliação futura das instalações e infra-estruturas	0.68	0.00*
F12	Programação da manutenção através do modelo as-built	0.70	0.00*
F13	Otimização energética do edifício	0.60	0.00*
F14	Relatório de problemas e arquivo de dados através de um modelo 3D do edifício	0.72	0.00*
F15	Gerir metadados (*fornecer informações sobre o conteúdo de um item individual) conteúdo*) através de um modelo 3D do edifício	0.82	0.00*

F16	Interoperabilidade e tradução da informação (*entre os profissionais*) no mesmo sistema/programa	0.71	0.00*

Tabela (C3): O coeficiente de correlação entre cada parágrafo do campo e o campo inteiro (o terceiro campo é o valor dos benefícios do BIM)

Número	Artigos	Coeficiente de Pearson	Valor *de p*
BE 1	Melhorar a realização da ideia de um projeto pelo proprietário através de um modelo 3D do edifício	0.58	0.00*
BE2	Apoiar a tomada de decisões de conceção, comparando diferentes alternativas de conceção num modelo 3D	0.54	0.00*
BE3	Melhorar a colaboração da equipa de conceção (*arquitetónica, estrutural, Engenheiros mecânicos e electrotécnicos*)	0.67	0.00*
BE4	Melhorar a qualidade da conceção (*redução de erros/reconcepção e gestão das alterações à conceção*)	0.52	0.00*
BE5	Melhorar a conceção sustentável e a conceção optimizada	0.76	0.00*
BE6	Melhorar a conceção da segurança	0.56	0.00*
BE7	Melhorar a seleção dos componentes de construção em função da qualidade e dos custos *(por exemplo, tipos de portas e janelas, tipo de cobertura das paredes exteriores, etc.)*	0.69	0.00*
BE8	Melhorar a compreensão da sequência das actividades de construção	0.68	0.00*
BE9	Melhorar a coordenação dos trabalhos com os subcontratantes e fornecedores (*cadeia de abastecimento*)	0.62	0.00*
BE 10	Aumentar a qualidade dos componentes pré-fabricados (*fabricados digitalmente)* e reduzir os seus custos	0.55	0.00*
BE 11	Melhorar o planeamento e o controlo da segurança no local/ reduzir os riscos	0.68	0.00*
BE 12	Aumentar a precisão da programação e do planeamento	0.79	0.00*
BE 13	Aumentar a precisão da estimativa de custos	0.76	0.00*
BE 14	Melhorar a comunicação entre as partes envolvidas no projeto	0.73	0.00*
BE 15	Reduzir as ordens de alteração/ variação na fase de construção	0.73	0.00*
BE 16	Reduzir os conflitos entre as partes interessadas (*deteção de conflitos*)	0.78	0.00*
BE 17	Reduzir a duração e o custo global do projeto	0.72	0.00*
BE 18	Melhorar a aplicação de técnicas de construção limpa para obter soluções sustentáveis para reduzir os resíduos de materiais durante a construção e a demolição	0.75	0.00*
BE 19	Facilidade de recuperação de informações durante toda a vida útil do edifício através de um modelo 3D as- built	0.69	0.00*
BE 20	Melhorar a gestão e o funcionamento do edifício para manter a sua sustentabilidade, apoiando a tomada de decisões sobre questões relacionadas com o edifício	0.75	0.00*
BE21	Aumentar a coordenação entre os diferentes sistemas operacionais do edifício (*como o sistema de segurança e alarme, a iluminação, o ar condicionado, etc.*)	0.76	0.00*
BE 22	Melhorar a eficiência energética e a sustentabilidade do edifício	0.63	0.00*
BE 23	Melhorar o planeamento da manutenção *(preventiva e curativa)*/estratégia de manutenção das instalações	0.72	0.00*
BE 24	Controlar eficazmente os custos de todo o ciclo de vida do ativo	0.71	0.00*
BE 25	Aumentar os lucros através da comercialização das instalações através de um modelo 3D	0.49	0.00*
BE 26	Melhorar a gestão de emergências *(elaborar planos para evitar riscos e fazer face a catástrofes como incêndios, terramotos, etc.)*	0.77	0.00*

Tabela (C4): O coeficiente de correlação entre cada parágrafo do campo e o campo inteiro (O quarto campo é a força das barreiras BIM)

Número	Barreira BIM	Coeficiente de Pearson	Valor *de p*
BA 1	Custos elevados necessários para comprar software BIM e custos das actualizações de hardware necessárias	0.35	0.03
BA2	Falta de sensibilização das partes interessadas para o BIM	0.57	0.00*
BA3	Falta de conhecimentos sobre como aplicar o software BIM	0.63	0.00*
BA4	Os profissionais pensam que o atual sistema CAD e outros programas convencionais satisfazem as necessidades de conceção e execução do trabalho e completam o projeto de forma eficiente	0.54	0.00*
BA5	Falta de sensibilização para os benefícios que o BIM pode trazer aos gabinetes de engenharia, empresas e projectos	0.57	0.00*
BA6	Falta de colaboração efectiva entre as partes interessadas no projeto para trocar as informações necessárias para a aplicação do BIM, devido à natureza fragmentada da indústria AEC na Faixa de Gaza	0.50	0.00*
BA7	A resistência das empresas e instituições a qualquer mudança pode ocorrer no sistema de fluxo de trabalho e na recusa de adotar uma nova tecnologia	0.47	0.00*
BA8	Falta de capacidade financeira para as pequenas empresas iniciarem um novo fluxo de trabalho necessário para a adoção eficaz do BIM	0.45	0.00*
BA9	As empresas preferem concentrar-se nos projectos (*em curso/construção*) em vez de considerarem, avaliarem e implementarem o BIM	0.52	0.001
BA 10	Dificuldade em encontrar intervenientes no projeto com as competências necessárias para participar na aplicação do BIM	0.52	0.00*
BA11	Falta de regulamentação governamental para apoiar plenamente a implementação do BIM	0.61	0.00*
BA 12	Falta de procura e desinteresse dos clientes relativamente à utilização da tecnologia BIM na conceção e construção do projeto	0.48	0.00*
BA 13	Falta de casos reais na Faixa de Gaza ou noutras áreas próximas na região que tenham sido implementados utilizando o BIM e que tenham provado um retorno positivo do investimento	0.63	0.000
BA 14	Falta de interesse na Faixa de Gaza em manter o estado do edifício ao longo da vida após a conclusão da fase de execução	0.66	0.00*
BA 15	Falta de arquitectos/engenheiros com competências na utilização de programas BIM	0.74	0.00*
BA 16	Falta de educação ou formação sobre a utilização do BIM, seja na universidade ou em qualquer centro de formação governamental ou privado	0.76	0.00*
BA 17	A relutância dos arquitectos/engenheiros em aprender novas aplicações devido à sua cultura educativa e à sua tendência para os programas com que lidam	0.52	0.00*
BA 18	Relutância em formar arquitectos/engenheiros devido aos requisitos de formação onerosos em termos de tempo e dinheiro	0.47	0.00*

Todos os agradecimentos e louvores são devidos a

ALLAH

"***Alhamdulillah*** "

Printed by Books on Demand GmbH, Norderstedt / Germany